机械工人职业技能培训教材

初级磨工技术

机械工业职业技能鉴定指导中心 编

机械工业出版社

本书是根据《职业技能鉴定规范（考核大纲）》初级磨工的知识要求和技能要求编写的。主要内容包括：磨工基础知识，外圆、内圆、圆锥面、平面、简单刀具、简单成形面和螺纹的磨削，以及无心外圆磨削等。每章末均附有复习思考题。

本书是初级磨工职业技能培训教材，也可供有关工人和工程技术人员参考。

图书在版编目（CIP）数据

初级磨工技术/机械工业职业技能鉴定指导中心编.
—北京：机械工业出版社，1999.11（2022.8 重印）
机械工人职业技能培训教材
ISBN 978-7-111-07425-0

Ⅰ.初… Ⅱ.机… Ⅲ.磨削-技术培训-教材 Ⅳ.TG58

中国版本图书馆 CIP 数据核字（1999）第 61121 号

机械工业出版社（北京市百万庄大街 22 号　邮政编码 100037）
责任编辑：荆宏智　版式设计：霍永明　责任校对：李汝庚
封面设计：姚　毅　责任印制：乔　宇
北京虎彩文化传播有限公司印刷
2022 年 8 月第 1 版 · 第 14 次印刷
140mm×203mm · 10.125 印张 · 265 千字
标准书号：ISBN 978-7-111-07425-0
定价：29.80 元

电话服务　　　　　　　　　网络服务
客服电话：010-88361066　机　工　官　网：www.cmpbook.com
　　　　　010-88379833　机　工　官　博：weibo.com/cmp1952
　　　　　010-68326294　金　　书　　网：www.golden-book.com
封底无防伪标均为盗版　　　机工教育服务网：www.cmpedu.com

机械工人职业技能培训教材与试题库
编审委员会名单

（按姓氏笔画排列）

本 书 主 编　殷作禄

本 书 主 审　钱康宁　参审　顾丹诚

前　言

这套教材及试题库是为了与原劳动部、机械工业部联合颁发的机械工业《职业技能鉴定规范》配套，为了提高广大机械工人的职业技能水平而编写的。

三百六十行，各行各业对从业人员都有自己特有的职业技能要求。从业人员必须熟练地掌握本行业、本岗位的职业技能，具备一定的包括职业技能在内的职业素质，才能胜任工作，把工作做好，为社会做出应有的贡献，实现自己的人生价值。

机械制造业是技术密集型的行业。这个行业对其职工职业素质的要求比较高。在科学技术迅速发展的今天，更是这样。机械行业职工队伍的一半以上是技术工人。他们是企业的主体，是振兴和发展我国机械工业极其重要的技术力量。技术工人队伍的素质如何，直接关系着行业、企业的生存和发展。在市场经济条件下，企业之间的竞争，归根结底是人才的竞争。优秀的技术工人是企业各类人才中重要的组成部分。企业必须有一支高素质的技术工人队伍，有一批技术过硬、技艺精湛的能工巧匠，才能保证产品质量，提高生产效率，降低物质消耗，使企业获得经济效益；才能支持企业不断推出新产品去占领市场，在激烈的市场竞争中立于不败之地。

机械行业历来高度重视技术工人的职业技能培训，重视工人培训教材等基础建设工作，并在几十年的实践中积累了丰富的经验。尤其是在“七五”和“八五”期间，先后组织编写出版了《机械工人技术理论培训教材》149种，《机械工人操作技能培训教材》85种，以及配套的习题集、试题库和各种辅助性教材共约700种，基本满足了机械行业工人职业培训的需要。上述各类教材以其行业针对性、实用性强，职业工种覆盖面广，层次齐备和成龙配套等特点，受到全国机械行业工人培训、考核部门和广大机械工人的欢迎。

1994年以来，我国相继颁布了《劳动法》、《职业教育法》，逐步推行了职业技能鉴定和职业资格证书制度。我国的职业技能培训开始走上了法制化轨道。为适应新形势的要求，进一步提高机械行业技术工人队伍的素质，实现机械、汽车工业跨世纪的战略目标，我们在组织修改、修订《机械工人技术理论培训教材》，使其以新的面貌继续发挥在行业工人职业培训工作中的作用的同时，又组织编写了这套《机械工人职业技能培训教材》和《技能鉴定考核试题库》，共87种，以更好地满足行业和社会的需要。

《机械工人职业技能培训教材》是依据原机械工业部、劳动部联合颁发的机械工业《工人技术等级标准》和《职业技能鉴定规范》编写的，包括18个机械工业通用工种。各工种均按《职业技能鉴定规范》中初、中、高三级“知识要求”（主要是“专业知识”部分）和“技能要求”分三册编写，适合于不同等级工人职业培训、自学和参加鉴定考核使用；对多个工种有共同要求的“基本知识”如识图、制图知识等，另编写了公共教材，以利于单科培训和工人自学提高。试题库分别按工种和学科编写。

本套教材继续保持了行业针对性强和注重实用性的特点，采用了国家最新标准、法定计量单位和最新名词、术语；各工种教材则更加突出了理论和实践的结合，将“专业知识”和“操作技能”有机地融于一体，形成了本套教材的一个新的特色。

本套教材是由机械工业相对集中和发达的上海、天津、江苏、山东、四川、安徽、沈阳等地区机械行业管理部门和中国第一汽车集团公司等企业组织有关专家、工程技术人员、教师、技师和高级技师编写的。在此，谨向为编写本套教材付出艰辛劳动的全体人员表示衷心的感谢！教材中难免存在不足和错误，诚恳希望专家和广大读者批评指正。

机械工业职业技能鉴定指导中心

目　录

前言
第一章　磨工的基础知识 …… 1
第一节　磨工入门 …… 1
第二节　磨床型号 …… 3
第三节　磨床机构和电器的一般常识 …… 11
第四节　磨削运动和磨床的传动 …… 15
第五节　磨床的润滑和保养 …… 19
第六节　砂轮 …… 24
第七节　磨削用量的概念 …… 37
第八节　切削液 …… 41
第九节　磨削过程产生的物理效应 …… 46
第十节　安全文明生产和质量意识 …… 48
复习思考题 …… 52
第二章　外圆磨削 …… 54
第一节　外圆磨削的方法 …… 54
第二节　工件的装夹 …… 61
第三节　外圆砂轮的选择和使用 …… 69
第四节　外圆磨削实例 …… 84
第五节　外圆磨削产生的缺陷分析 …… 95
复习思考题 …… 101
第三章　内圆磨削 …… 103
第一节　内圆磨削的形式、特点和方法 …… 103
第二节　工件的装夹 …… 107
第三节　内圆砂轮的选择和安装 …… 119
第四节　内圆磨削实例 …… 123
第五节　内圆磨削产生的缺陷分析 …… 138
复习思考题 …… 140

第四章　圆锥面的磨削 …… 141
第一节　圆锥的各部分名称和计算 …… 141
第二节　圆锥的分类及其应用 …… 145
第三节　圆锥面的磨削方法 …… 149
第四节　圆锥面的精度检验 …… 154
第五节　圆锥面磨削实例 …… 170
第六节　圆锥面磨削产生的缺陷分析 …… 178
复习思考题 …… 181
第五章　平面磨削 …… 182
第一节　平面磨削的形式、特点和方法 …… 182
第二节　工件的装夹 …… 194
第三节　平面磨削实例 …… 203
第四节　平面的精度检验 …… 222
复习思考题 …… 229
第六章　简单刀具和简单成形面磨削 …… 230
第一节　刃磨的基本知识 …… 230
第二节　成形面的分类及磨削 …… 250
复习思考题 …… 265
第七章　无心外圆磨削 …… 267
第一节　无心外圆磨削的特点和方法 …… 267
第二节　机床调整和产生缺陷分析 …… 274
第三节　无心外圆磨削实例 …… 282
复习思考题 …… 290
第八章　螺纹磨削 …… 291
第一节　螺纹磨削的特点和方法 …… 291
第二节　螺纹磨削实例 …… 307
复习思考题 …… 313

第一章　磨工的基础知识

培训要求　了解磨削特点，砂轮，磨床常识，磨削原理及安全生产等基础知识。

第一节　磨 工 入 门

磨削加工是指用磨料来切除材料的加工方法。随着科学技术的进步，磨削加工已发展成为多种形式的加工工艺。

磨削㊀是用高速旋转的砂轮作为切削工具，对工件进行切削加工。经过磨削的工件，可获得较高的精度和较低的表面粗糙度值。例如，外圆柱面经超精密磨削后，圆度误差仅为0.0001mm，表面粗糙度可达到 $R_a0.05\mu m$ 以下。因此，磨削广泛地用于各类机器制造中的精细加工。

一、磨削加工的特点

与其它金属切削方法相比较，磨削加工有以下几个特点：

1.磨具为多刃刀具　磨削加工时所用的刀具是砂轮，它是由磨粒和结合剂粘接而成的多刃刀具。在砂轮表面每平方厘米面积上约有60～1400颗磨粒。磨粒的形体各异，呈不规则分布，每个磨粒相当于一个刀齿。当砂轮高速旋转时，磨粒上的锋利微刃便切入工件，并去掉一部分金属，这就是磨粒的切削作用。

2.磨削速度高　磨削时砂轮具有较高的圆周速度，一般在35m/s左右。砂轮在磨削时除了对工件表面有切削作用外，还有强烈的挤压和摩擦抛光作用，在磨削区域瞬时温度高达1000℃左右。

3.既可磨软材料又可磨硬材料　磨粒是一种高硬度的非金

㊀ 磨削加工有多种形式，这里所讲的“磨削”，主要指在磨床上用砂轮进行磨削，全书同。

属晶体，它不但可以磨削铜、铝、铸铁等较软的材料，而且还可以磨削各种淬硬钢件、高速钢刀具和硬质合金等硬材料以及一些超硬材料（如氮化硅）。

4. 既可切除极薄表面又可有极高的切除率　砂轮工作面经修整后，磨粒尖部多呈 $-15°\sim-60°$ 的负前角，形成极微细的切削刃，可切除工件表面极薄的金属层。因此，磨削一般用作精加工工序。但是，磨削也可有极高的金属切除率，如通过强力磨削，一次可切除 2～20mm 金属。

5. 可获得极高精度的精细表面　磨削加工能获得极高的加工精度和极低的表面粗糙度值。磨削精度通常可以达到公差等级 IT6～IT7（GB1800.1～1800.3—1997），表面粗糙度可达 $R_a1.25\sim0.16\mu m$。采用镜面磨削，工件的表面粗糙度可达 $R_a0.01\mu m$，工件表面光滑如镜，尺寸精度和形状精度可达 $1\mu m$ 以内，其误差相当于一个人头发丝粗细的 1/70 或更小。

6. 砂轮具有“自锐”作用　砂轮在磨削时，部分磨钝的磨粒在一定条件下能自动脱落或崩碎，露出新的锋利磨粒参加磨削加工，这一特性称为砂轮的“自锐”作用，能使砂轮保持良好的磨削性能。

二、磨削分类

磨削分类的方法很多，通常按工具类型进行分类，可分为使用固定磨粒的和使用游离磨粒的两大类。固定磨粒加工有砂轮磨削、珩磨、电解磨削等；游离磨粒加工则有研磨、抛光、滚磨、喷射加工、振动加工等。对初级磨工仅要求熟悉并掌握砂轮磨削的基本知识和有关技能。

砂轮磨削也有多种分类方法，一般可按照加工对象分为外圆磨削、内圆磨削、平面磨削（图 1-1a～c）及成形磨削等（图 1-1d～f）。

三、磨削加工的应用

磨削是最常用的精加工方法。在生产中，几乎所有的工件材料，包括淬硬及超硬材料和各种复杂形状的工件表面，都能用磨削加工。随着磨料磨具的不断发展，机床结构性能的不断改进，工艺技术水平的不断提高，高速磨削、强力磨削等高效磨削工艺的采用，磨削已从精加工逐步扩大到粗加工领域。磨削的生产率高，也容易实现自动化。

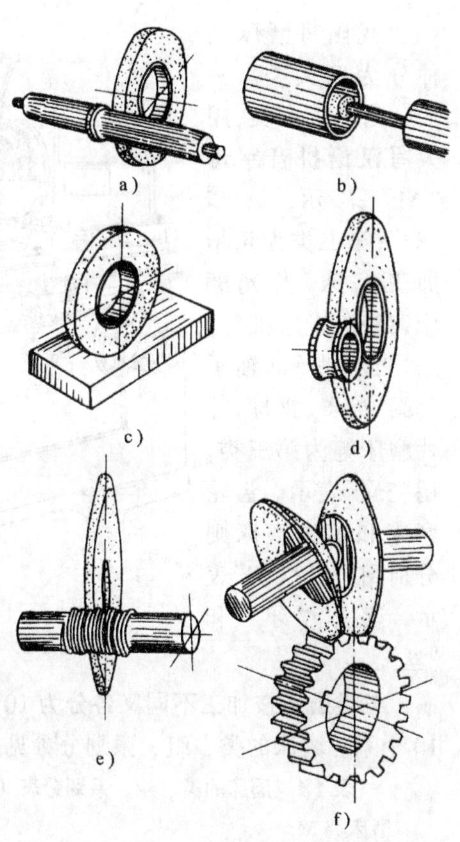

图 1-1　几种常见的磨削加工

a）外圆磨削　b）内圆磨削　c）平面磨削
d）成形磨削　e）螺纹磨削　f）齿轮磨削

近年来，磨削已广泛地应用于机械、汽车、工具、仪表、液压、航空、轴承等工业部门。磨削技术在现代机械制造技术中占有特定的重要地位。这是由于一个国家的磨削工艺水平，往往也反映了该国家机械制造的工艺水平。随着机器制造精度的不断提高，各种精密制造技术的不断发展，磨削作为一种常用的加工方法也必须不断地创新、突破和提高，以适应现代化建设的需要。

第二节　磨床型号

一、磨床种类

磨床的种类很多，按用途和工艺方法的不同，大致可分为外圆磨床、内圆磨床、平面磨床、刀具刃磨床和专门化磨床等。图 1-2 为常用的 M2110 型内圆磨床。

我国将磨床品种分为三大类。一般磨床为第一类，用大写汉语拼音字母“M”表示，读作“磨”；第二类为超精加工磨床、抛光磨床、砂带抛光机等，用“2M”表示；轴承套圈、滚子、钢球、叶片磨床等为第三类，用“3M”表示。齿轮磨床和螺纹磨床则分别用“Y”和“S”表示，读作“牙”和“丝”。

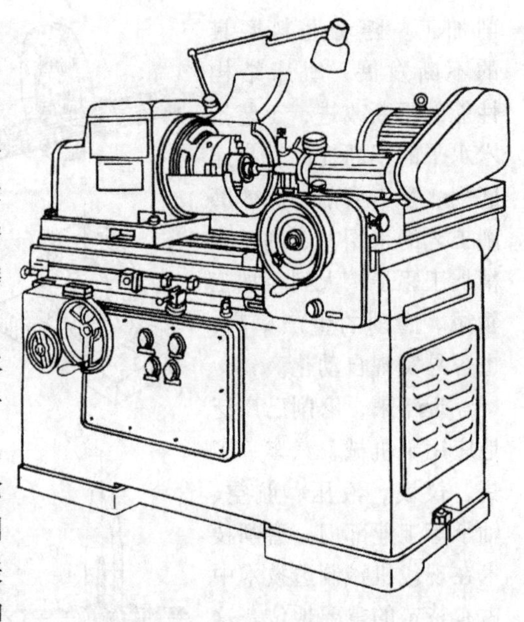

图 1-2 M2110 型内圆磨床

各类磨床按加工不同又各分为 10 个组，每个组又分 0~9 共 10 个系。磨床的类、组、系划分参见表 1-1。

表 1-1 磨床的类、组、系划分表（GB/T15375—94 摘录）

磨床类 M

组		系		组		系	
代号	名称	代号	名称	代号	名称	代号	名称
0	仪表磨床	0	仪表无心磨床	1	外圆磨床	0	无心外圆磨床
		1	仪表内圆磨床			1	宽砂轮无心外圆磨床
		2	仪表平面磨床			2	
		3	仪表外圆磨床			3	外圆磨床
		4	抛光机			4	万能外圆磨床
		5	仪表万能外圆磨床			5	宽砂轮外圆磨床
		6	刀具磨床			6	端面外圆磨床
		7	仪表成形磨床			7	多砂轮架外圆磨床
		8				8	多片砂轮外圆磨床
		9	仪表齿轮磨床			9	

（续）

组		系		组		系	
代号	名称	代号	名称	代号	名称	代号	名称
2	内圆磨床	0		6	刀具刃磨床	0	万能工具磨床
		1	内圆磨床			1	拉刀刃磨床
		2				2	
		3	带端面内圆磨床			3	钻头刃磨床
		4				4	滚刀刃磨床
		5	立式行星内圆磨床			5	铣刀盘刃磨床
		6	深孔内圆磨床			6	圆锯片刃磨床
		7	内外圆磨床			7	弧齿锥齿轮铣刀盘刃磨床
		8	立式内圆磨床			8	插齿刀刃磨床
		9				9	矿井钻头刃磨床
3	砂轮机	0	落地砂轮机	7	平面及端面磨床	0	
		1	悬挂砂轮机			1	卧轴矩台平面磨床
		2	台式砂轮机			2	立轴矩台平面磨床
		3	除尘砂轮机			3	卧轴圆台平面磨床
		4	砂带砂轮机			4	立轴圆台平面磨床
		5				5	龙门平面磨床
		6				6	卧轴双端面磨床
		7				7	立轴双端面磨床
		8				8	龙门双端面磨床
		9				9	
4	坐标磨床	0		8	曲轴、凸轮轴、花键轴及轧辊磨床	0	
		1	单柱坐标磨床			1	曲轴主轴颈磨床
		2	双柱坐标磨床			2	曲轴磨床
		3				3	凸轮轴磨床
		4				4	轧辊磨床
		5				5	曲线磨床
		6				6	花键轴磨床
		7				7	
		8				8	
		9				9	
5	导轨磨床	0	落地导轨磨床	9	工具磨床	0	曲线磨床
		1	悬臂导轨磨床			1	模具工具磨床
		2	龙门导轨磨床			2	锉刀磨床
		3	定梁龙门导轨磨床			3	钻头沟背磨床
		4				4	铲齿车刀成形磨床
		5				5	丝锥铲梢磨床
		6				6	丝锥沟槽磨床
		7				7	丝锥方尾磨床
		8				8	卡规磨床
		9				9	圆板牙铲磨床

（续）

磨床类 2M

组		系		组		系	
代号	名称	代号	名　　称	代号	名称	代号	名　　称
0		0		4	抛光机	0	半导体抛光机
		1				1	
		2				2	内圆抛光机
		3				3	
		4				4	曲轴抛光机
		5				5	薄板抛光机
		6				6	落地抛光机
		7				7	台式抛光机
		8				8	钢带抛光机
		9				9	
1	超精机	0		5	砂带抛光及磨削机床	0	无心砂带抛光机
		1				1	外圆砂带抛光机
		2	内圆超精机			2	
		3	外圆超精机			3	平面砂带抛光机
		4	无心超精机			4	砂带机
		5				5	凸轮轴砂带抛光机
		6	端面超精机			6	无心砂带磨床
		7	平面超精机			7	外圆砂带磨床
		8				8	平面砂带磨床
		9				9	万能砂带磨床
2	内圆珩磨机	0		6	刀具刃磨及研磨机床	0	万能刀具刃磨床
		1	卧式内圆珩磨机			1	圆板牙刃磨床
		2	立式内圆珩磨机			2	车刀刃研磨机
		3	摇臂式内圆珩磨机			3	梳刀刃磨床
		4	龙门式内圆珩磨机			4	铰刀刃磨床
		5				5	成形铣刀刃磨床
		6				6	丝锥刃磨床
		7				7	铰刀研磨机
		8	框架式内圆珩磨机			8	锉丝板研磨机
		9	多轴立式顺序内圆珩磨机			9	剪切刀片刃磨床
3	外圆及其它珩磨机	0		7	可转位刀片磨削机床	0	可转位刀片双端面研磨床
		1	外圆珩磨机			1	可转位刀片周边磨床
		2	平面珩磨机			2	可转位刀片负倒刃磨床
		3				3	
		4				4	
		5	球面珩磨机			5	
		6				6	
		7				7	
		8				8	
		9				9	

（续）

组		系		组		系	
代号	名称	代号	名称	代号	名称	代号	名称
8	研磨机	0		9	其它磨床	0	螺旋面磨床
		1	平面研磨机			1	多用磨床
		2	内外圆研磨机			2	
		3	立式内圆研磨机			3	中心钻铲磨床
		4	双盘研磨机			4	中心孔磨床
		5				5	立式万能磨床
		6	曲面研磨机			6	凸轮磨床
		7	中心孔研磨机			7	
		8				8	
		9	挤压研磨机			9	

磨床类 3M

组		系		组		系	
代号	名称	代号	名称	代号	名称	代号	名称
0		0		2	滚子轴承套圈沟磨床	0	轴承套圈内圆磨床
		1				1	轴承内圈滚道磨床
		2				2	轴承内圈挡边磨床
		3				3	轴承外圈滚道磨床
		4				4	轴承套圈端面磨床
		5				5	调心轴承内圈滚道磨床
		6				6	轴承外圈滚道挡边磨床
		7				7	轴承内圈滚道挡边磨床
		8				8	轴承外圈挡边磨床
		9				9	
1	球轴承套圈沟磨床	0	轴承套圈端面沟磨床	3	轴承套圈超精机	0	
		1	摆式轴承内圈沟磨床			1	轴承内圈沟超精机
		2	摆式轴承外圈沟磨床			2	轴承外圈沟超精机
		3	轴承内圈沟磨床			3	轴承内圈滚道超精机
		4	轴承外圈沟磨床			4	轴承外圈滚道超精机
		5	调心轴承内圈沟磨床			5	调心轴承内圈滚道超精机
		6	调心轴承外圈沟磨床			6	调心轴承外圈滚道超精机
		7				7	
		8				8	
		9				9	轴承套圈端面沟超精机

（续）

组		系		组		系	
代号	名称	代号	名称	代号	名称	代号	名称
4		0		7	钢球加工机床	0	
		1				1	立式钢球磨球机
		2				2	立式钢球研球机
		3				3	
		4				4	立式钢球光球机
		5				5	
		6				6	钢球磨球机
		7				7	钢球研球机
		8				8	钢球无心磨床
		9				9	钢球光球机
5	叶片磨削机床	0		8	气门、活塞及活塞环磨削机床	0	气门座面斜棱磨床
		1	横磨叶背仿形磨床			1	
		2	横磨叶盆仿形磨床			2	活塞环倒角磨床
		3	纵磨叶片仿形磨床			3	活塞环端面磨床
		4				4	
		5	叶片前后缘倒角机			5	活塞椭圆磨床
		6	叶片根部仿形磨床			6	
		7	叶片榫头磨床			7	活塞环外圆超精机
		8				8	活塞销超精机
		9				9	
6	滚子加工机床	0	圆锥滚子无心磨床	9	汽车、拖拉机修磨机床	0	
		1	圆锥滚子超精机			1	
		2	圆柱滚子超精机			2	曲轴修磨机
		3	圆柱滚子无心超精机			3	气门磨床
		4	圆柱滚子端面研磨机			4	气门座修磨机
		5	圆锥滚子球形端面磨床			5	气门座研磨机
		6	圆锥滚子球形端面研磨机			6	制动片修磨机
		7	滚子端面超精机			7	气缸平面修磨机
		8	球面滚子无心磨床			8	气缸珩磨机
		9	球面滚子球形端面磨床			9	

按表 1-1 可查出常见的一般磨床名称。如 1 组外圆磨床组中，“0”为无心磨床系，M10 即表示无心磨床；7 组平面及端面磨床组中，“1”为卧轴矩台系，M71 即表示卧轴矩台平面磨床。9 组工具磨床组中，“0”为曲线磨床系，M90 即表示光学工具曲

线磨床。

二、磨床型号识别

根据GB/T15375—94《金属切削机床型号编制方法》的规定，磨床型号由大写的汉语拼音字母和阿拉伯数字组成。型号分基本部分和辅助部分，中间用“/”隔开（读作“之”）。前者需统一管理，后者纳入型号与否由企业自定。型号构成如下：

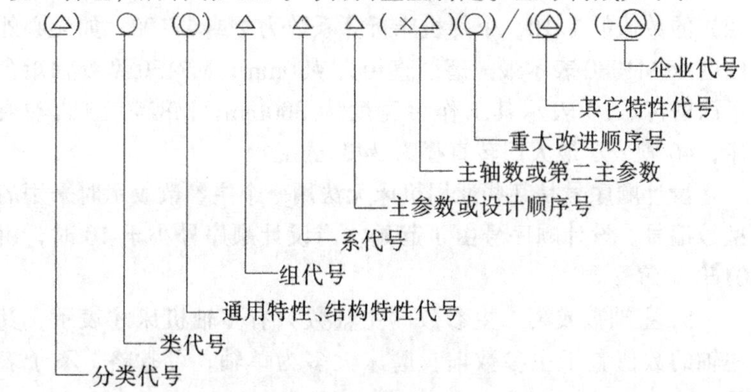

注：① 有“（ ）”的代号或数字，当无内容时，则不表示。若有内容则不带括号；

② 有“○”符号者，为大写的汉语拼音字母；

③ 有“△”符号者，为阿拉伯数字；

④ 有“◎”符号者，为大写的汉语拼音字母、或阿拉伯数字、或两者兼有之。

1. 分类代号、类代号　磨床的分类代号、类代号用M、2M、3M表示，前已述及。

2. 通用特性、结构特性代号　通用特性代号见表1-2。

表1-2　通用特性代号

通用特性	高精度	精密	自动	半自动	数控	加工中心（自动换刀）	仿形	轻型	加重型	简式或经济型	柔性加工单元	数显	高速
代号	G	M	Z	B	K	H	F	Q	C	J	R	X	S
读音	高	密	自	半	控	换	仿	轻	重	简	柔	显	速

结构特性在型号中没有统一的含义，只有在同类机床中起区

分机床结构、性能不同的作用，并排在通用特性的代号之后。结构特性代号用汉语拼音字母（通用特性代号已用的字母和“I、O”两个字母不能采用）表示。

3. 组、系代号　详见表1-1。

4. 主参数或设计顺序号　磨床型号中的主参数用折算值表示，一般等于磨削的最大尺寸或机床工作台宽度（或最大回转直径）的数值的1/10，个别机床折算系数为1或1/100。如无心外圆磨床M1080表示最大磨削直径为ϕ80mm；M7130型卧轴矩台平面磨床，30表示其工作台宽度为300mm；M8240型曲轴磨床，40则表示最大回转直径为ϕ400mm。

设计顺序号是某些通用机床无法用一个主参数表示时采用的型号编号。设计顺序号由1起始，当设计顺序号小于10时，由01开始编号。

5. 主轴数或第二主参数　主轴数只有多轴机床才表示，其主轴的数值置于主参数前，磨床大多为单轴，可省略，不予表示。

第二主参数一般也不予表示，若有特殊情况，折算成二～三位数表示。

6. 重大改进顺序号　这类代号按字母本身读音，放在型号基本部分的末尾。其代号按改进的先后顺序用A、B、C……等汉语拼音字母（但“I、O”两个字母不得选用）。

以上为型号基本部分的识别方法，至于辅助部分，主要反映机床的某些特殊的功能、特性及机床制造企业的代号等，不在国家统一管理范围，故从略。

例1　解释型号MGB1432D的含义。

答　该机床为一般类磨床，代号G为高精度，B为半自动，14表示外圆磨床组的万能系列，32表示其最大磨削直径为ϕ320mm，D表示该磨床为第四次重大改进的产品。所以，该机床的名称为“高精度、半自动万能外圆磨床”。

例2　简述型号M7120B的含义。

答 M——一般磨床类；71——卧轴矩台平面磨床；20——工作台最大宽度为200mm；B——第二次结构重大改进。

例3 简述型号M8612A的含义。

答 M——一般磨床类；86——花键轴磨床；12——最大磨削直径为ϕ120mm；A——第一次结构重大改进。

第三节 磨床机构和电器的一般常识

一、磨床机构

磨床主要由床身、工作台、砂轮架等部件组成，不同组系的磨床，则各有其结构特点。

以最常用的万能外圆磨床为例，主要部件除上述之外，还有头架、尾座和内圆磨具（见图1-3）。

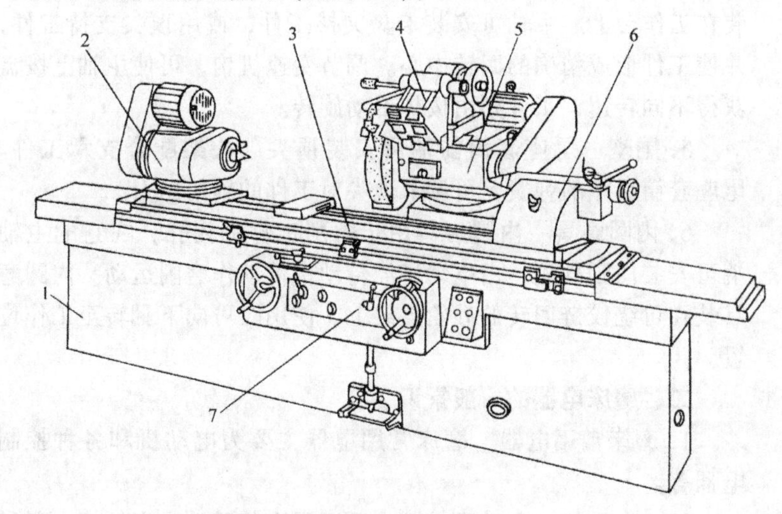

图1-3 万能外圆磨床外形图

1—床身 2—工件头架 3—工作台

4—内圆磨具 5—砂轮架 6—尾座 7—控制器

1．床身 床身是机床的基础部件，用以支承安装在其上的各个部件，且要保持各个部件间的相对正确位置和运动部件的运动精度。该磨床床身为箱形铸件，其纵向导轨上装有工作台，垫板的横向导轨上装有砂轮架。床身内还装有液压装置、横向进给机构和纵向进给机构等。

2. 工作台　工作台分上下两层，上工作台可相对下工作台回转角度，以便磨削锥面。下工作台由机械或液压传动，可沿着床身的纵向导轨作纵向进给运动，工作台的行程则由撞块控制。

3. 砂轮架　砂轮架安装在床身垫板的横向导轨上，操纵横向进给手轮可实现砂轮的横向进给运动，以控制背吃刀量。砂轮架还可由液压传动，实现一定行程的快速进退运动。砂轮装在砂轮主轴端，以锥体定位，由电动机带动。砂轮上方为浇注切削液的喷嘴。

4. 头架　头架由壳体、主轴部件、传动装置等通过底座安装在工作台上。主轴可安装卡盘夹持工件，或用顶尖支持工件，并使工件形成精确的回转中心。调节变速机构，可使主轴上拨盘获得不同转速，工件则由拨杆带动旋转。

5. 尾座　尾座套筒前端可安装顶尖与头架配合支承工件。尾座套筒后端的弹簧，可调节顶尖对工件的轴向压力。

6. 内圆磨具　内圆磨具用于磨削工件的内孔，在它的主轴端可安装内圆砂轮，由电动机经传动带传动作磨削运动。内圆磨具装在可绕铰链回转的砂轮支架上，使用时可向下翻转至工作位置。

二、磨床电器的一般常识

1. 磨床常用电器　磨床常用电器主要为电动机和各种控制电器等。

(1) 电动机　电动机是动力源，用来传递动力和转矩，通过有关控制电器和机械装置，驱使机床产生各种运动。

磨床上常用的电动机有三相交流异步电动机和直流电动机。

1) 三相交流异步电动机　这种电动机可以改变电频、磁极对数或供电频率进行调速。若将电源线反接，电动机则反转，利用这一特性，可将正在旋转的电动机迅速减速和停转，以大大缩短制动时间，这种方法叫反接制动，实际操作中经常应用。电动机常用在一般磨床的砂轮架、头架等处。图 1-4 为安装在砂轮架上的电动机。

2）直流电动机　这种电动机只能有一个旋转方向，相同功率的直流电动机体积要大于交流电动机。通过串入调速电阻、改变磁通，可以使直流电动机变速，而且可以无级变速，这是它优于交流电动机之处。直流电动机主要用于驱动精度较高的磨床头架，如高精度万能外圆磨床、螺纹磨床的头架主轴都是由直流电动机驱动的。

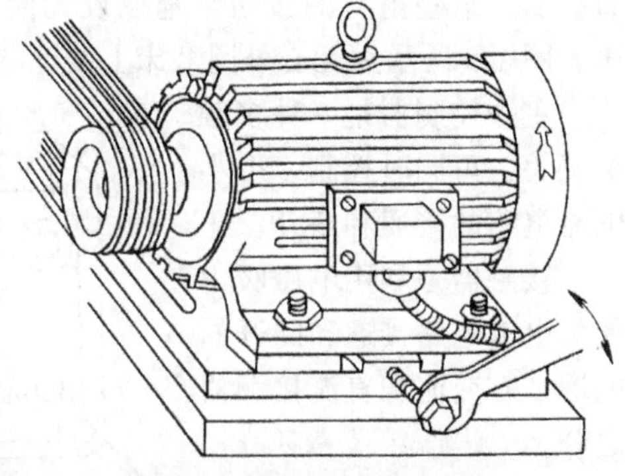

图 1-4　砂轮架上的电动机

（2）控制电器　是执行元件，主要用来控制磨床上电源电路闭合、传递信号等。

磨床上所用的控制电器，主要有手动控制电器、自动控制电器和继电器。

1）手动控制电器　主要有刀开关、熔断器、自动开关和控制器等。

刀开关安装时应使手柄在上为合闸位置。拉闸时要迅速、果断，以减小电弧。

熔断器的主要元件是熔丝，相当于一根导线。当电路发生故障或严重过载时，熔丝即迅速熔断，从而起到切断电源、保护设备的作用。

自动开关兼起开关和保险双重作用，即在短路（超过额定电流的 1.5～2 倍）时，能自动跳闸，切断电路。

控制器可同时控制多个线路的接通、调速、反断或切断。

2）自动控制电器　有主令电器和接触器等。

主令电器有按钮和主令控制器两类。

按钮是一种短时开关，磨床的各种按钮往往集中布置在开关面板上，某些重要的按钮常辅以发光装置，具有明显的警示作用。图 1-5 所示为无心外圆磨床上的电器按钮。

主令控制器是一种多触头开关，可同时控制多个小电流电路的接通和断开。

接触器是利用电磁吸力使大电流电路接通和断开的电器，有交流和直流接触器之分。

3）继电器　继电器是控制小电流电路的电器，用于传递信号，以控制电路的通、断。继电器利用热量、电流、电压、时间的改变而发出信号，分别称为热继电器、电流继电器、电压继电器、时间继电器等。电流大、接触点多的电磁继电器叫中间继电器，可控制多回路、大容量的电路，或作为传递信号的中间环节。时间继电器可以控制延时动作，使动作按顺序进行。

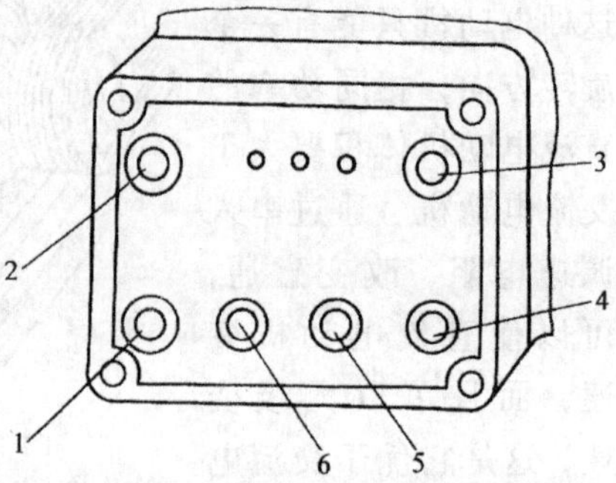

图 1-5　电器按钮

1—总停按钮　2—润滑泵按钮

3—磨削轮起动按钮　4—磨削轮停止按钮

5—液压泵停止按钮　6—液压泵起动按钮

2. 安全用电常识　为预防未能安全用电而引发事故，须熟知以下事项：

1）保持设备的接地线完好，操作机床时应站在绝缘踏板上。

2）使用刀开关时动作要迅速，开关盒要装好，避免电弧伤人。

3）防止电线受潮或损伤，不准用导体捆扎和固定电线。

4）电气控制部件严格禁止油、水渗漏和铁屑等物进入，保持电器元件良好的绝缘。

5）电动机运转中，出现异常现象，要立即切断电源进行检修。

6）当机床发生电气故障时，操作者不得擅自动手检修，须找电工检修排除故障。

7）发现电气故障导致失火时，应先切断电源，用四氯化碳或二氧化碳灭火机灭火，切忌用水或酸碱泡沫灭火机。

第四节　磨削运动和磨床的传动

一、磨削的基本运动

为了进行磨削加工，以获得所要求的几何形状、尺寸精度和表面质量的零件，必须使砂轮和工件完成一系列的运动。

1. 主运动　直接切除工件上的金属使之变为切屑的运动，称为主运动。

磨削时，砂轮的旋转运动是主运动。主运动速度高，要消耗大部分的机床动力。

2. 进给运动　不断地将被切金属投入切削，以逐渐切出整个工件表面的运动，称为进给运动。

根据不同的磨削方式，磨削的进给运动有砂轮或工件的横向进给运动、工件的纵向进给运动及圆周进给运动和砂轮的垂直进给运动等（图 1-6）。

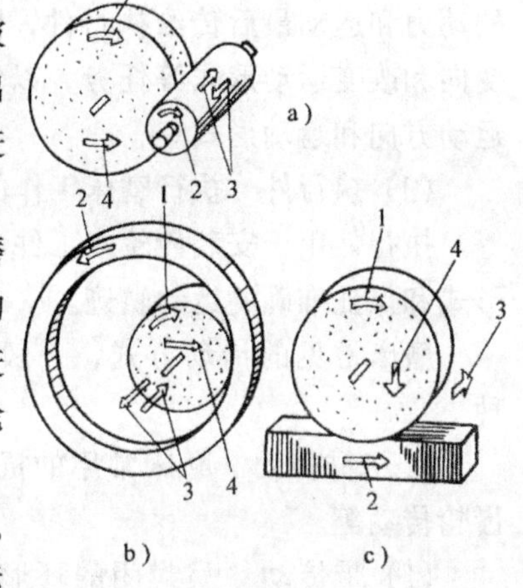

图 1-6　磨削时的运动

外圆磨削（图 1-6a）中，砂轮的高速旋转运动 1 为主运动；工件绕自身轴线的旋转运动 2 为工件的圆周进给运动；工件的往复直线运动 3 为工件的纵向进给运动；砂轮的横向运动 4 为砂轮的横向进给运动。

内圆磨削的运动与外圆磨削相似（图 1-6b）。

平面磨削(图 1-6c)中,1 为主运动;2 为工件的纵向进给运动;3 为砂轮或工件的横向进给运动;4 为砂轮的垂向进给运动。

进给运动的速度低，消耗动力很小，是完成切削加工必须的运动。

主运动和进给运动通常称之为表面成形运动。此外，磨削时还需有一系列的其它运动，如砂轮接近工件、退离工件、快速退回起始位置等，这些除表面形成运动外的所有运动都称为辅助运动。

二、磨床常见的传动形式

实现上述运动的方法和机构叫传动。磨床的传动，是通过运动源、传动装置和执行件并以一定的规律所组成的传动链来实现的。

(1) 运动源　是给执行件提供动力和运动的装置，常采用三相异步电动机。

(2) 传动装置　是传递动力和运动的装置。它把运动源提供的动力和运动最后传给执行件，同时，传动装置还需完成变速、变向和改变运动形式等任务，以使执行件获得所需的运动速度、运动方向和运动形式。

(3) 执行件　执行磨床工作的部件。如主轴、头架、工作台等。执行件用于安装砂轮或工件，并直接带动其完成一定的运动形式和保证准确的运动轨迹。

磨床常见的传动方式，一般有机械、液压、电气传动等三种。

1. 机械传动　磨床常用的机械传动有带传动、螺旋传动和齿轮传动等。

(1) 带传动　呈封闭的环形带（截面一般为矩形或梯形），以一定的张紧力紧套在两带轮上，主动轮回转时，靠带与带轮间的摩擦力拖动带运动，带又拖动装在从动轴上的从动轮回转，这样就实现了带传动。

带传动常用于磨床砂轮架主轴、内圆磨具主轴及工件头架主轴上，由装在电动机轴上的主动带轮通过一至三级带轮副传至主轴，实现主轴的变速。

带传动工作平稳，无噪声，维护方便，过载时带在轮上打滑，具有过载保护作用。但传动效率较低，使用寿命短，不能保证准确的传动比，一般使用在传动比要求不严格的场合。

(2) 螺旋传动　螺旋传动是依靠丝杆与螺母之间的啮合力来传递运动和动力的。它可把回转运动变为直线运动。例如磨床上砂轮架的手动和自动横向进给运动，最后都是依靠丝杆螺母的传动来实现的。

螺旋传动还具有力的放大作用和较好的自锁性，且传动平稳，噪声小，依靠高精度的螺母与丝杆，可获得较精确的微量进给。

(3) 齿轮传动　一对齿轮啮合而工作时，主动轮的轮齿将力传到从动轮的轮齿上，从而将主动轴的动力和运动传递给从动轴，这就是齿轮传动。如果有齿轮的轴不止一根，且上面的齿轮又能根据需要而啮合，就组成了一个能多级变速的轮系，以准确可靠的传递运动。磨床砂轮架内的进给变速机构和头架内主轴传动装置，都是用齿轮传动的。

齿轮传动还可以把旋转运动变为直线运动，如磨床工作台的手动纵向移动就是由齿轮传动齿条来实现的。

齿轮传动结构紧凑，体积小，使用寿命长，能保持恒定的瞬时传动比，传递的功率大，速度范围宽，但制造与安装精度要求高，成本也高。

2. 液压传动　液压传动是磨床的重要传动方式。采用液压传动可使磨床运动平稳，并可实现较大范围内的无级变速。图 1-7 所示为磨床工作台往复运动液压系统的示意图，工作原理如下：

当电动机带动液压泵 2 运转时，输出的压力油经节流阀 4、换向阀 5 进入液压缸 6 的左腔，从而带动工作台 7 向右运动，液压缸右腔的低压油返回油箱。变换换向阀的位置（图 1-7b)，则高压油进入液压缸的右腔，工作台向左运动。转动节流阀，可调节工作台的运动速度。传动系统的压力由溢流阀 3 调节。

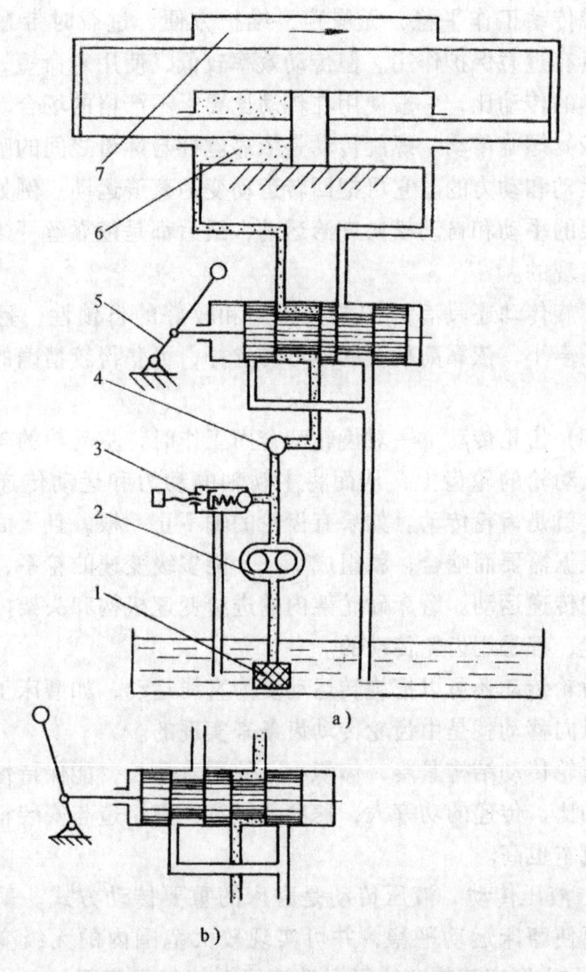

图 1-7　工作台纵向液压传动示意图

1—过滤器　2—液压泵　3—溢流阀

4—节流阀　5—换向阀　6—液压缸　7—工作台

液压传动元件单位重量传递的功率大，结构简单，布局灵活，易于实现远距离操纵和自动化。液压传动的工作性能好，速度、转矩、功率均可作无级调速，其元件的自润滑性能好，使用寿命长，元件易实现系列化、标准化、通用化。

3. 电气传动　磨床的机械传动系统和液压传动系统都离不开电气传动系统。从合闸开始，到起动各台电动机、液压泵、水泵，直至磨床的各个运动，各个动作，按先后顺序、要求速度进行启动、转换、变速、联锁、停止等的各个过程都是通过电气传动的。磨床的常用电器见本章第三节。

第五节　磨床的润滑和保养

除了要学会正确使用和熟练操作磨床外，还必须做好日常的维护保养工作。对设备维护保养的基本要求是“整齐、清洁、润滑、安全”。良好的润滑和保养有利于延长磨床的使用寿命，保持磨床的精度和可靠性。

一、磨床的润滑

磨床润滑的目的是减少磨床摩擦面和机构传动副的磨损，使传动平稳，并提高机构工作的灵敏度和可靠度。

1. 润滑的基本要求　润滑的基本要求是“五定”，即定点、定质、定量、定期和定人。

(1) 定点　确定机床的润滑部位、润滑点（用图形表示），明确规定的加油方法。操作人员应熟悉各供油部位。

(2) 定质　正确确定各润滑部位、润滑点加什么牌号的润滑剂，按规定加注。

(3) 定量　确定机床各润滑部位的加油数量，做到计划用油、合理用油、节约用油。

(4) 定期　确定各润滑部位的加油间隔期，同时应根据机床实际运行及油质情况，合理地调整加（换）油周期，以保持正常润滑。

(5) 定人　确定润滑责任人，一般润滑部位和润滑点由操作者进行润滑，二级保养或大修机床，则由专人负责。

以万能外圆磨床为例，尾座套筒注油孔，每班注入一次机械油；内圆磨具滚动轴承，500h 更换一次锂基润滑脂；砂轮架油池，每三个月更换一次精密主轴油；床身油池则半年更换一次液压油。

2. 润滑剂　磨床上常用的润滑剂有润滑油和润滑脂两大类。

(1) 润滑油　一般用全损耗系统用油（机械油）。其主要特性指标是“运动粘度（简称“粘度”）。它表示油液在外力作用下流动时，在其内部产生的摩擦力的性质，单位为 m^2/s。粘度大，表示油的流动性差，油分子之间的摩擦阻力大；粘度小，则表示油的流动性好，油分子之间的摩擦阻力小。粘度随温度升高而变小，温度降低则变大。因此，使用时应注意季节的变化。

粘度小的润滑油适用于运动速度高、摩擦表面间隙小的配合面；而运动速度低、摩擦表面配合间隙大的地方，则应用粘度大的润滑油。

(2) 润滑脂（黄油）　润滑脂是由基础油（矿物油或合成油）和稠化剂再加入改善性能的添加剂所制成的一种半固体润滑剂，通常呈油膏状。润滑脂粘附力强，除能有效地润滑外，还能起密封、防锈作用。在磨床上常用于砂轮主轴和滚动轴承的润滑。

磨床常用润滑剂见表 1-3。

表 1-3　磨床常用润滑剂

种　类	牌 号 名 称	适 用 范 围
润滑油	N2 主轴油	砂轮主轴
	N5 主轴油	砂轮主轴
	L-AN10 全损耗系统用油	砂轮主轴、一般滑动摩擦面
	L-AN32 全损耗系统用油	普通磨床导轨、一般滑动摩擦面
	L-AN46 全损耗系统用油	普通磨床导轨、一般滑动摩擦面
	L-AN68 全损耗系统用油	精密磨床导轨
润滑脂	3 号锂基润滑脂	内圆磨具主轴
	3 号钙基润滑脂	高精度滚动轴承

3. 润滑方式　常用的润滑方式有下列几种：

(1) 滴油润滑　包括手工润滑和油杯润滑两种。手工润滑是用油壶或油枪向油孔、油嘴加油；油杯润滑是依靠油杯里的油的自重向润滑部位滴油。滴油润滑主要用于低速、轻负荷的摩擦表面。

(2) 油毡(垫)、油绳润滑　是将油毡、垫或泡沫塑料、油绳等浸油,采用毛细管的虹吸作用进行供油。其本身可起过滤作用,故能使油保持清洁,且供油连续均匀。主要用于低、中速的摩擦部位。

(3) 油池润滑　是依靠淹没在油池中的旋转零件,将油带到需润滑的部位进行润滑。这种润滑方法适用于在封闭箱内(如磨床的头架变速箱)转速较低的摩擦副中等部位。

(4) 飞溅润滑　是利用高速旋转零件或附加的甩油盘、甩油片,将油池中的油溅散成飞沫向摩擦副供油,主要用于闭式齿轮副及轴承等处。

4. 润滑注意事项

1) 严格执行润滑"五定",做好润滑记录。

2) 润滑剂应纯净清洁,不得混入杂质和水分,以免堵塞油路,引起锈蚀。

3) 夏天时应采用粘度较大的润滑油;冬天则应采用粘度较小的润滑油。

4) 油孔、油槽应密封良好,油池在换油时应清洗干净。

二、磨床的保养

操作人员必须对机床做到"三好、""四会"。"三好"指管好、用好、维修好;"四会"则是会使用、会保养、会检查、会排除一般小故障。其中,维护保养机床是最基础的工作。

1. 磨床的日常维护保养　磨床的维护保养要做到经常化、规范化。一般采取日清扫、周维护、月保养的"三步法"。

(1) 日清扫　每天下班前用15min的时间擦洗机床,清除磨屑、垃圾,保持机床外观清洁。

(2) 周维护　每周末下午用30min的时间除进行外观保洁外,还要对机床进行仔细检查,发现问题及时配合维修人员进行维修,保持机床设备完好。

(3) 月保养　每月的月末进行设备一级保养,用2h的时间按照有关要求逐项进行认真保养，达到整齐、清洁、润滑、安全的规定标准。

2. 磨床维护保养的注意事项　维护保养磨床，具体应注意如下事项：

1）正确使用机床，熟悉自用磨床各部件的结构、性能、作用、操作方法和步骤。

2）开动磨床前，应首先检查磨床各部分是否有故障；工作后仍须检查各传动系统是否正常，并做好交接班记录。

3）严禁敲击磨床的零部件，不碰撞或拉毛工作面，避免重物磕碰磨床的外部表面。装卸大工件时，最好预先在台面上垫放木板。

4）在工作台上调整尾座、头架位置时，必须擦净台面与尾座接缝处的磨屑，涂上润滑油后再移动部件。

5）磨床工作时应注意砂轮主轴轴承的温度，一般不得超过60℃。

6）工作完毕后，应清除磨床上的磨屑和切削液，擦净工作台，并在敞开的滑动面和机械机构涂油防锈。

3. 一级保养的内容及操作步骤　以万能外圆磨床为例，一级保养的内容为：

(1) 外部保养。

1）清洗机床外表，使机床外表保持清洁、无锈蚀、无油痕。

2）拆卸有关防护盖板、挡板进行清洗。做到各有关部位清洁、安装牢固。

3）检查补齐手柄、螺钉、螺母。

(2) 砂轮架及头架、尾座的保养

1）拆洗砂轮架传动带罩壳及砂轮防护罩壳。

2）检查电动机及紧固用的螺钉、螺母是否松动。

3）检查、调整砂轮架传动带，使之松紧适中。

4）拆洗头架罩壳，调整传动带松紧程度，使之传动稳定。

5）拆洗尾座套筒，保持套筒和尾座壳体内的清洁及良好润滑。

（3）液压润滑系统的保养

1）检查液压系统压力情况，保持液压部件运行正常。

2）清洗液压泵过滤器。

3）检查砂轮架主轴润滑油的油质及油量。

4）清洗导轨，检查油质，保持油孔、油路的畅通；检查油管安装是否牢固，是否有断裂、泄漏等现象。

（4）冷却系统的保养

1）清洗切削油箱，调换切削液。

2）检查切削液泵，清除嵌入泵内的棉纱等杂质，保持电动机运转正常。切削液泵应搁在水箱挡条上，以防止切削液泵掉落水箱内，损坏电动机。

3）清洗过滤器，拆洗切削液管，做到管路畅通，构件安装牢固、排列整齐。

（5）电气系统的保养

1）清扫电气箱，保持箱内清洁、干燥。

2）清理电线及蛇皮管，对裸露的电线及损坏的蛇皮管进行修复。

3）检查各电气装置，做到固定整齐，工作正常。

4）检查照明灯、工作状态指示灯等发光装置，做到工作正常、发光明亮。

（6）随机附件的保养　清洗附件，如平衡架，开式、闭式中心架，砂轮修整器等，做到清洁、整齐、无锈迹。

一级保养的操作步骤如下：

1）切断电源，摇动砂轮架退至较后的位置，推动头架、尾座至工作台两端。

2）清扫机床铁屑较多的部位，如水槽、切削液箱、防护罩壳等。

3）用柴油清洗头架主轴、尾座套筒、液压泵过滤器等。

4）在维修人员指导配合下，检查砂轮架及床身油池内的油质情况，油路工作情况等，并根据实际情况调换或补充润滑油和液压油。

5）在维修电工的指导配合下，进行电气检查和保养。

6）进行机床油漆表面的保养，按从上到下，从后到前，从左到右的顺序进行，如有油痕，可用去污粉或碱水清洗。

7）进行附件的清洁保养。

8）缺件补齐（如手柄、螺钉、螺母等）。

9）调整机床，如调整传动带松紧，尾座弹簧压力，砂轮架主轴、头架主轴间隙等。

10）装好各防护罩、盖板。

11）按一级保养要求全面检查，发现问题应及时纠正。

第六节　砂　　轮

一、砂轮的结构

砂轮是由磨料和结合剂以适当的比例混合，经压制、干燥、烧结而成。烧结后还需车削成形、静平衡、硬度测定及最高工作速度试验等一系列工序，以保证砂轮的质量。

砂轮的结构如图 1-8 所示，它由磨粒、结合剂和空隙（气孔）三个要素组成。

磨粒相当于切削刀具的切削刃，起切削作用。结合剂使各磨粒位置固定，起支持磨粒的作用。空隙则有助于排屑和散热的作用。

二、砂轮的特性

砂轮的工作特性由以下几个要素衡量：磨料、粒度、结合剂、硬度、组织、强度、形状和尺寸等。各种特性都有其适用的范围。

1. 磨料　磨料是构成砂轮的主体材料，磨料经压碎后即成为各种粗细不等、形状各异的磨粒，在磨削时需经强烈的摩擦、挤压和高温的作用，因此对磨料的性能和成分都有一定的要求。

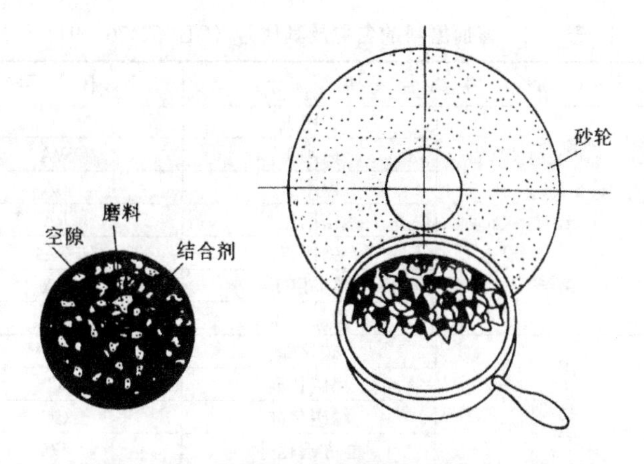

图 1-8　砂轮的结构

(1) 对磨料的要求　磨料应具有如下性能：

1) 较高的硬度　磨料的硬度要高于工件的硬度，这样才能切掉工件上的金属。

2) 较高的强度　磨料的强度是指磨料在磨削力、热应力的作用下，保持其力学性能的程度。显然，磨料的强度要高于工件材料的强度。

3) 较好的韧性　磨料的韧性是指磨料在外力作用下，抵抗破裂的能力。韧性小（脆性大）的磨料，在未充分发挥切削作用之前，很容易被折断，砂轮极易迅速损耗。

4) 较好的热稳定性（红硬性）　磨料的热稳定性是指磨料在磨削的高温之下，保持其物理性能的能力。热稳定性好，有利于减少切削变形。

5) 较好的化学稳定性　磨料的化学稳定性是指磨料不与工件粘附、扩散，不发生化学反应、变化的性能。化学稳定性好的磨料，可延缓砂轮钝化，减轻砂轮堵塞，对提高砂轮的切削能力，延长砂轮使用寿命非常有利。

(2) 磨料的种类　分普通磨料和超硬磨料两大类。前者主要有刚玉类和碳化物类，后者主要有金刚石类和立方氮化硼类。普通磨料的品种名称及代号见表 1-4。

表 1-4 普通磨料的名称及其代号（GB/T2476—94）

磨料名称		代号
刚玉类	棕刚玉	A
	白刚玉	WA
	黑刚玉	BA
	铬刚玉	PA
	锆刚玉	ZA
	单晶刚玉	SA
	微晶刚玉	MA
碳化物类	碳化硼	BC
	黑碳化硅	C
	绿碳化硅	GC
	立方碳化硅	SC

1）刚玉类　刚玉类主要成分是氧化铝（Al_2O_3）。它由铝钒土等为原料在高温电炉中熔炼而成。适于磨削抗拉强度较高的材料，如各种钢材。按氧化铝含量、结晶构造、渗入物的不同，常用刚玉类可分为以下几种：

① 棕刚玉（A）　其颜色呈棕褐色。用棕刚玉制造的陶瓷结合剂砂轮通常为蓝色或浅蓝色。棕刚玉的硬度和韧性较好，能承受较大磨削压力。

② 白刚玉（WA）　白刚玉含极高纯度的氧化铝，呈白色，故又称白色氧化铝。白刚玉磨粒锋利，且易破裂而形成新的锋利切削刃，因此具有良好的切削性能。

③ 铬刚玉（PA）　铬刚玉除了含氧化铝外，还有少量的氧化铬（Cr_2O_3），颜色呈玫瑰红色，其切削性能略高于白刚玉。

④ 单晶刚玉（SA）　是用特殊方法熔炼成的单晶体，具有较高的硬度、韧性和耐磨性。

⑤ 微晶刚玉（MA）　颜色与化学成分同棕刚玉相似，具有较好的韧性和自锐性。

2）碳化物类　主要成分为碳化物，如碳化硅（SiC）、碳化硼（BC）等，是由硅石或硼砂和焦炭为原料在高温电炉中熔炼而成的。其硬度和脆性高于氧化铝，磨粒更锋利，按成分不同可分以下两种：

① 黑碳化硅（C）　磨料的颜色呈黑色，含杂质较多，具有金属光泽，硬度高，切削刃锋利，但脆性大。

② 绿碳化硅（GC）　含极高纯度的碳化硅，呈绿色，且有美丽的金属光泽，其硬度更高更脆，切削刃更锋利。

3）超硬类磨料　超硬类磨料是近年来发展的新型磨料，我国能制造的有人造金刚石和立方氮化硼两种，它们的砂轮结构与一般砂轮有所区别。

① 人造金刚石（SD）　人造金刚石是以石墨为原料，在触媒剂作用下，利用超高压、超高温，将石墨转变成碳的同素异晶体，它无色透明或呈淡黄、淡绿色。其性能仅次于天然金刚石。金刚石乃是目前已知物质中最硬的一种材料，它刃口非常锋利，切削性能优良，但价格昂贵，主要用于加工高硬度材料，如硬质合金和光学玻璃等。而人造金刚石几乎可和它媲美。

② 立方氮化硼（CBN）　立方氮化硼也是利用超高温高压技术制成的，呈黑色，硬度略低于金刚石，具有极好的磨削性能，热化学性能稳定，磨削效率较高。

(3) 磨料硬度和韧性的比较　磨料的硬度和韧性是选用砂轮的重要依据，必须有所了解。

1）硬度比较　磨料从硬到软的次序为金刚石、人造金刚石、立方氮化硼、碳化硼、绿碳化硅、立方碳化硅、黑碳化硅、单晶刚玉、白刚玉、铬刚玉、棕刚玉。

2）韧性比较　磨料从韧到脆的次序为铬刚玉、单晶刚玉、棕刚玉、白刚玉、微晶刚玉、黑碳化硅、绿碳化硅、立方氮化硼、金刚石。

2. 粒度　粒度是指磨料颗粒的大小。粒度号越大，表示磨料颗粒越小，或者说粒度越粗。

根据磨料标准（GB/T2477—94）规定，粒度用41个粒度代号表示。

粒度从粗到细的号数为 4#、5#、6#、7#、8#、10#、

12#、14#、16#、20#、22#、24#、30#、36#、40#、46#、54#、60#、70#、80#、90#、100#、120#、150#、180#、220#、240#。

以上粒度号的颗粒尺寸均在5600～50μm之内。其粒度号代表的是磨粒所通过的筛网在每英寸长度上所含的孔目数。例如46#粒度是指磨粒可以通过每英寸长度上有46个孔目的筛网，但不能通过每英寸长度上有54个孔目的筛网。其颗粒尺寸为425～355μm。

颗粒更小的磨粒称为微粉，其号数越小，表示磨料的颗粒也越小，亦即粒度越细。微粉从粗到细依次为W63、W50、W40、W28、W20、W14、W10、W7、W5、W3.5、W2.5、W1.5、W1.0、W0.5。

微粉用显微镜测量其粒度，粒度号W表示微粉，阿拉伯数字表示磨粒的实际宽度尺寸。例如W40表示颗粒的大小为40～28μm。

砂轮的粒度对工件表面的粗糙度和磨削效率有较大的影响。

3.结合剂　结合剂是将磨料粘接成各种砂轮的材料。结合剂的种类及其性质，影响砂轮的硬度、强度。结合剂的名称及其代号见表1-5。

表1-5　结合剂代号（GB/T2484—94）

名　　称	代　　号
陶瓷结合剂	V
树脂结合剂	B
增强树脂结合剂	BF
橡胶结合剂	R
增强橡胶结合剂	RF
菱苦土结合剂	Mg

由于砂轮在高速旋转中进行磨削加工，而且又是在高温、高压、强冲击载荷以及强腐蚀性切削液的条件下工作，所以磨料粘接的牢固程度，结合剂本身的耐热、耐蚀性能，就成为对结合剂的重要要求。

(1) 陶瓷结合剂 (V)　用其粘接的砂轮，物理和化学性能稳定，空隙较多，能较好地保持砂轮的几何形状，冷、热、干、湿皆能适应，且不怕水、油、酸、碱的侵蚀，价格也便宜，因此应用广泛。

但用陶瓷结合剂粘结的砂轮较脆，缺乏应有的弹性，不能承受大的冲击和侧面扭曲压力，不宜制造薄片砂轮。砂轮的圆周速度一般只能在 35m/s 以下。

(2) 树脂结合剂 (B)　是一种由石碳酸与甲醛人工合成的有机结合剂。其粘接强度较高，可用于制造薄片砂轮。又由于它具有一定的弹性，所以用它粘接的砂轮，有较好的弹性抛光性能。树脂结合剂耐热性差，在高温下自己先被烧毁，砂粒容易脱落，因而砂轮自锐性好，磨削效率高，但砂轮也容易失去正确的外形。另外，树脂结合剂耐碱性差，在碱性切削液的作用下，会加快砂轮的磨损，而且潮湿的环境也会使砂轮强度降低，故一般树脂结合剂的砂轮存放期不宜超过一年。

(3) 橡胶结合剂 (R)　也是一种有机结合剂，以天然或人造橡胶为主要原料制成。其粘接强度比树脂结合剂更高，可用于粘接更薄的砂轮，其弹性高，砂轮退让性好，尤其是在高温下，橡胶结合剂易产生塑性变形，不易烧伤工件并有良好的抛光作用。橡胶结合剂砂轮内的气孔小，空隙少，组织紧密，砂轮外形保持性好。但橡胶结合剂耐热、耐油和耐湿性较差，砂轮的存放期为二年。

(4) 菱苦土结合剂 (Mg)　其结合强度低，用其粘接的砂轮，圆周速度应限定在 20m/s 以内。由于结合强度低，因此砂轮自锐性好，而且磨削中发热也少。但菱苦土结合剂的耐水性能差，只宜在干磨条件下工作。

(5) 增强树脂结合剂 (BF) 和增强橡胶结合剂 (RF)　在树脂结合剂或橡胶结合剂中加入高强度的聚酯塑料等物质，增强了结合强度。

4. 硬度　砂轮的硬度是指结合剂粘结磨粒的牢固程度。磨粒粘接越牢，表明砂轮越硬，也就是磨粒越不易脱落。砂轮的硬度与磨料的硬度绝不可混为一谈。软的砂轮，其磨料可以很硬，只是磨粒粘接不牢，容易脱落；相反，较软的磨料也可以粘接成硬度很高的砂轮。

根据GB/T2484—94标准，砂轮的硬度代号按由软至硬顺序为：A、B、C、D、E、F、G、H、J、K、L、M、N、P、Q、R、S、T、Y。

5.组织　砂轮的组织是表示其内部结构松紧程度的参数。用磨料、结合剂、空隙（气孔）三者在砂轮内部的体积比例来衡量。砂轮所含磨料比例越大，组织越紧密；反之，空隙越大，砂轮组织越疏松（见图1-9）。

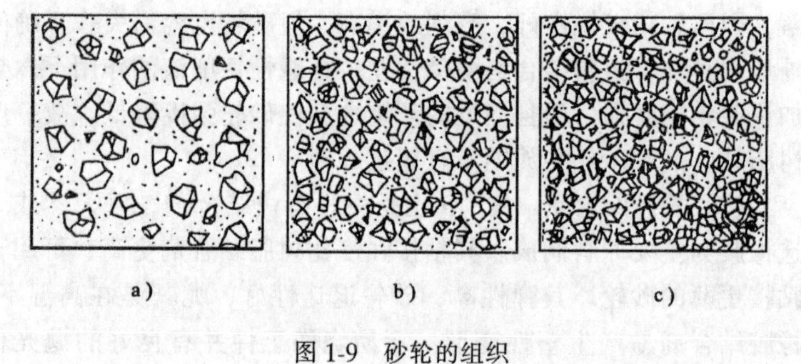

a)　　b)　　c)

图1-9　砂轮的组织

a）松　b）中　c）密

根据GB/T2484—94标准，砂轮组织号按磨粒率从大到小的顺序为：0，1，2，3，4，5，6，7，8，9，10，11，12，13，14。其中，磨粒占砂轮体积的百分比见表1-6。

表1-6　不同组织号砂轮磨粒占砂轮体积比例

组织号	0	1	2	3	4	5	6	7	8	9	10	11	12	13	14
磨粒占砂轮体积（%）	62	60	58	56	54	52	50	48	46	44	42	40	38	36	34

砂轮的组织紧密，易保持砂轮的几何形状，砂轮的寿命长和磨削精度高；组织疏松，砂轮中空隙可容纳磨屑，在湿磨或干磨时能将切削液或空气带入磨削区，以减少磨削热，提高磨削效

率。但组织疏松的砂轮磨损快，使用寿命短。

6. 形状和尺寸　砂轮有不同的形状和尺寸，适用于不同的磨削加工。常用砂轮形状代号和尺寸标记代号见表 1-7。

表 1-7　通用砂轮形状代号和尺寸标记（GB/T2484—94 摘录）

代　号	名　　称	断　　面　　图	形状尺寸标记
1	平形砂轮	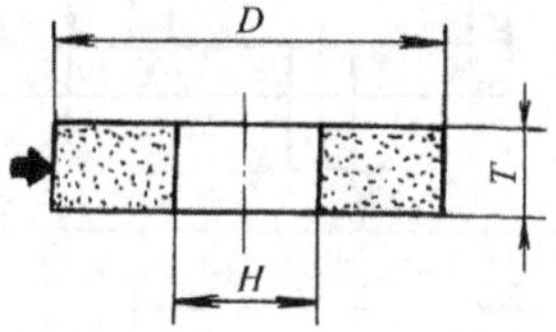	1-型面- $D\times T\times H$
2	筒形砂轮	($W<0.17D$) 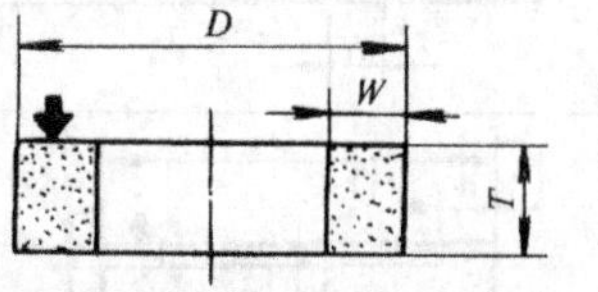	2- $D\times T$-W
3	单斜边砂轮	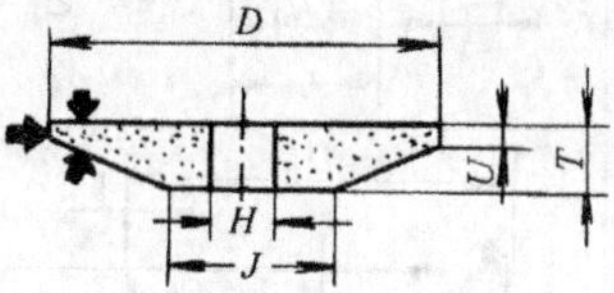	3- $D/J\times T/U\times H$
4	双斜边砂轮	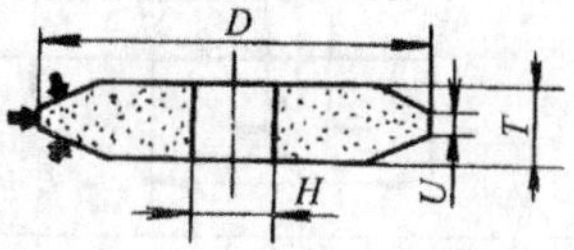	4- $D\times T/U\times H$
5	单面凹砂轮	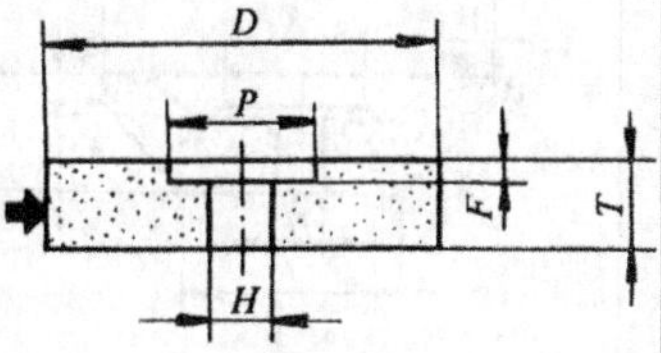	5-型面- $D\times T\times H$-P，F

（续）

代　号	名　　称	断　　面　　图	形状尺寸标记
6	杯形砂轮	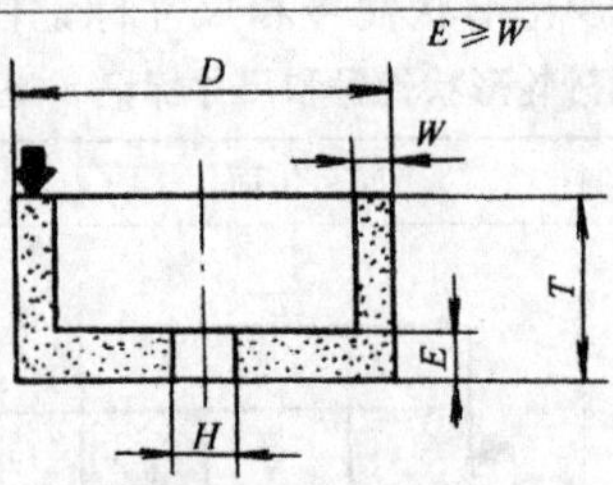 $E \geqslant W$	6- $D \times T \times H\text{-}W$, E
7	双面凹一号砂轮	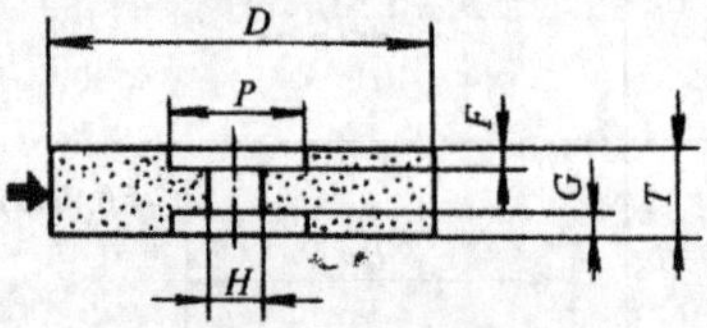	7-型面- $D \times T \times H\text{-}P$, F, G
8	双面凹二号砂轮	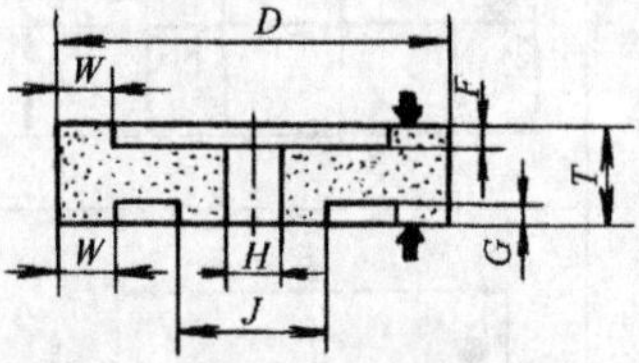	8- $D \times T \times H$, W, J, F, G
11	碗形砂轮	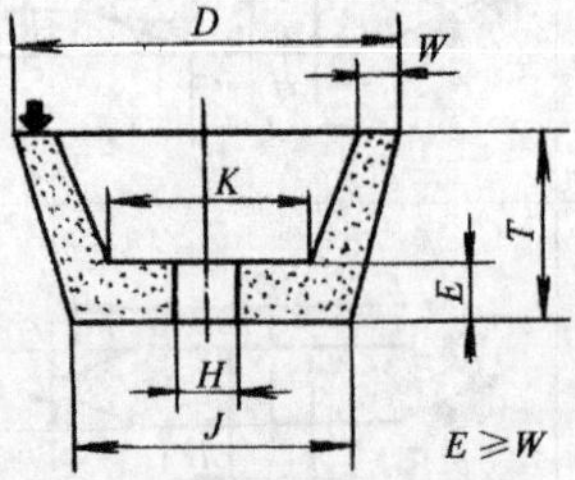 $E \geqslant W$	11- $D/J \times T \times H$- W, E, K
12a	碟形一号砂轮	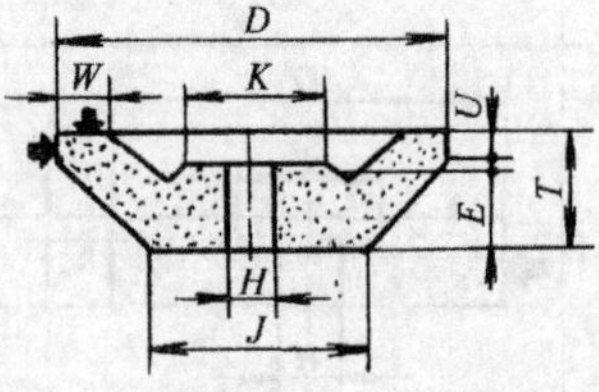	12a- $D/J \times T/U \times$ $H\text{-}W$, E, K

（续）

代号	名　称	断　面　图	形状尺寸标记
12b	碟形二号砂轮	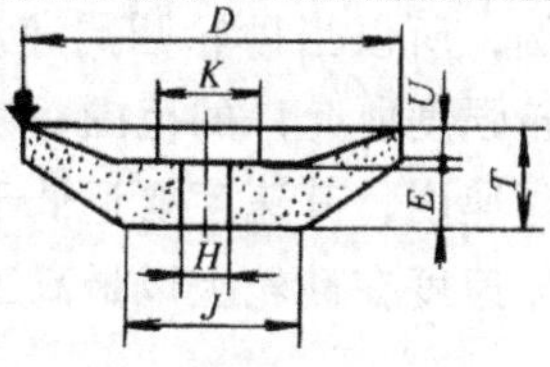 D K U E T H J	12b-D/J×T/U×H-E，K
23	单面凹带锥砂轮	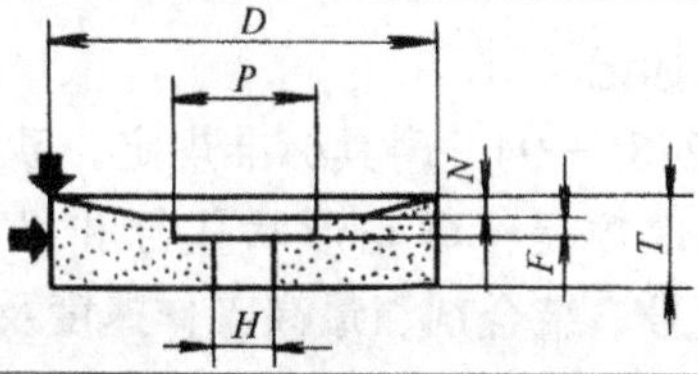 D P N F T H	23-D×T/N×H-P，F
26	双面凹带锥砂轮	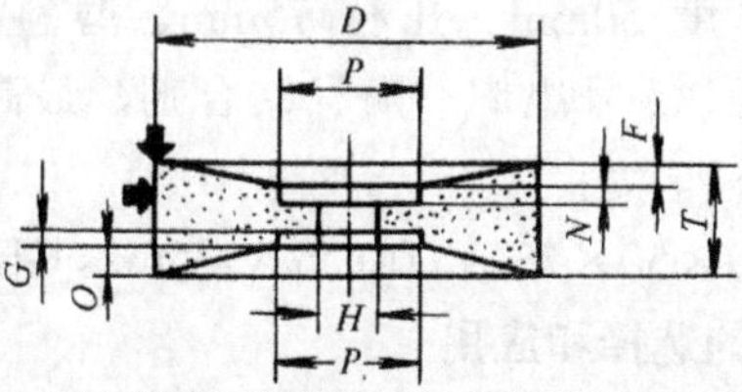 D P F N T G O H P	26-D×T/N/O×H-P，F，G
27	钹形砂轮	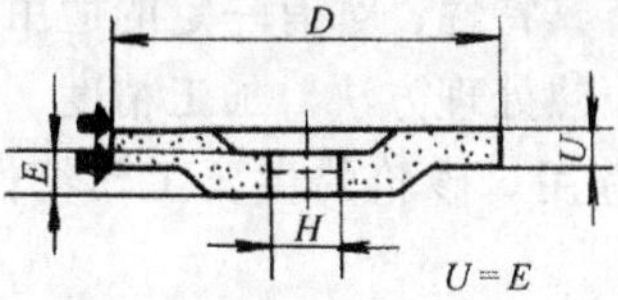 D E U H U=E	27-D×U×H
38	单面凸砂轮	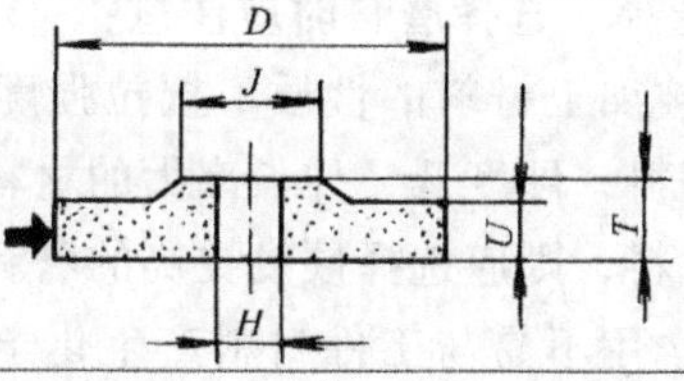 D J U T H	38-D/J×T/U×H
41	薄片砂轮	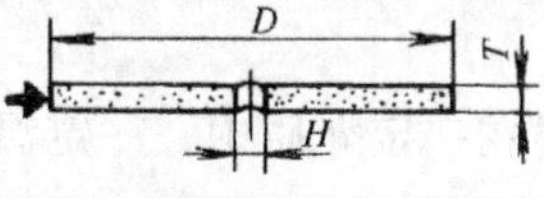 D T H	41-D×T×H

注：⬇为表示基本工作面的符号。

7．强度　砂轮强度通常用安全工作速度表示。

砂轮高速旋转时受到很大的离心力的作用，如果没有足够的强度，砂轮就会爆裂而引起严重事故。离心力的大小与砂轮圆周速度的平方成正比例，所以当砂轮圆周速度增大到一定数值时，离心力就会超过砂轮强度所允许的范围，使砂轮爆裂。故各种砂轮都规定了安全工作速度，其速度要远低于砂轮爆裂的速度。

砂轮的安全工作速度在砂轮上以最高工作速度标识，其安全系数为1.5。

三、砂轮的标记

根据GB/T2485—94 磨具标准规定，砂轮各特性参数应在砂轮上标记，其次序是：砂轮形状代号和尺寸标记、磨料、粒度、硬度、组织号、结合剂、最高工作速度及标准号。例如，外径300mm、厚度50mm、孔径75mm、磨料为棕刚玉、粒度60#、硬度为L、5号组织、陶瓷结合剂、最高工作速度35m/s的平形砂轮，标记为：

砂轮 1-300×50×75-A 60 L 5 V-35m/s GB2485

四、砂轮的选择和应用

每种砂轮各有其特性，都有一定的适用范围，一般应根据工件的材料、形状、热处理方法、加工精度、表面粗糙度、磨削用量及磨削形式等选用。砂轮的主要工作特性选择和应用范围如下：

1. 磨料的选择　选择磨料时应注意：

1）须考虑被加工材料的性质。抗拉强度较高的材料，应选用韧性较大的磨料；硬度低、伸长率大的材料，应选用较脆的磨料；对高硬度材料，则应选择硬度更高的磨料。

2）须注意选用不易与工件材料产生化学反应的磨料，以减少砂轮的磨损。

3）须注意磨料在一定介质中、一定温度下受到侵蚀的趋势，以保证砂轮的寿命。

一般的选择原则是：工件为一般材料，可选用棕刚玉；工件材料为淬火钢、高速钢，可选用白刚玉或铬刚玉；工件材料为黄铜、铸铁可选用黑色碳化硅；工件材料为硬质合金，则可选用人造金刚石或绿色碳化硅。归纳起来讲，工件材料硬，磨料更要硬；表面如要光，磨料则要韧。

普通磨料的特点及应用范围见表1-8。

表1-8 普通磨料的选择

磨料名称	代号	特点	应用范围
棕刚玉	A	有足够的硬度，韧性大，价格便宜	适于磨削抗拉强度较高的金属材料，如碳钢、合金钢，可锻铸铁、硬青铜等。特别适于磨未淬火钢、调质钢以及粗磨工序
白刚玉	WA	比棕刚玉硬而脆，自锐性好，磨削力和磨削热量小，价格高于棕刚玉	适于磨削淬火钢、合金钢、高碳钢、高速钢，以及加工螺纹、齿轮、薄壁件及刃磨刀具等
铬刚玉	PA	硬度与白刚玉相近，而韧性较好	可磨削合金钢、高速钢、锰钢等高强度材料，适于低粗糙度值表面的磨削；也可用于成形磨削、刃磨刀具等
单晶刚玉	SA	硬度和韧性都高于白刚玉	适于磨削不锈钢、高钒钢、高速钢等高硬、高韧性材料及易变形、烧伤的工件，也适用于高速磨削和低粗糙度值磨削
微晶刚玉	MA	强度高，韧性和自锐性好	适于磨削不锈钢、轴承钢、特种球墨铸铁等难磨材料；也适于成形磨、切入磨、高速磨及镜面磨削等精加工
锆刚玉	ZA	强度高，韧性好	适于对耐热合金钢、钛合金及奥氏体不锈钢等难磨材料的磨削和重负荷磨削
黑刚玉	BA	硬度较高，韧性好	多用于研磨和抛光，并用来制做树脂砂轮及砂布、砂纸等
黑碳化硅	C	硬度比白刚玉高，但脆性大	适于磨削铸铁、黄铜、铅、锌等抗拉强度较低的金属材料，也适于加工橡胶、塑料、矿石等非金属材料
绿碳化硅	GC	硬度高于黑碳化硅，但脆性更大	主要用于硬质合金刀具和工件，螺纹和其它工具的精磨，适于加工宝石玉器，光学玻璃等的切割、磨削和研磨
立方碳化硼	CBN	硬度略低于金刚石，磨削性能好	适于磨削韧而粘的材料，如不锈钢、轴承钢等，磨削效率高
人造金刚石	SD	硬度极高，磨削性能好，但价格昂贵	适于硬质合金、宝石玉器、光学玻璃等材料的磨削、研磨和抛光

2. 粒度的选择　粒度的选择应考虑加工工件尺寸、几何精

度、表面粗糙度、磨削效率以及如何避免某些缺陷产生等因素。

一般来说，要求工效高、表面粗糙度值较大、砂轮与工件接触面大、工件材料韧性大和伸长率较大，以及加工薄壁工件时，应选择大一些的粒度；反之，加工高硬度、脆性大、组织紧密的材料，精磨、成形磨或高速磨削时，则应选择较小的粒度。常用的粒度是46#～80#。粗磨时选用粗粒度砂轮，精磨时选用细粒度砂轮。另外，端磨应比周磨的砂轮粒度粗；内圆磨应比外圆磨的砂轮粒度粗；干磨应比湿磨的砂轮粒度粗。粒度的选择可参考表1-9。

表1-9 粒度的选择

粒度代号	适用范围	工件表面粗糙度/μm
24#～60#	一般磨削	R_a3.2～0.8
60#～80#	半精磨或精磨	R_a0.8～0.20
100#～240#	精密磨削	R_a0.20～0.10
240#～W20	超精密磨削	R_a0.05～0.025
W14～W10	超精密磨削、镜面磨削	R_a0.025～0.012

3．砂轮硬度的选择　硬度选择的一般原则是：磨削硬材料，应选用软砂轮，以使其保持较好的“自锐性”，提高砂轮的使用寿命，减少磨削力和磨削热；磨削软材料时，应选用硬砂轮，可在较长时间保持磨粒微刃的锋利，利于切削。具体情况如下：

1）磨削韧性大的有色金属工件、刃磨硬度高的刀具、磨削薄壁件及易堵塞砂轮的材料时，应选用较软的砂轮；镜面磨削应选择超软砂轮。

2）工件材料相同，纵向磨削与切入磨削，周边磨削与端面磨削，外圆磨削与内圆、平面磨削，湿磨与干磨，精磨与粗磨，断续表面磨削与连续表面磨削等，前者均要选用比后者较硬的砂轮。

3）高速、高精密磨削、钢坯荒磨、工件去毛刺等，应选择较硬的砂轮。

4）磨削时自动进给与手动进给，树脂接合剂砂轮与陶瓷结合剂砂轮，前者的硬度比后者均要高些。

4. 结合剂的选择　结合剂直接影响到砂轮的强度和硬度。各类结合剂适用范围见表 1-10。

表 1-10　结合剂适用范围

结合剂名称	代号	适　用　范　围
陶瓷结合剂	V	适用于内、外圆、无心、平面、螺纹与成形磨削以及刃磨、珩磨与超精磨等；适于对碳钢、合金钢、不锈钢、铸铁、有色金属以及玻璃陶瓷等材料进行加工
菱苦土结合剂	Mg	适于磨削热传导性差的材料以及砂轮与工件接触面较大的工件，还广泛用于石材加工和磨米
树脂结合剂	B	适用于荒磨、切断和自由磨削，如磨钢锭、打磨铸、锻件毛刺等
橡胶结合剂	R	适于制造无心磨导轮、精磨、抛光砂轮、超薄型切割用片状砂轮以及轴承精加工砂轮

5. 形状和尺寸的选择　砂轮的形状和尺寸应根据所用磨床、加工要求和磨削方式合理选用。

1）磨床刚性好、动力较大，可选用较宽的砂轮。

2）加工特软和韧性大的薄壁件、细长件，应选择较窄的砂轮。

3）在磨削效率和工件表面质量要求较高时，应选用宽一些的砂轮；在安全工作速度和机床条件允许的情况下，尽量选用直径大一些的砂轮。

4）对切入式和成形磨削，砂轮宽度应略宽于工件加工部分宽度。

5）内圆磨削选择砂轮宽度时，应视孔径、孔深、工件材料及冷却方式而定，在冷却条件允许的情况下，砂轮的直径可选择稍大一些，一般可达工件孔径的 2/3。

第七节　磨削用量的概念

切削用量是用于表示切削时主运动、进给运动和切入量参数的数值，以便于调整机床，取得良好的切削效果。

根据磨削的特点，不同的磨削方式有不同的磨削用量。以外圆磨削为例，其磨削用量包括砂轮的圆周速度 v_0、工件的圆周速度 v_w、纵向进给量 f 及横向进给量 a_p（图 1-10）。

一、砂轮圆周速度

砂轮外圆表面上任一磨粒在单位时间内所经过的磨削路程，称为砂轮的圆周速度，用 v_0 表示。此速度也即磨削主运动速度。

v_0 的单位为 m/s，按下式计算

$$v_0=\frac{\pi D_0 n_0}{1000\times 60} \quad (1\text{-}1)$$

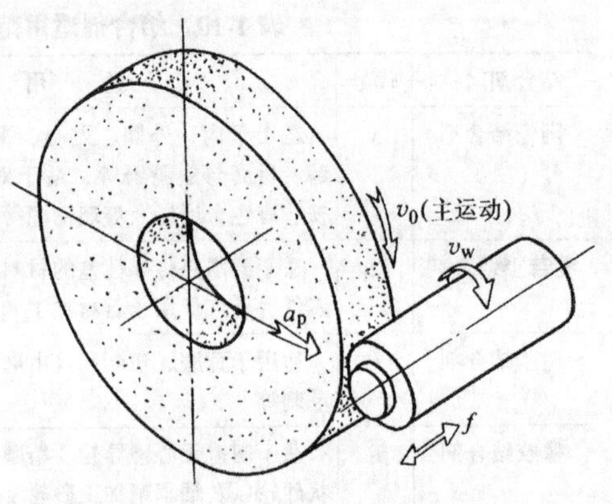

图 1-10　磨削用量

式中　D_0——砂轮直径（mm）；

n_0——砂轮转速（r/min）；

v_0——砂轮的圆周速度（m/s）。

砂轮圆周速度表示砂轮磨粒的磨削速度，又称磨削速度。

例　已知砂轮直径 $D_0=400$mm，砂轮的转速 $n_0=1670$ r/min，求砂轮的圆周速度 v_0？

解　据式（1-1）可知

$$\begin{aligned} v_0 &= \frac{\pi D_0 n_0}{1000\times 60} \\ &= \frac{3.1416\times 400\times 1670}{1000\times 60}\text{m/s} \\ &= 34.976\text{m/s} \\ &\approx 35\text{m/s} \end{aligned}$$

外圆磨削和平面磨削的磨削速度一般在 30～35m/s 左右。内圆磨削因其砂轮直径限制故速度较低，一般在 18～30m/s 左

右。

砂轮圆周速度对磨削质量和生产率有直接的影响。当砂轮直径变小时，会出现磨削质量下降的现象，就是由于砂轮圆周速度下降的缘故。

二、工件圆周速度

工件圆周速度是表示工件被磨削表面上任意一点，在每分钟内所走过的路程，用 v_w 表示，计算式为

$$v_w=\frac{\pi d_w n_w}{1000} \tag{1-2}$$

式中 d_w——工件外圆直径（mm）；

n_w——工件转速（r/min）；

v_w——工件圆周速度（m/min）。

工件的圆周速度远低于砂轮的圆周速度，一般为 5～30m/min。

在实际生产中，工件直径是已知的，加工时通常需要确定工件的转速，为此可将上式变换为

$$n_w=\frac{1000v_w}{\pi d_w}\approx\frac{318v_w}{d_w} \tag{1-3}$$

例 磨削直径为60mm 的工件，若选取工件的圆周速度为20m/min，试确定工件的转速？

解 据式（1-3）可知

$$n_w=\frac{318v_w}{d_w}=\frac{318\times20}{60}\text{r/min}=106\text{r/min}$$

三、纵向进给量

工件每转一转，砂轮相对工件在纵向进给运动方向的移动量，叫做纵向进给量，用 f 表示（见图 1-11）。计算式为

$$f=(0.2\sim0.8)B \tag{1-4}$$

式中 B——砂轮宽度（mm）；

f——纵向进给量（mm）。

纵向进给量与工作台的纵向速度有关，其计算公式为

$$v_f=\frac{fn_w}{1000} \qquad (1\text{-}5)$$

式中　f——纵向进给量（mm）；

n_w——工件转速（r/min）；

v_f——工作台纵向速度（m/min）。

图1-11　进给量

例　已知砂轮宽度 $B=40$mm，选择纵向进给量 $f=0.4B$，工件转速为 $n_w=224$ r/min，求工作台纵向速度 v_f?

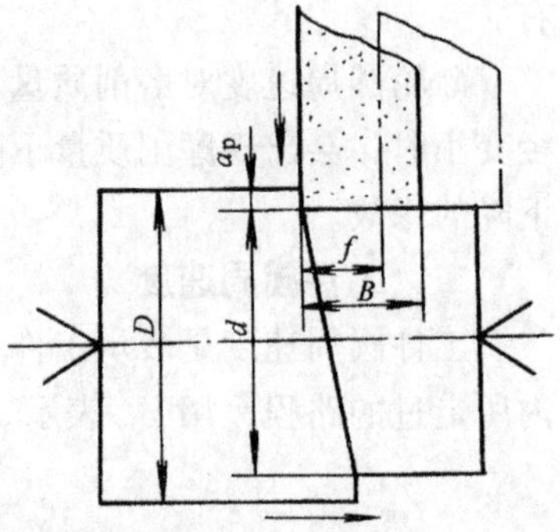

解　据式（1-5）可知

$$v_f=\frac{fn_w}{1000}=\frac{0.4\times40\times224}{1000}\text{m/min}=3.584\text{m/min}\approx3.6\text{m/min}$$

四、横向进给量

外圆磨削时，在每次行程结束后，砂轮在横向进给运动方向上的移动量，叫做横向进给量，用 a_p 表示。它是衡量磨削深度大小的参数，又称背吃刀量。其尺寸从垂直于进给运动方向测量。计算公式为

$$a_p=\frac{D-d}{2} \qquad (1\text{-}6)$$

式中　D——进给前工件的直径（mm）；

d——进给后工件的直径（mm）；

a_p——横向进给量（mm）。

外圆磨削时，横向进给量很小，一般取 0.005～0.04mm，精磨时取小值，粗磨时则选大值。

切削速度、进给量、背吃刀量通常称之为“切削三要素”，磨削时应合理选择。

磨削用量的选择原则是：粗磨时以提高生产率为主，选用大的背吃刀量和纵向进给量；精磨时以保证精度和表面粗糙度要求

为主，选择较小的背吃刀量和纵向进给量。同时还要考虑磨床、工件等具体情况，再综合分析确定。

第八节　切　削　液

一、切削液的作用

合理选用切削液，可以改善磨削过程中的摩擦，降低磨削热，提高已加工面质量。切削液的主要作用为：冷却、润滑、清洗、防锈。

1. 冷却作用　切削液一方面减少磨屑、砂轮、工件间的摩擦，减少切削热的产生，另一方面带走绝大部分磨削热，使磨削温度降低。

冷却性能的好坏，取决于切削液的热导率、比热容、流量等，切削液上述物理性能量值越大，冷却性能就越好。

2. 润滑作用　切削液能渗透到磨粒与工件的接触表面之间，粘附在金属表面上形成润滑膜，以减少摩擦，从而提高砂轮的寿命，减低工件表面粗糙度值。

切削液的润滑能力，取决于切削液的渗透性、成膜能力。由于接触表面压力较大，须在切削液中加一些油性添加剂或硫、氯、磷等极压添加剂，以形成物理吸附膜或化学吸附膜来提高润滑效果。

3. 清洗作用　切削液可将粘附在机床、工件、砂轮上的磨屑和磨粒冲洗掉，防止划伤已加工表面，减少砂轮的磨损。

切削液清洗性能的好坏，取决于它的碱性、流动性和使用压力。

4. 防锈作用　切削液能保护机床、工件、砂轮不受周围介质（空气、水分、手汗等）的影响而腐蚀。

防锈作用的强弱，取决于切削液本身的成分和添加剂的作用。例如，油比水溶液的防锈能力强，加入防锈添加剂，可提高防锈能力。

二、切削液的种类

磨削时使用的切削液可分为水溶液、乳化液和油类三大类。

1. 水溶液　水溶液主要成分是水，其冷却性能较好，但易使机床和工件锈蚀，须加入防锈剂使用。

2. 乳化液　乳化液是乳化油和水的混合体。乳化油由矿物油和乳化剂配制而成。乳化剂的分子有两个头，一端向水，一端向油，把油和水连接起来，形成以水包油的乳化液。乳化液具有良好的冷却作用，若再加入一定比例的油性剂和防锈剂，则可成为既能润滑又可防锈的乳化液。

使用时，取质量分数为2%～5%的乳化油和水配制即可。天冷时，可用少量温水将乳化油溶化，然后再加入冷水调匀。乳化液调配的含量应视工件的材料而定。如磨削铝制工件时，含量不宜过高，否则会引起表面腐蚀；磨削不锈钢工件，采用较高含量效果较好。一般来说，精磨时乳化液含量应比粗磨时要高一些。

3. 油类　油类切削液主要成分是矿物油。矿物油的油性差，不能形成牢固的吸附膜，润滑能力差，在磨削时须加入极压添加剂，即成为极压机械油。它常用于螺纹磨削和齿轮磨削。其配方见表1-11。

表1-11　极压机械油配方　（%）

成　分	百　分　比
石油磺酸钡（防锈剂）	2
氯化石蜡（极压剂）	10
环烷酸铝（极压剂）	6
L-AN15全损耗系统用油 L-AN32全损耗系统用油	72
L-AN5全损耗系统用油	10

除上述三类切削液外，还有一种新型的称为合成液的切削

液，它是由添加剂、防锈剂、低泡油性剂和清洗防锈剂配制而成的。采用合成液后工件表面粗糙度可达 $R_a0.025\mu m$，砂轮寿命可提高 1.5 倍，使用期限超过一个月。

三、切削液的喷注方式

磨削时，磨粒的切削速度比一般切削加工高得多，因此切削液主要是对磨削部位和工件进行冷却，以降低磨削热。故磨削时切削液常采用喷注方式冷却。

切削液的喷注有外喷注冷却和内喷注冷却两种方式（图 1-12）。

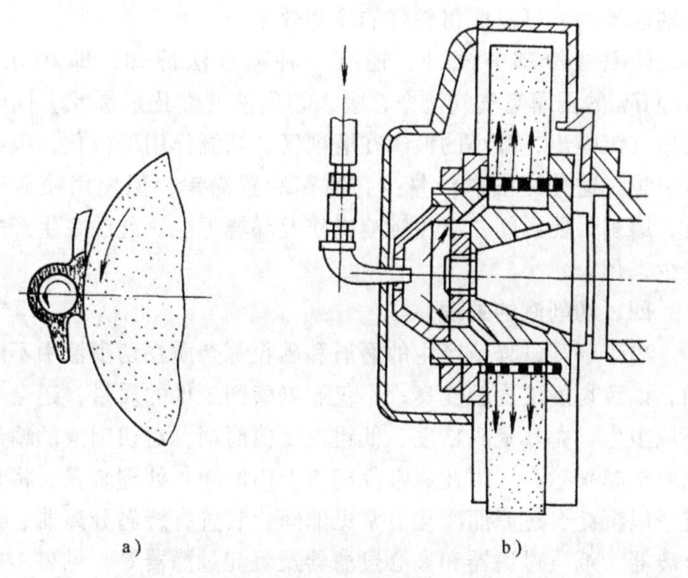

图 1-12　切削液的喷注方式
a）外喷注方式　b）内喷注方式

目前常用的是外喷注冷却方式（图 1-12a），切削液由机床中的液压泵以一定的压力流出，经管路、喷头直接喷注在砂轮与工件接触处。由于磨削速度较高，磨粒通过接触弧的时间极短（约 $0.04\mu s$），因此，切削液不能全部进入磨削区域，影响了冷却润滑效果。

近年来，开始采用了一种新型的内喷注冷却方式，如图 1-12b 所示。这种喷注方式是将切削液流经中空的锥形盖，再引入到砂轮中心腔内，由于旋转砂轮离心力的作用，切削液便经过砂轮网状空隙流向砂轮四周边缘，直接进入磨削区域，起到良好的冷却润滑作用。目前，由于还有一些具体问题如砂轮主轴和砂轮的设计制造等尚未得到理想的解决，因此，内喷注冷却方式还未能普遍推广使用。

在刃磨刀具时采用浸硬脂酸砂轮，也是一种内冷却法。磨削时，磨削区域的热量使砂轮边缘部分的硬脂酸熔化，而使其洒入磨削区域内，可以取得较好的冷却效果。

除喷注冷却方式外，还有一种喷雾法冷却，即在 0.3～0.6MPa 的压缩空气气流中，吸入切削液并细化成雾状，同时随高速气流喷出，细小的液滴在磨削区，高温作用下汽化，吸收大量热量。这种方法供液量少，喷雾装置简单，但使用喷雾冷却时，磨削区要封闭，以免影响操作及环境卫生。此法在生产中尚很少采用。

四、切削液的处理

由于磨削过程新产生的磨屑和砂粒等杂质在切削液中不断增加，以致切削液变脏变臭，不仅影响磨削工件的质量，还会危害环境卫生，尤其是高精度、低粗糙度值磨削，对切削液的精细净化要求越来越高。因此通常都配置专门的净化处理装置，将切削液予以沉淀、过滤而净化。常见的净化装置有旋涡分离器、磁性分离器、纸质过滤器和离心过滤器及沉淀过滤器等，见表 1-12。

表 1-12　各种切削液净化装置

	旋涡分离器	磁性过滤器	纸质过滤器	离心过滤器	沉淀过滤器
过滤器型式			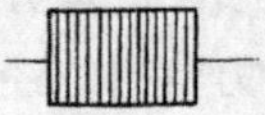		

图 1-13a 为一般的沉淀过滤器水箱，它容积较大，切削液能保持足够的数量和一定的温度，箱体上面有金属网，以便过滤杂

物，该水箱须每班清洗一次，以满足加工需要。

图 1-13b 为改良式沉淀过滤器水箱，切削液经一组隔板的循环沉淀，可达到较好的过滤效果，这种装置成本低，使用普及。

当对切削液有较高的清洁度要求时，可采用表 1-12 所列的其它专用过滤器装置。

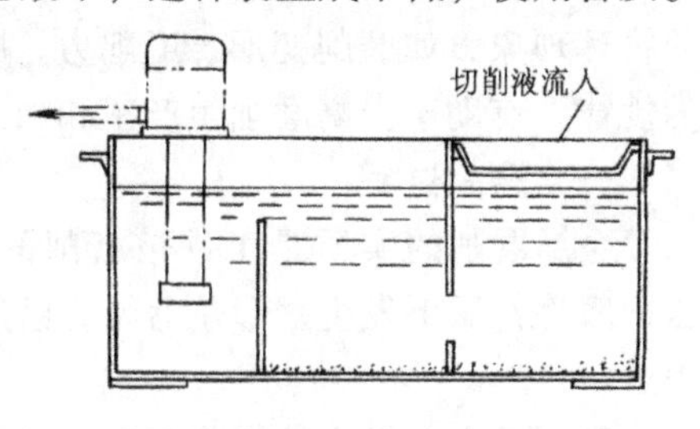

a）

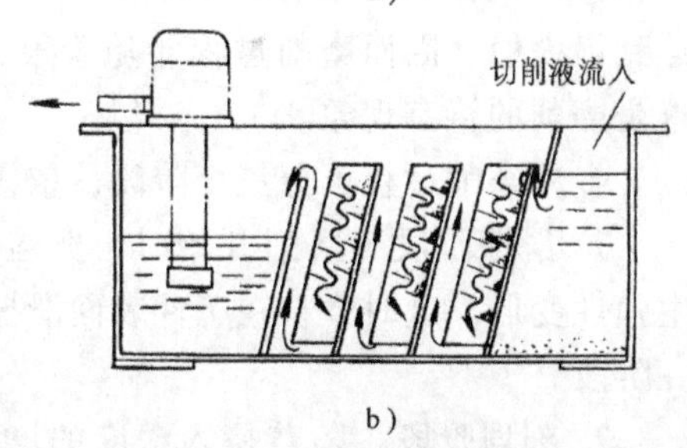

b）

图 1-13　沉淀过滤器水箱

a）一般沉淀过滤器

b）改良式沉淀过滤器水箱

五、对切削液的要求

磨削用的切削液应满足以下要求：

1）切削液的化学成分要纯，化学性质要稳定，无毒性，其酸度应呈中性，以免刺激皮肤和腐蚀机床、工件和砂轮。

2）有良好的冷却性能。切削液的热导率要大，应有一定压力和充足的流量，便于发挥冷却作用。

3）有较好的润滑性能。切削液粘度要低，与金属亲和力要强，便于渗透与形成润滑膜，降低摩擦因数。

4）切削液应与水均匀混合，在水箱中不起泡沫，并经常保持清洁，不使用变质的切削液。

5）切削液应根据磨削工件材料的不同合理选用，尽量使用磨削效果好、价格低廉的切削液。

6）超精磨削中，应选用透明度较高及净化的切削液，便于观察和测量，以保证工件表面质量。

第九节　磨削过程产生的物理效应

磨削与其它金属切削加工一样，切削过程中会产生一些基本的物理现象，如磨削变形、磨削力、磨削热等。学习并掌握它们的规律，有助于提高磨削生产率和加工质量。

一、磨削过程

金属磨削的实质是工件被磨削的金属在无数磨粒瞬间的挤压、摩擦作用下发生变形尔后转为磨屑，并形成已加工表面的过程。

磨削是在极微小的切削厚度下进行的，其厚度是由零开始再达到最大值，因而磨削过程伴随着很大的弹性变形和塑性变形，这是磨削的特有现象。

金属磨削过程可分三个阶段，依次为：

1. 滑擦阶段　磨削开始时，磨粒压向工件表面，使工件产生弹性变形，这时磨粒在工件表面滑擦一段距离，这是磨削的第一阶段。

2. 刻划阶段　随着挤入深度的增加，磨粒与工件表面间的压力也逐渐增大，材料的晶粒发生滑移，使弹性变形过渡到塑性变形，在这一期间挤压剧烈，磨粒在工件表面刻划出沟痕，同时在沟痕两侧，由于金属塑性变形加大而形成隆起，这是磨削的第二阶段，又称耕犁阶段。

3. 切削阶段　当挤压深度增大到一定值时，被磨削层材料受力影响产生挤裂，最后被切离而成为磨屑，这是最后的切削阶段。

实际上，磨削的微观过程中，摩擦、挤压和切削这三种作用是同时而又交替地进行的。

二、磨削力

磨削时，磨屑是由于砂轮与工件间发生摩擦和切削作用而生成的。其时，既产生弹性变形和塑性变形阻力，又有摩擦力产生。因此，在砂轮与工件上分别作用着大小相等、方向相反的力，这种相互作用的力称为磨削力。

磨削力在空间可分解为三个分力（图 1-14)。

1. 切削力 F_c　总切削力在主运动方向上的正投影。

2. 背向力 F_p　总切削力在垂直于工作平面上的分力。

3. 进给力 F_f　总切削力在进给运动方向上的正投影。

其中,切削力 F_c 又称主磨削力。背向力 F_p 最大,进给力 F_f 次之。

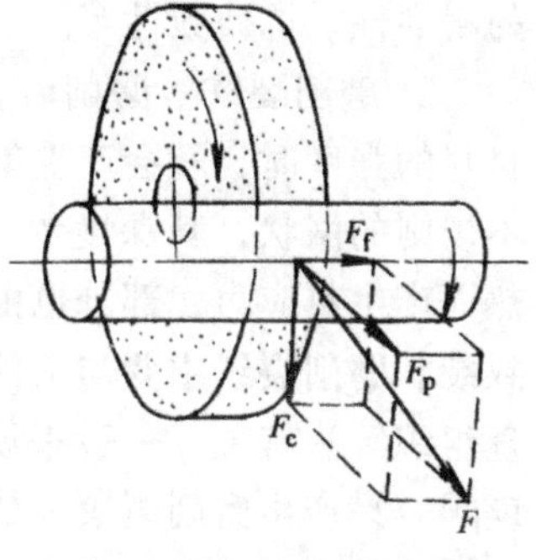

图 1-14　磨削力

一般力是切削力的 2～3 倍，这是磨削和一般切削加工显著不同之处。由于背向力相当大，会使机床—砂轮—工件组成的工艺系统产生较大的弹性变形，因而影响磨削精度和生产率。

磨削力的大小与被磨材料硬度和磨削用量有关。被磨材料越硬，磨削力越大。磨削用量中影响最大的是背吃刀量 a_p，a_p 值越大，磨削力也越大。磨削力还与砂轮特性、砂轮的磨削宽度有关。磨削时应充分考虑磨削力的影响。

三、磨削热

磨削时，磨削速度要比车削速度高 50 倍，磨削力也比车削等大得多。由于磨粒和工件表面骤烈的摩擦，因此磨削时会产生大量的热，使磨削区域形成很高的温度，在砂轮与工件接触处的瞬间温度可达 1000℃ 以上。一部分热量传入砂轮、磨屑或被切削液带走，把几乎 80％的热量传入工件和剩下的磨屑。

磨削热的产生，对工件加工精度和表面质量带来不利的影响，极易产生烧伤和裂纹。

1. 烧伤　磨削时，在工件表面局部有时会出现各种带色斑点，通常把这种现象称为烧伤。烧伤是高温下磨削表面层生成的氧化膜，由于反射光线的干涉不同而呈现出不同的颜色，最初为淡黄色，随着磨削条件加重，氧化膜逐渐加厚，颜色向黄、褐紫、青转化，类似于热处理中回火变化。烧伤实际上是一种由磨削力引起的局部退火现象。烧伤会使表面的硬度下降，影响工件的耐磨性、抗疲劳性等。

2. 磨削裂纹　磨削时，当工件磨削表面的热应力大于工件材料的强度时，就会产生龟裂，亦即磨削裂纹。它在工件表面成不规则的网状，其深度约为0.5mm。产生裂纹的主要原因是受热而产生热应力，部分也由于磨削热使磨削表面产生残余应力而致裂。磨削裂纹主要与工件材料性质（如化学成分、脆性、热处理组织等）有关。一般来说，工件材料含碳量越高，脆性越大，就越容易产生磨削裂纹，如渗碳钢、淬火高碳钢、硬质合金等。

要减少磨削热的影响，最有效的办法是采用充足的切削液对磨削部位和工件进行冷却。适当选择磨削用量也能改善磨削条件，减少磨削热的产生。

第十节　安全文明生产和质量意识

一、安全生产

安全生产是保护劳动者安全健康和发展生产的一项重要工作。“安全第一、预防为主”是我国的安全生产方针，也是安全管理工作的基本原则。

1. 安全生产责任制　为了贯彻落实安全生产方针，工厂一般都定有各级安全生产责任制，生产工人的职责如下：

1）认真学习并遵守各项安全生产规章制度，不违章操作，并劝阻他人不违章操作。

2）参加安全技术培训，合格后方可上岗操作。

3）精心操作，生产记录及时、准确，正确分析、判断和处理安全事故。

4）班前、班后检查所使用的设备、工具和作业现场，保证安全可靠。

5）积极参加安全生产活动，提出改进安全工作的建议。

6）发生事故后抢救伤员、保护现场，向事故调查人员如实介绍情况。

2. 磨床安全操作规程　磨工在操作时应遵守以下安全操作规程：

1）工作时要穿工作服，女工要戴安全帽，不能戴手套，夏天不得穿凉鞋进入车间。

2）应根据工件材料、硬度及磨削要求，合理选择砂轮。新砂轮要用木锤轻敲检查有否裂纹，有裂纹的砂轮严禁使用。

3）安装砂轮时，在砂轮与法兰盘之间要垫衬纸。砂轮安装后要做砂轮静平衡。

4）砂轮最高工作速度应符合所用机床的使用要求。高速磨床特别要注意校核，以防发生砂轮破裂事故。

5）开机前应检查磨床的机械、液压和电气等传动系统是否正常；砂轮、卡盘、挡铁、砂轮罩壳等是否坚固；防护装置是否齐全。起动砂轮时，人不应正对砂轮站立。

6）砂轮应经过2min空运转试验，确定砂轮运转正常时才能开始磨削。

7）干磨的磨床在修整砂轮时要戴口罩并开启吸尘器。

8）不得在加工中测量。测量工件尺寸时要将砂轮退离工件。

9）磨削带有花键、键槽等间断表面工件时，背吃刀量不得过大。

10）外圆磨床纵向挡铁的位置要调整得当，要防止砂轮与顶尖、卡盘、轴肩等部位发生撞击。当所磨凹槽的宽度与砂轮宽度之差小于30mm时，禁止使用自动纵向进给。

11）使用卡盘装夹工件时，要将工件夹紧，以防脱落。卡盘钥匙用后应立即取下。

12）使用万能外圆磨床的内圆磨具时，其支架应紧固，砂轮快速进退机构的联锁必须可靠。

13）在头架和工作台上不得放置工、量具及其它杂物。

14）在平面磨床上磨削高而窄的工件时，应在工件的两侧放置挡块。

15）禁止用一般砂轮磨削工件较宽的端面。

16）禁止在无心磨床上磨削弯曲和没有校直的工件。

17）使用切削液的磨床，使用结束后应让砂轮空转1～2min脱水。

18）使用油性切削液的磨床，在操作时应关好防护罩并起动吸油雾装置，以防止油雾飞溅。

19）注意安全用电，不得随意打开电气箱。操作时如发现电气故障应请电工维修。

20）注意防火，遇有火警应正确使用消防器材。

二、文明生产

文明生产就是生产文明化（或科学化），是正确地协调生产过程中人、物和环境三者之间关系的生产活动。目的是为了使生产现场保持良好的生产环境和生产秩序，以保证产品质量，提高生产效率，降低消耗，取得较好的经济效益。

文明生产包含了科学定置、精神文明、操作文明、环境文明和储运文明等诸多内容。

1. 科学定置　对生产现场物品科学地确定其位置叫做“定置”。工作位置组织则是科学定置的一个重要组成部分。

合理地组织工作位置就是将机床周围各类与工作有关的物品，如毛坯、工件、工具、量具、砂轮、辅具等，按规定位置分类安放和贮存，做到整齐、清洁，不需要的物品，不摆放现场；用得到的东西，随时可取。合理组织工作位置能缩短生产准备时间，便于有条不紊地操作，以提高劳动生产率。图1-15为磨床工作位置组织示意图。

2. 精神文明　人是文明生产的主体。在生产活动中，应当团结互助，遵章守纪，文明礼貌，乐于奉献，加强自觉性，提高责任心，遵守职业道德和岗位责任制，发扬主人翁的精神。只有搞好精神文明，才能更好地进行文明生产。

3. 操作文明　生产中必须严格遵守操作规程，严禁野蛮操作和擅离岗位遥控操作；要爱护工、量、夹具，保持其清洁和精度完好；要爱护图样和工艺文件，严格按图样、工艺和技术标准进行“三按”生产。这样，才能形成文明生产的新秩序。

4. 环境文明　生产现场中应做到整齐、清洁、安全、舒畅。做到无杂物、无垃圾；无铁屑、无油迹；无尘毒、无污染；无烟头、无痰迹等。文明舒适的环境，有利于激发人们的劳动热情，提高生产效率。

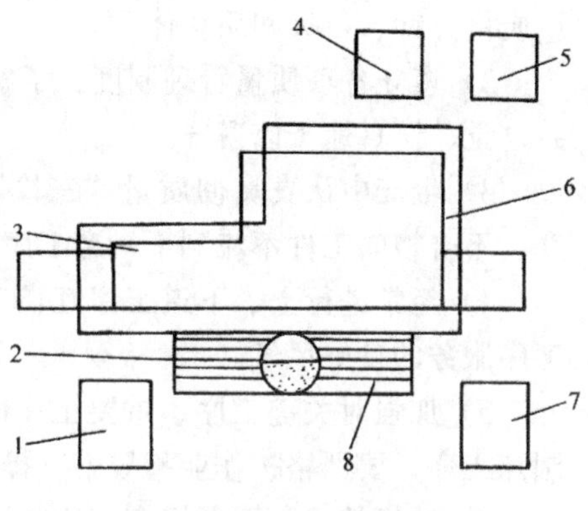

图1-15　工作位置组织

1—测量平板　2—操作位置　3—磨床
4—工夹具架　5—砂轮箱　6—磨床地基
7—工具箱　8—踏脚板

5. 储运文明　生产过程有关物品的储放运输，应有适用的工位器具和运输工具，要防止物品乱堆乱放，挤压变形，磕、碰、划伤，特别要防止成品、半成品、废品混淆，避免有质量问题的半成品或废品混入合格品。严禁野蛮装卸，乱扔，乱丢。搞好储运文明是加强物流管理、保证产品质量和降低消耗的重要措施。

三、质量意识

质量是产品或服务满足规定或潜在需要的特性和特征的总和。它贯穿于企业生产经营的全过程，影响到企业的信誉、生存和发展。

通常所讲的“质量”，仅指产品或零部件的符合性质量即所谓实物质量，也就是指所加工的产品零部件与设计图样所规定的形状尺寸、精度及有关技术要求的符合程度。

质量是管理、技术、知识、技能、责任心等的综合反映。操作工人可从以下几个方面提高质量意识：

1）树立质量第一的思想，认真学习质量管理知识，了解工厂质量方针、目标和质量体系。

2）遵守各项质量管理制度，了解本岗位的质量职能、责任，并自觉、认真地予以遵守。

3）生产中认真贯彻质量“三检”（自检、互检、首检）制度，不合格的工件不流到下一道工序。

4）经常进行上、下道工序互访工作，树立上道工序为下道工序服务的良好风气。

5）加强对关键工序、重要工序的质量控制，对工序质量控制点工序，要严格按作业指导书（操作指导卡）精心操作。

6）钻研技术，不断提高理论知识和操作技能。

7）积极参加 QC 小组活动，开展技术革新和合理化建议，不断改进和提高产品质量水平。

复习思考题

1. 磨削加工有哪些特点?

2. 按加工对象分，磨削方式有哪几种?

3. 解释下列磨床型号的含义:

MG1432A，MBS1332A，M1080，MM1420，M2110，M6025A，M7475B，M7332A，MG7132，MQ8240，MK9017。

4. 万能外圆磨床有哪些主要部件? 各部件有什么作用?

5. 外圆磨削、内圆磨削、平面磨削各有哪些基本运动?

6. 磨床常见的传动形式有哪些?

7. 磨床润滑的主要目的是什么? 磨床润滑有哪些基本要求? 润滑方式有哪几种?

8. 什么是机床操作工的“三好”、“四会”? 磨床日常维护保养的“三步法”有哪些内容?

9. 试述磨床一级保养的主要内容和步骤。

10. 组成砂轮的三要素是什么? 砂轮有哪些特性要素?

11. 试述磨料、结合剂的种类、特性和各种主要代号的应用范围。

12. 什么叫砂轮的硬度、组织及强度?

13. 解释下列砂轮标记的含义:

砂轮 1-400×100×203-WA80L5V-35m/s

砂轮 6-60×30×13-10，8A60J6B-30m/s

14. 磨料选择应考虑哪些因素？选择原则是什么？

15. 粒度选择应考虑哪些因素？选择原则是什么？

16. 硬度选择的一般原则是什么？

17. 砂轮的形状和尺寸应根据哪些条件选用？试举例说明。

18. 磨削用量的基本参数有哪些？如何计算磨削用量？

19. 切削液有哪些作用？

20. 试述切削液的种类、特点和适用范围。

21. 切削液的喷注方式有哪几种？各有什么特点？

22. 使用切削液应满足哪些要求？

23. 试述金属磨削过程的三个阶段。

24. 什么叫磨削力？磨削力有哪三种分力？三个磨削分力对磨削有何影响？

25. 什么是磨削热？磨削热是如何产生的？对工件有何影响？

26. 我国的安全生产方针是什么？生产工人安全工作责任制有哪些内容？

27. 什么叫文明生产？主要包括哪些内容？

28. 操作工人应从哪些方面提高质量意识？

第二章 外 圆 磨 削

培训要求 了解并掌握外圆磨削的方法，磨削夹具，砂轮的选择和使用，典型外圆磨削实例的操作要领及磨削缺陷的分析。

第一节 外圆磨削的方法

外圆磨削是磨工最基本的工作内容之一，常用来磨削轴、套筒与其它类型的外圆柱面，以及台阶的端面。磨后的尺寸公差等级可达 IT7～IT6 级，表面粗糙度达 $R_a0.8 \sim 0.2\mu m$。

外圆磨削的形式主要有普通外圆磨削、端面外圆磨削和无心外圆磨削三种（图 2-1）。

常用的外圆磨削方法有：纵向磨削法、切入磨削法、分段磨削法和深切缓进磨削法等。磨削时可根据工件形状、尺寸、磨削余量及加工要求选择合适的方法。

一、纵向磨削法

纵向磨削法是最常用的外圆磨削方法。磨削时，工作台作纵向往复进给，砂轮作周期性横向进给，工件的磨削余量要在多次往复行程中磨除。若每纵向往复运动一次，作一次横向进给，磨去一部分余量，称为单进给；若在每往、返行程时，各作一次横向进给，则称为双进给。最终的表面粗糙度和几何精度则靠光磨来保证。砂轮超越工件两端的长度一般取砂轮宽度 B 的 1/3～1/2（图 2-2a）。这个长度不宜过大，如果太大，工件两端直径会被磨小。若磨削轴肩旁外圆时，要调整挡铁位置，控制好工作台行程。当砂轮磨削至台肩一边时，要使工作台停留片刻，以防出现凸缘或锥度（图 2-2b）。最终的“光磨”是为了降低工件表面粗糙度值，提高工件表面的几何精度，对尺寸的影响甚小。光磨的方法是在不作横向进给的情况下，工作台作纵向运动。

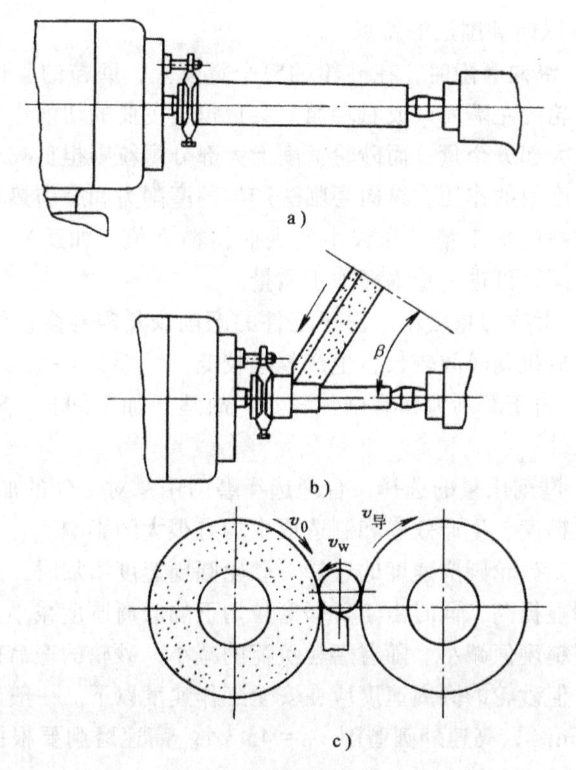

图 2-1 外圆磨削的形式
a）普通外圆磨削 b）端面外圆磨削 c）无心外圆磨削

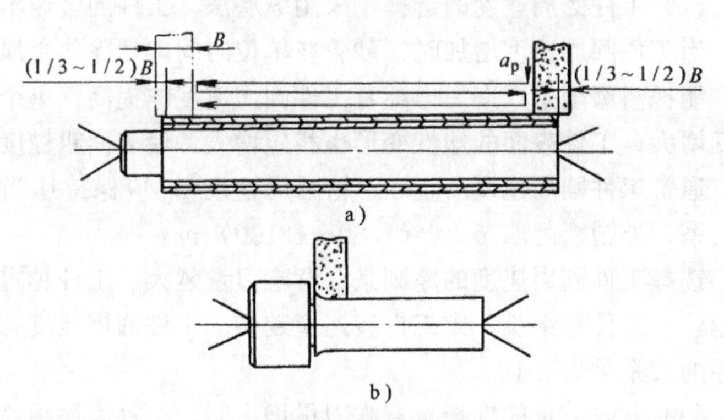

图 2-2 纵向磨削法
a）砂轮超越工件的长度 b）磨轴肩旁外圆

1. 纵向磨削法的特点

1）纵向磨削时，在砂轮的整个宽度上，磨粒的工作状况不同。砂轮的左端面（或右端面）尖角担负主要的切削作用，切除工件绝大部分余量，而砂轮宽度上大部分磨粒则担负减小工件表面粗糙度值的作用。纵向磨削法产生的磨削力和磨削热较小，可获得较高的加工精度和较小的表面粗糙度值。如适当增加“光磨”时间，可进一步提高加工质量。

2）背吃刀量较小。由于工件的磨削余量需经多次纵向进给切除，故机动时间较长，生产效率较低。

3）由于磨削力和磨削热较小，故适于加工细长、精密或薄壁的工件。

2. 磨削用量的选择　合理选择磨削用量对工件的加工精度、表面粗糙度、生产效率和制造成本均有很大的影响。

(1) 砂轮圆周速度的选择　砂轮圆周速度增加时，磨削生产率会明显提高，同时由于每颗磨粒切下的磨屑厚度减小，使工件表面粗糙度值减小。随着磨粒负荷的减小，砂轮的寿命也将相应提高。但砂轮的圆周速度应在安全工作速度以下。一般外圆磨削 $v_0=35\text{m/s}$，高速外圆磨削 $v_0=45\text{m/s}$。高速磨削要根据机床的性能并采用高强度的砂轮。

(2) 工件圆周速度的选择　采用纵磨法，工件的转速不宜过高。当工件圆周速度增加时，砂轮在单位时间内切除的金属量增加，能提高磨削生产率。但随着工件圆周速度的提高，单个磨屑厚度增大，工件表面的塑性变形也相应增大，使表面粗糙度值增高。通常工件圆周速度 v_w 与砂轮圆周速度 v_0 应保持适当的比例关系，外圆磨削取 $v_w=$（1/80～1/100）v_0。

选择工件圆周速度的原则是：背吃刀量越大、工件越重、材料越硬、工件越细长，则工件转速应越慢。工件圆周速度与工件直径的关系见表 2-1。

(3) 背吃刀量的选择　背吃刀量增大时，工件表面粗糙度值增大，生产率提高，但砂轮寿命降低。通常，背吃刀量 $a_p=$

0.01～0.03mm，精磨时，a_p＜0.01mm。

表 2-1　工件圆周速度的选择

工件直径/mm		20	30	50	80	120	200	300
粗磨	工件圆周速度/（m/min）	10～20	11～22	12～24	13～26	14～28	15～30	17～34
	工件转速/（r/min）	161～232	117～234	77～154	52～104	37～74	24～48	18～36
精磨	工件圆周速度/（m/min）	20～30	22～35	25～40	30～50	35～60	40～70	50～80
	工件转速/（r/min）	320～478	213～382	159～254	120～200	93～159	64～112	63～85

（4）纵向进给量的选择　纵向进给量加大，对提高生产率、加快工件散热、减轻工件烧伤有利，但不利于提高加工精度和降低表面粗糙度值。特别是在磨削细、长、薄的工件时，易发生弯曲变形。一般粗磨时，纵向进给量 $f=（0.4\sim0.8）B$，精磨时 $f=（0.2\sim0.4）B$（B 为砂轮宽度）。

二、切入磨削法

切入磨削法又称横向磨削法。如图 2-3 所示，当砂轮宽度大于工件长度时，砂轮可横向切入连续磨削，磨去全部的余量。粗磨时可用较高的切入速度，但砂轮压力不宜过大，精磨时切入速度要低。磨削时无纵向进给运动。

切入磨削法的特点：

1）磨削时，砂轮工作面上磨粒负荷基本一致，充分发挥所有磨粒的切削作用。同时，由于采用连续的横向进给，缩短了机动时间，在一次磨削循环中，可分粗、精、光磨，故生产率较高。

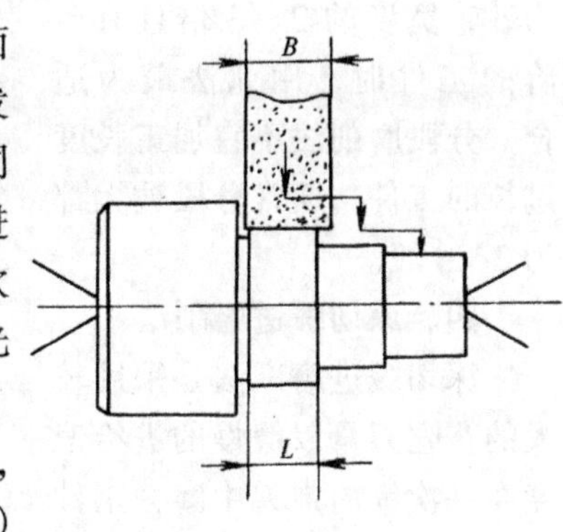

图 2-3　切入磨削法

2）由于无纵向进给运动，砂轮表面的形态（修整痕迹）

会复映到工件表面上，表面粗糙度值较大，可达 $R_a0.32\sim0.16\mu m$。为了消除这一缺陷，可在切入法终了时，作微量的纵向移动。

3）砂轮整个表面连续横向切入，排屑困难，砂轮易堵塞和磨钝；同时磨削热大，散热差，工件易烧伤和发热变形，因此切削液要充分。

4）磨削径向力大，工件易弯曲变形，不宜磨细长件，适宜磨削长度较短的外圆表面，两边都有台阶的轴颈及成形表面。

三、分段磨削法

分段磨削法又称综合磨削法或混合磨削法，是切入磨削法和纵向磨削法同时应用于磨削一个工件的方法。其特点是：

1）先用切入磨削法将工件分段粗磨，相邻两段有 5～15mm 的重叠，工件留有 0.01～0.03mm 的余量，最后用纵向磨削法在整个长度上精磨至尺寸（见图 2-4）。

2）既有切入磨削法生产率高的优点，又有纵向磨削法加工精度高的优点，适用于磨削余量大、刚性好的工件。

3）考虑到磨削效率，分段磨削时应选用较宽的砂轮，以减少分段数目。当加工长度为砂轮宽度的 2～3 倍且有台阶的工件时，用此法最为适合。分段磨削法不宜加工长度过长的工件，通常分段数大都为 2～3 段。

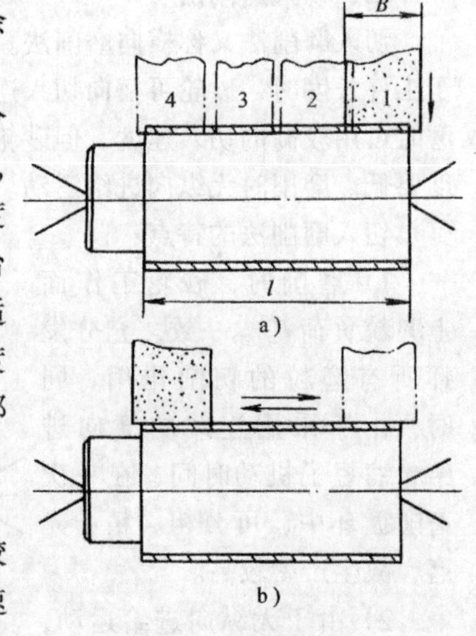

图 2-4 分段磨削法
a）分段切入 b）纵向精磨

四、深切缓进磨削法

深切缓进磨削法是采用较大的背吃刀量以缓慢的进给速度在一次纵向走刀中磨去工件全部余量的磨削方法（见图 2-

5)。其特点为：

（1）生产率高　由于粗、精磨一次完成，机动时间可大大缩短，故生产率较高，适于大批量工件加工。

（2）砂轮修成台阶状或将砂轮前缘修成倒角　由于磨削的负荷集中在砂轮尖角处，受力状态较差，为此，须将砂轮外表面修成台阶形状或将前缘修成倒角。这样可使砂轮台阶的前导部分起主要切削作用，台阶后部较宽的砂轮表面精细修整为修光部分，起精磨作用。台阶砂轮的台阶数及台阶的深度，由工件长度和磨削余量来确定。

当工件长度 $L \geqslant 80 \sim 100$mm、磨削余量为 0.3～0.4mm 时，可采用双台阶砂轮（图 2-5a)。砂轮的主要尺寸为：台阶深度 $a=0.05$mm，台阶宽度 $K=(0.3 \sim 0.4)B$（B 为砂轮宽度)。

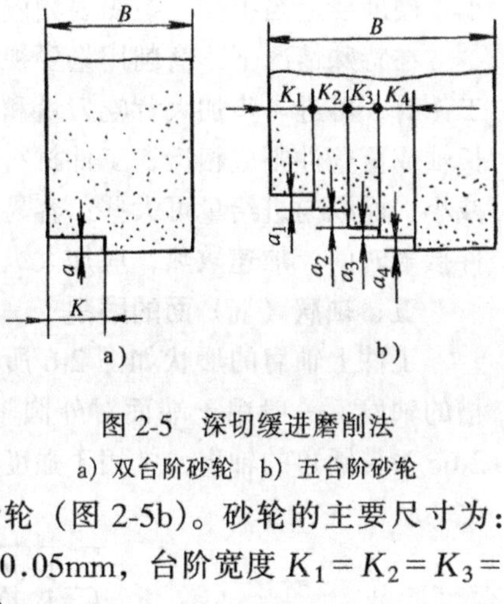

图 2-5　深切缓进磨削法
a）双台阶砂轮　b）五台阶砂轮

当工件长度 $L \geqslant 100 \sim 150$mm、磨削余量大于 0.5mm 时，则采用五台阶砂轮（图 2-5b)。砂轮的主要尺寸为：台阶深度 $a_1=a_2=a_3=a_4=0.05$mm，台阶宽度 $K_1=K_2=K_3=K_4=0.15B$（B 为砂轮宽度)。

砂轮修成台阶状或前缘倒角能改善砂轮的受力状态，可使磨削精度稳定地达到公差等级 IT7 级，表面粗糙度为 $R_a 0.63\mu$m 左右。

（3）背吃刀量大，纵向进给量小　深切缓进磨削时背吃刀量可达 0.2～0.6mm，纵向进给量较小，$f=(0.08 \sim 0.15)B$（B 为砂轮宽度)，且纵向行程缓慢，因此适于磨削加工余量大、刚性好的工件。

（4）深切缓进磨削法应注意以下事项

1）磨床应具有较大的功率、较好的刚度。

2）磨削时，要锁紧尾座套筒，防止工件脱落。

3）磨削时要注意充分的冷却。

以上四种磨削方法，无论采用哪种，选取磨削用量的原则都是粗磨时以提高生产率为主，精磨时以保证精度和表面粗糙度为主。为此，粗磨时可选较大的背吃刀量，较高的工件转速，较大的纵向进给量，而且要选择粒度大、硬度软、组织松的砂轮。但切入磨削则不能用太软的砂轮。精磨时，应选取较小的背吃刀量、较慢的工件转速和较小的纵向进给量。另外，砂轮的粒度要小，硬度要适当提高，组织要相应紧密些。

在特殊情况下，磨削用量要视具体情况选用。如磨刚性好的工件时，可进一步加大背吃刀量和纵向进给量；磨削刚性差的细长轴或薄壁件则应相反；工件材料硬、导热性差，则背吃刀量应减小，而纵向进给量可大些；容易烧伤的工件，为缩短砂轮与工件接触时间，加速散热，应加大纵向进给量和工件速度。

五、轴肩（端）面的磨削

工件上轴肩的形状如图 2-6 所示，其中图 2-6a、b 为带退刀槽的轴肩，一般用于端面对外圆轴线有垂直度要求的零件；图 2-6c 为带圆角的轴肩，常用于强度要求较高的零件。

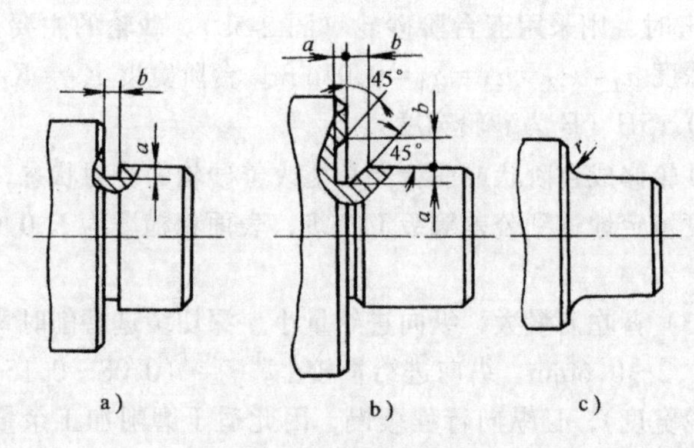

图 2-6　轴肩的形式

a)、b) 带退刀槽的轴肩　c) 带圆弧槽的轴肩

1. 带退刀槽轴肩的磨削　工件的轴肩磨削，可在磨好外圆以后进行。磨削时，将砂轮退离外圆表面 0.1mm 左右，用工作台纵向手轮来控制工件台纵向进给，借砂轮的端面磨出轴肩端面。手摇工作台纵向进给手轮，待砂轮与工件端面接触后，作间断均匀的进给，进给量要小，可观察火花来控制（图 2-7）。当砂轮靠近轴肩端面时，应将砂轮退出 0.1mm 左右，并将砂轮端面修成内凹形，以减少砂轮与工件的接触面积，提高磨削质量。磨削过程中，须注意喷注充分的切削液，以免烧伤工件。

2. 带圆弧轴肩的磨削　磨削带圆弧轴肩时，应将砂轮一尖角修成圆弧面，工件外圆柱面的长度较短时，可先用切入法磨削外圆，留 0.03～0.05mm 余量，接着把砂轮靠向轴肩端面，再切入圆角和外圆，将外圆磨至尺寸（见图 2-8）。这样，可使圆弧连接光滑。

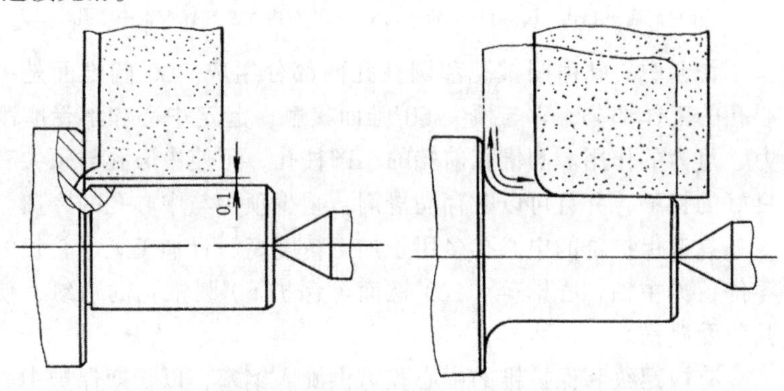

图 2-7　轴肩的磨削　　　图 2-8　磨带圆弧轴肩

第二节　工件的装夹

在外圆磨床上磨削零件，须十分重视工件的装夹。工件的装夹包括定位和夹紧两部分。工件定位是否正确，夹紧是否牢固，会影响加工精度和操作的安全。工件一般用顶尖装夹，有时也用夹头或卡盘装夹，有内孔的则用磨用心轴。

一、中心孔

磨削装夹前要检查清理或修研中心孔，以保证工件正确的定位。

1．中心孔的种类和结构　中心孔按其形状分为普通中心孔、有保护锥中心孔及有内螺纹和保护锥中心孔三种（见图 2-9）。

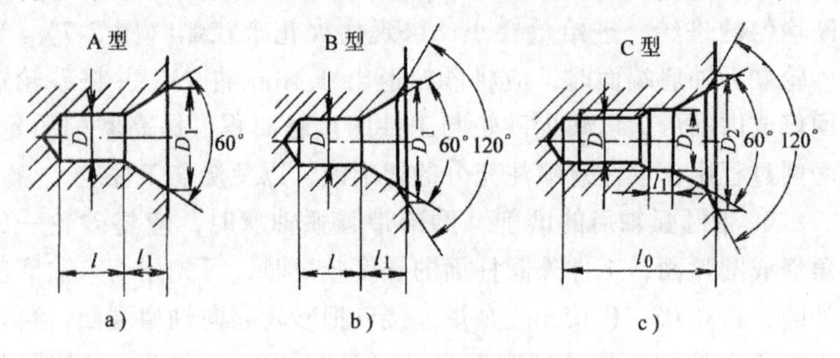

图 2-9　中心孔的种类和结构

a）普通中心孔　b）有保护锥中心孔　c）有内螺纹和保护锥中心孔

普通中心孔由圆锥孔和圆柱孔两部分组成。60°圆锥面是中心孔的工作部分，它与顶尖 60°锥面接触，起定中心和承受磨削力、重力的作用。圆锥孔前端的小圆柱孔，可使中心孔与顶尖有良好的接触，并且可以贮存润滑剂，减少顶尖与中心孔的摩擦。

具有保护锥的中心孔多用于加工精度高、且加工工序较长的零件，如主轴、心轴等。120°锥面可保护 60°圆锥孔的边缘，使其免受碰伤。

有内螺纹和保护锥的中心孔可供旋入钢塞，以长期保护中心孔。它适用于贵重的零件。

2．对中心孔的技术要求　中心孔是工件的定位基准，因此它在外圆磨削中占有非常重要的地位。中心孔的形状误差和其它缺陷，如圆度、碰伤、拉毛等都会影响工件的加工精度。

当中心孔为椭圆形时，工件也会被磨成椭圆形（图 2-10a）；若中心孔钻得太深（图 2-10b）或太浅（图 2-10c），都会使顶尖与中心孔接触不良，从而影响定位精度；中心孔钻偏（图 2-10d）或两端中心孔的同轴度误差大（图 2-10e），也会影响顶尖与中心孔的接触位置。对中心孔的锥角也有较高的要求，须防止图 2-10f、g 所示状态。

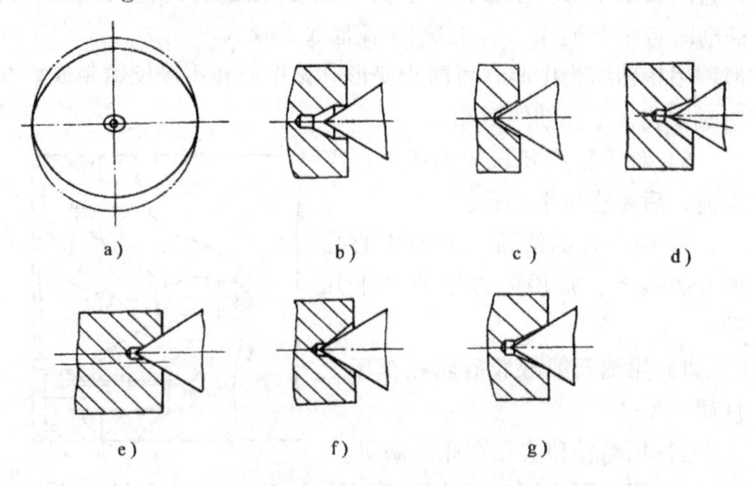

图 2-10　中心孔的误差

a）中心孔为椭圆形　b）中心孔太深　c）中心孔太浅

d）中心孔钻偏　e）两端中心孔同轴度误差大　f）、g）锥角有误差

为了保证工件磨削精度，对中心孔有以下要求：

1）60°内圆锥面圆度和锥角的误差要小，不能有椭圆形和多角形等误差。中心孔用涂色法检验，与顶尖的接触面应大于75%以上。

2）工件两端的中心孔应处在同一轴线上。径向圆跳动误差要小；精度要求较高的工件，两端中心孔轴线的同轴度误差应小于 1～3μm。

3）60°内圆锥面的表面粗糙度值要小（要求较高的中心孔，表面粗糙度应在 R_a0.4μm 以内），且内圆锥面不能有碰伤、毛刺等缺陷。

4）小圆柱孔不能太浅。中心孔尺寸应与工件的直径和重量相适应。对直径大且较重的工件，应取较大的中心孔，反之亦然。

5）对特殊零件，可采用特殊结构中心孔（见图 2-11）。例如磨削大型精密转子轴，由于其两端硬度较低，精度要求较高，磨削时若用普通中心孔装夹则不能承受较大的压力，易产生变形。用特殊结构中心孔可防止变形。该中心孔用淬硬钢制成，并用螺纹装入工件轴的两端。

6）对于精度要求较高的轴，淬火前、后要修研中心孔。

3. 中心孔的修研　修研中心孔的方法很多，常用的方法有如下几种：

1）用油石或橡胶砂轮在车床上修研。

2）用铸铁顶尖在车床上修研。

3）用成形内圆砂轮在内圆磨床或万能外圆磨床上修研。

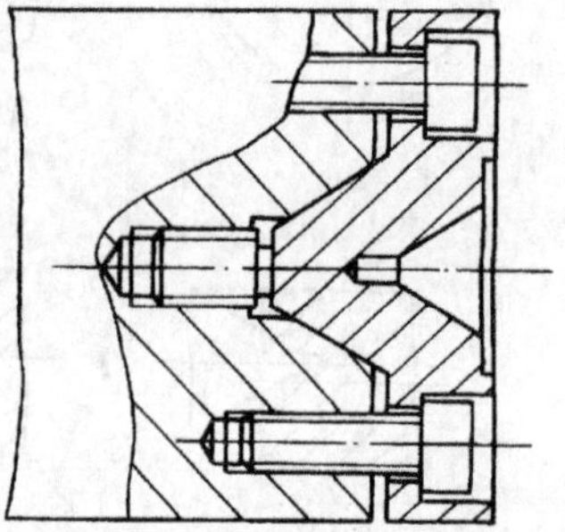

图 2-11　特殊结构中心孔

4）用四棱硬质合金顶尖在中心孔研磨机上刮研。

5）用中心孔磨床磨削。

二、顶尖

用两顶尖装夹工件是磨削时最常用的方法，特点是装夹方便、定位精度高。只要顶尖和中心孔的形状位置正确，装夹合理，可以使工件回转轴线固定不变，获得很小的形状位置误差。

1. 顶尖的种类和结构　顶尖由头部、颈部和柄部组成。顶尖头部成 60°锥面，用来支承工件，顶尖的柄部制成莫氏锥体，使顶尖能精确地在头架和尾座的锥孔中安装。如锥孔是莫氏 3 号锥度，则顶尖柄部也是同样锥度号锥体。

图 2-12 为各种不同种类的顶尖，以适合不同工件的装夹。

普通顶尖（图 2-12a）适用于一般工件的装夹；在磨削直径较小的工件时，可以使用半顶尖（图 2-12b），顶尖的缺口部分可使砂轮越出工件端面，有时也可用长颈顶尖（图 2-12e）；一些小直径工件装夹时可使用反顶尖（图 2-12c）；大头顶尖（图 2-

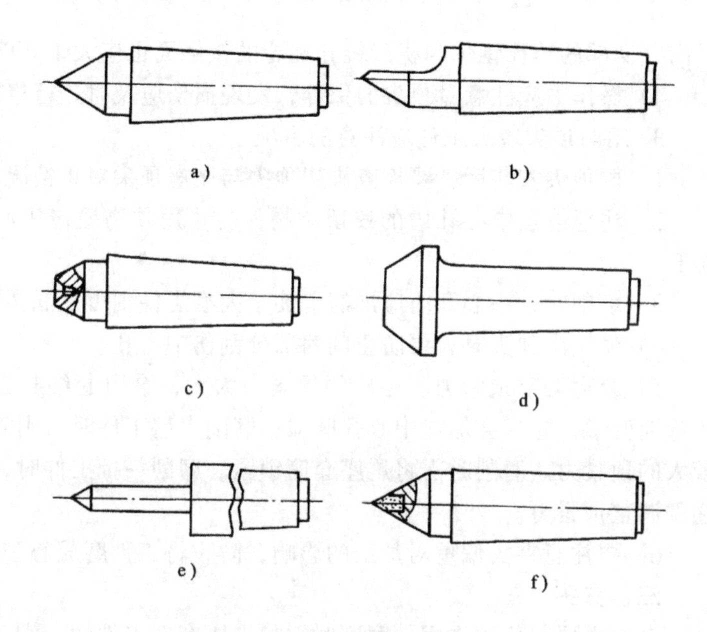

图 2-12 顶尖的种类

a）普通顶尖 b）半顶尖 c）反顶尖

d）大头顶尖 e）长颈顶尖 f）硬质合金顶尖

12d）则用于大中心孔或大孔壁的工件。

由于顶尖与工件中心孔之间产生滑动摩擦，普通顶尖易磨损，近年来，在精密或超精密磨削中已广泛采用了硬质合金顶尖(图 2-12f)。硬质合金压入顶尖体以后用铜焊焊牢。硬质合金的硬度很高，耐磨性好，有很高的定心精度。但其脆性较大，使用时需注意防止焊接处松动和产生裂纹。

2. 对顶尖的技术要求

1）顶尖的 60°锥面锥角要准确，可用量规检查，与工件中心孔配合的接触面应大于 80%。

2）锥面要光洁，表面粗糙度一般为 $R_a0.4\mu m$ 或更低，表面无毛刺和压痕、碰伤等缺陷。

3）顶尖的头部和柄部应有较高的同轴度，一般控制在 5μm

以内，柄部的莫氏锥体与机床锥孔配合的接触面也应大于80%。

4）操作中应注意对顶尖的保养，发现损伤应及时进行修磨。

3. 用两顶尖装夹工件应注意的事项

1）两顶尖安装后，要检查头架顶尖与尾座顶尖对正情况。

2）注意清理中心孔内的残留杂物，防止用硬物撞击中心孔端部。

3）磨削时，中心孔内应加润滑油，大型工件则可加润滑脂。

4）使用半顶尖时，要防止削扁部分刮伤中心孔。

5）合理调节顶紧力。尾座的顶紧力太大，会引起细长工件的弯曲变形，并且会加快中心孔磨损；磨削大型工件时，则需要较大的顶紧力。磨削时需将尾座套筒锁紧。磨削一批工件时，需逐件调整顶紧力。

6）要注意夹头偏重对加工的影响，防止将工件磨成心脏形。

三、夹头

夹头主要起传动作用。磨削时，将夹头套在工件的一端，用螺钉直接顶紧或间接夹紧工件，并由拨盘带动工件旋转（图2-13a）。

1. 常用夹头的种类　夹头的种类很多，适用于不同的场合，常用的夹头有以下几种：

(1) 圆形夹头　用于一般工件的装夹（图2-13b）。

(2) 鸡心夹头　用于中小型工件的装夹。鸡心夹头又分直尾鸡心夹头（图2-13c）和曲尾鸡心夹头（图2-13d）两种形式。

(3) 方形夹头　用于大型工件的装夹（图2-13e）。

(4) 自夹夹头　夹头由偏心杆自动夹紧，适于批量加工（图2-13f）。

2. 使用夹头的注意事项

1）夹持工件时，螺钉不宜拧得过紧，以免损伤工件表面。夹持精密的表面时，应衬垫铜片，以保护工件表面。

2）紧固工件的螺钉不宜过长，以免影响安全，最好能改用沉头螺钉。

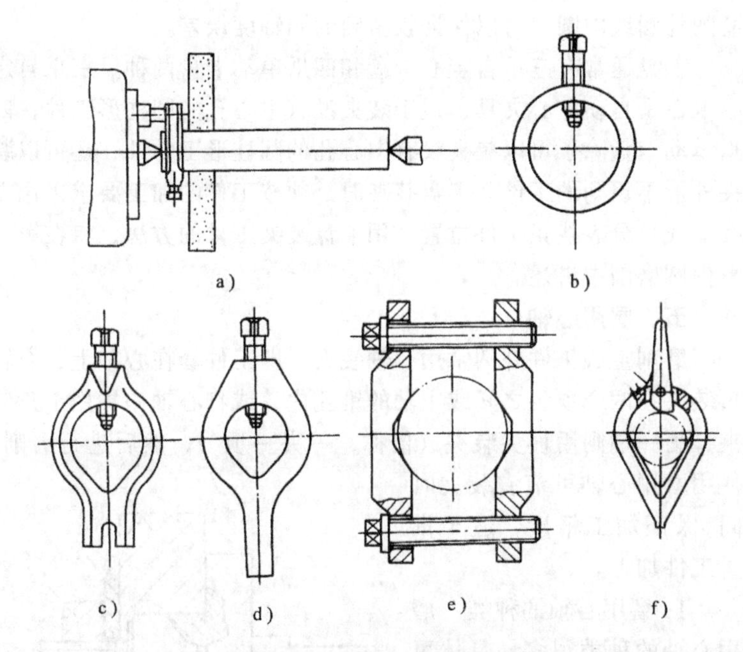

图 2-13　工件用夹头装夹
a）工件用两顶尖装夹　b）圆形夹头　c）曲尾鸡心夹头
d）直尾鸡心夹头　e）方形夹头　f）自夹夹头

3）拨销。当工件轴端面有槽时，工件可由专用拨销直接传动（图 2-14）。

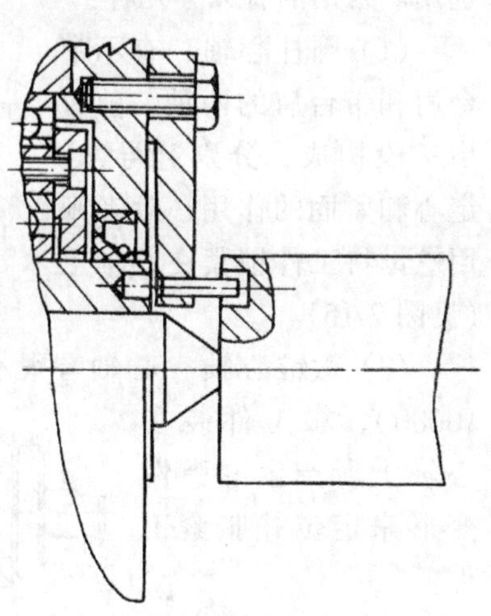

图 2-14　工件由拨销直接传动

4）拨盘。拨盘装在主轴上，并拨动夹头，以带动工件旋转。带有缺口的拨盘，适于和曲尾鸡心夹头配套使用；带有销轴的拨盘，适于和直尾鸡心夹头配套使用。

四、卡盘

在万能外圆磨床或内圆磨床上，利用卡盘在一次装夹中磨削外圆或内圆，可以保证较精确的同轴度误差。

卡盘通常有三爪自定心卡盘和四爪单动卡盘两种。三爪自定心卡盘是自动定心夹具，适于装夹没有中心孔的圆柱形工件；四爪单动卡盘除了可以装夹没有中心孔的圆柱形工件外，还可以装夹外形不规则的工件。卡盘装夹时，须按工件的加工要求采用划线盘或百分表找正工件位置。用卡盘装夹工件的方法，将在第三章内圆磨削中讲述。

五、磨用心轴

磨削空心工件外圆常用心轴装夹，即工件套在心轴上，心轴再装夹在两个顶尖之间或主轴的锥孔内，或将心轴一端用卡盘装夹，另一端则用顶尖装夹（俗称“一夹一顶”），然后进行磨削。使用磨用心轴可节省装夹时间，保证加工精度，适于批量工件加工。

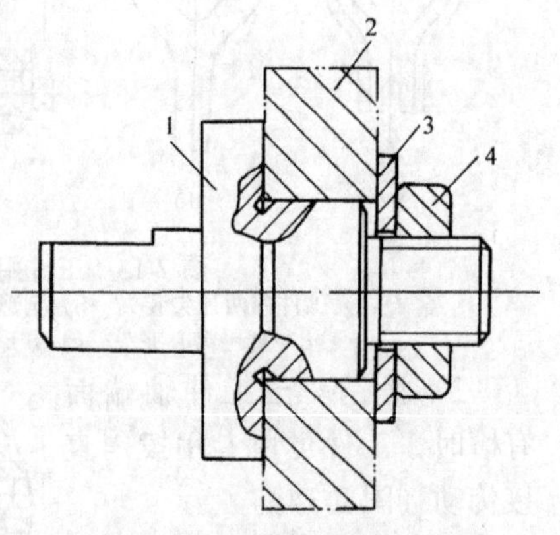

图 2-15　带台肩的圆柱心轴

1—心轴　2—工件　3—垫圈　4—螺母

1. 磨用心轴的种类　磨用心轴的种类很多，具体可根据工件的尺寸、加工要求选用。常用的有以下几种：

（1）圆柱心轴　有不带台肩和带台肩的两种。前者由三段构成，分别起导入、定心和紧固的作用；后者则用螺母将工件锁紧在心轴上（见图 2-15）。

（2）微锥心轴　心轴有很小的锥度（通常为 1∶5000～1∶10000），靠工件装在心轴上所产生的弹性变形来定位并胀紧工件。

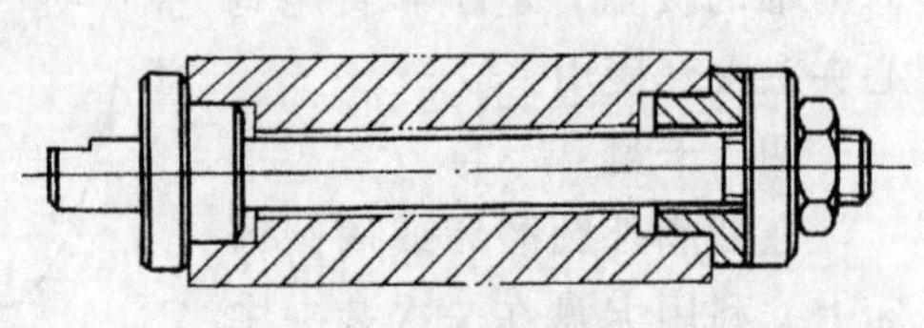
图 2-16　带圆柱套的心轴

（3）带圆柱套的

心轴　靠螺母对工件加以轴向锁紧，如图2-16所示。这种心轴适用于内孔尚未精加工的工件。

(4) 带锥柄的心轴　这种心轴一端为莫氏锥度锥柄，可装夹在磨床头架主轴的锥孔中，装夹十分方便。

(5) 胀力心轴　它是在心轴与工件内孔之间装有弹性物质，靠对弹性物质的挤压变形而将工件胀紧。弹性物质可以是塑料、橡胶或液体。这种心轴的夹紧可靠，定位精度高，但制造复杂，适用于精度较高且有一定批量的工件的装夹。

(6) 堵头　较长的空心工件，不便使用心轴，可在工件两端装上堵头，堵头上有中心孔，可代替心轴装夹（见图2-17）。

2. 使用磨用心轴的注意事项　磨用心轴是精密的专用夹具，使用时应注意以下事项：

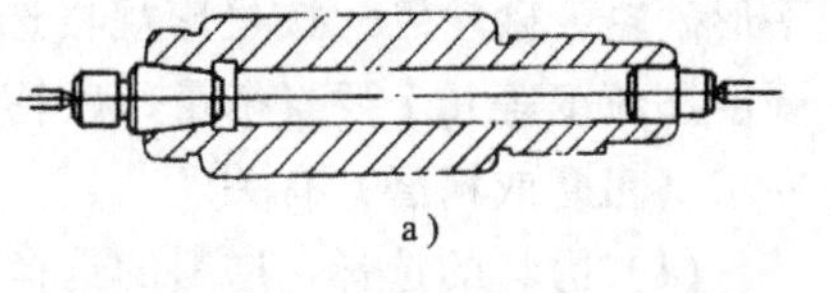

a)

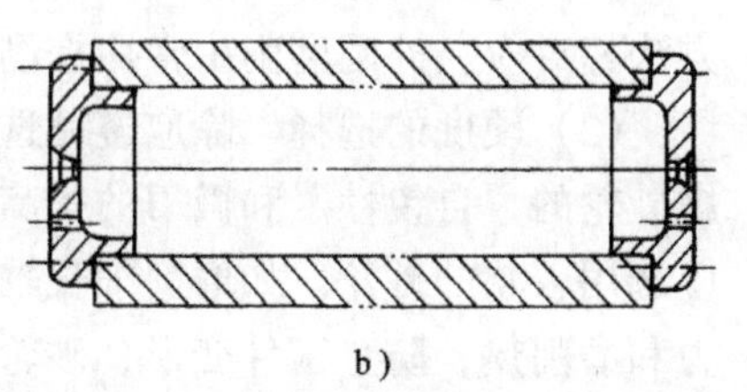

b)

图2-17　堵头
a) 圆柱、圆锥堵头　b) 法兰盘式堵头

1) 保持心轴及其附件的清洁、完整，不用时应擦拭干净、涂油防护，较小的心轴可浸在专用油池中。

2) 保护心轴表面粗糙度和精度，保护好中心孔，转批生产前要认真检查心轴外圆和中心孔的表面粗糙度和精度状况，发现问题应及时修磨。

3) 精密心轴不要用于内圆尚未精加工的工件，以免损伤心轴的精度和表面粗糙度。

第三节　外圆砂轮的选择和使用

一、外圆砂轮的选择

1. 合理选择砂轮的原则　外圆砂轮的合理选择，不但对工件的加工精度和表面粗糙度有直接影响，而且还影响生产率和工件的生产成本。要达到合理选择砂轮的目的，应遵循以下的基本原则：

1）砂轮应具有较好的磨削性能。砂轮在磨削时要有合适的自锐性，有较高的使用寿命。

2）磨削时产生较小的磨削力和磨削热。

3）能达到较高的加工精度。包括尺寸精度、形状精度和位置精度。

4）能达到较小的表面粗糙度值。

5）有利于提高生产效率和降低成本。

2. 外圆砂轮主要特性的选择　外圆砂轮一般为中等组织的平形砂轮，砂轮尺寸按机床规格选用。砂轮的主要特性由磨料、硬度和粒度等几个要素衡量，砂轮特性的选择与加工材料、磨削要求（粗磨或精磨）有关。

（1）磨料的选择　磨料的选择主要与被加工的材料和热处理方法相对应。外圆磨削中常用棕刚玉 A 和白刚玉 WA。

（2）硬度的选择　除应遵循选择硬度的一般原则外，还应考虑砂轮的"自锐性"和微刃的等高性的影响。磨削易变形工件时应选用较软的砂轮。如磨削细长轴或薄壁套外圆，为了减少磨削力和磨削热，防止工件变形，砂轮的硬度要低一些；精磨时砂轮的硬度应高于粗磨，这样能使砂轮工作面较长时间保持微刃的等高性，即保持正确的外形。在需要生产效率比较高的情况下，可选用比较软的砂轮。

（3）粒度的选择　砂轮磨粒的粗细程度直接影响到砂轮的磨削性能和工件的表面粗糙度。精磨时应选择较细的粒度，粗磨则相反。磨削容易变形的工件时，粒度也要选得粗些。

以上仅是选择砂轮主要特性的一般原则，在实际生产中，情况比较复杂，需要根据具体情况，综合进行考虑，以符合基本原则，保证加工质量为前提来合理选择。表 2-2 可供选择时参考。

二、外圆砂轮的安装

砂轮的安装是一项很重要的工作。一般外圆砂轮呈脆性，如果安装不当，会使砂轮失去平衡而引起振动，影响加工质量和机床精度，严重时则可能使砂轮碎裂，造成安全事故。

表2-2　外圆砂轮的选择

加工材料	磨削要求	砂轮的特性			
		磨　料	粒　度	硬　度	结合剂
未淬火的碳钢 及合金钢	粗　磨 精　磨	A A	36～46 46～60	M～N M～Q	V V
软青铜	粗　磨 精　磨	C C	24～36 46～60	K K～M	V V
不锈钢	粗　磨 精　磨	SA SA	36 60	M L	V V
铸　铁	粗　磨 精　磨	C C	24～36 60	K～L K	V V
纯　铜	粗　磨 精　磨	C WA	36～46 60	K～L K	B V
硬青铜	粗　磨 精　磨	WA PA	24～36 46～60	L～M L～P	V V
调质的合金钢	粗　磨 精　磨	WA PA	40～60 60～80	L～M M～P	V V
淬火的碳钢 及合金钢	粗　磨 精　磨	WA PA	46～60 60～100	K～M L～N	V V
渗氮钢 (38CrMoAlA)	粗　磨 精　磨	PA SA	46～60 60～80	K～N L～M	V V
高速钢	粗　磨 精　磨	WA PA	36～46 60	K～L K～L	V V
硬质合金	粗　磨 精　磨	GC SD	46 100	K K	V B

1. 砂轮在法兰盘上的安装

(1) 砂轮安装的基本要求　平形砂轮一般在法兰盘上安装。法兰盘主要由法兰底盘、端盖、衬垫和螺钉组成（图2-18）。

砂轮安装的基本要求为：

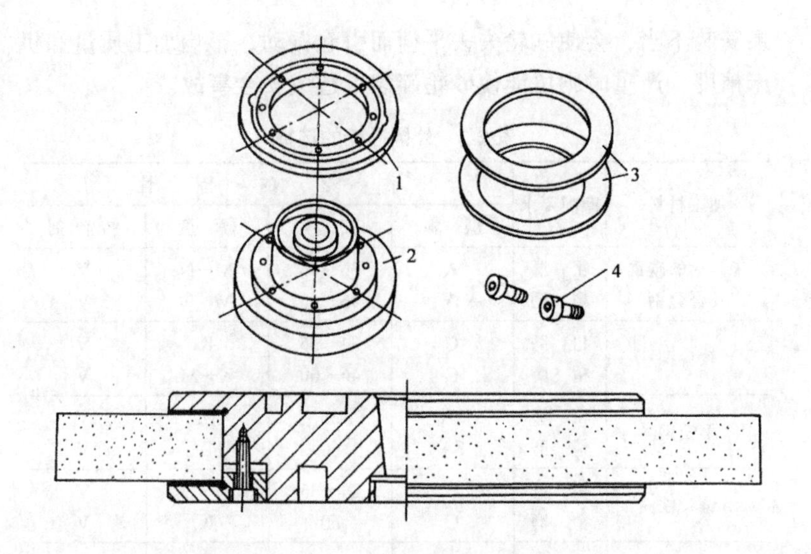

图 2-18　平形砂轮的安装
1—端盖　2—法兰盘底座　3—衬垫　4—内六角螺钉

1）砂轮的安装基面应无明显缺陷。

2）砂轮的轴线相对法兰盘轴线不能有明显的歪斜或偏心。

3）一般用厚纸垫为衬垫，以保证在压紧法兰时，压力能均匀分布在整个砂轮端面上。

(2) 砂轮的安装　砂轮安装之前，首先要仔细检查砂轮是否有裂纹，方法是将砂轮吊起，用木锤轻敲听其声音。无裂纹的砂轮发出的声音清脆，有裂纹的砂轮则声音嘶哑。发现表面有裂纹或者敲时声音嘶哑的砂轮应停止使用。

砂轮安装的步骤如下：

1）清理擦净法兰盘，在法兰盘底座上放一片衬垫，并将法兰盘垂直放置（图 2-19）。

2）按图 2-20 所示装入砂轮，检查砂轮内孔与法兰盘底座定心轴颈之间的配合间隙（应为 0.1～0.2mm）是否适当，如过小不可用力压入。

3）减小配合间隙。当砂轮内孔与法兰盘底座定心轴颈之间

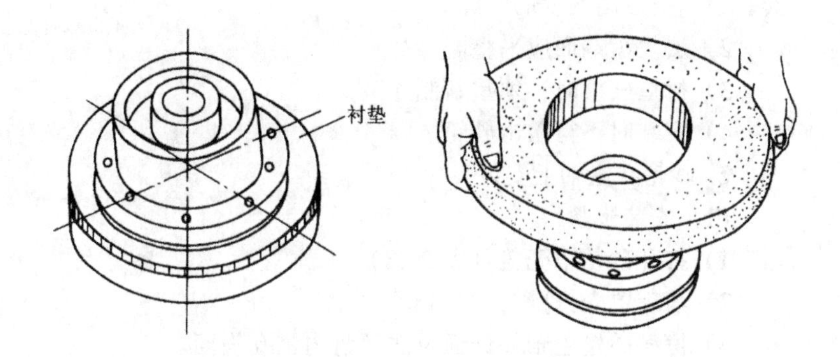

图 2-19　法兰盘垂直放置　　　　图 2-20　装入砂轮

的间隙较大时，可在法兰盘底座定心轴颈处粘一层胶带，以减小配合间隙，防止砂轮偏心（见图 2-21）。

4）放入端盖和衬垫，见图 2-22。

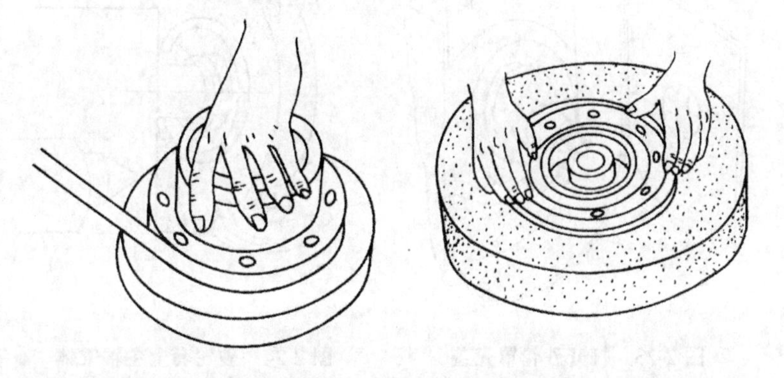

图 2-21　减小配合间隙　　　　图 2-22　放入端盖

5）对准法兰盘螺孔位置，放入螺钉。用内六角扳手拧紧 8 只内六角螺钉。紧固时，用力要均匀，以使砂轮受力均匀，一般可按对角顺序逐步拧紧。

砂轮安装后，应作初步平衡，再将砂轮装于磨床主轴端部。

(3) 注意事项

1）安装前认真测量砂轮孔径和法兰盘底座定心轴径的尺寸，

安装中严格控制两者的间隙。

2）法兰盘端面应平整。

3）衬垫破损时，须重新制作。

4）安装时不得敲击砂轮。

2．砂轮在主轴上安装

（1）安装步骤

1）打开砂轮罩壳盖（图2-23）。

2）清理罩壳内壁。

3）擦净砂轮主轴外锥面及法兰盘内锥孔表面。

4）将砂轮套在主轴锥体上，并使法兰盘内锥孔与砂轮主轴外锥面配合，如图2-24所示。

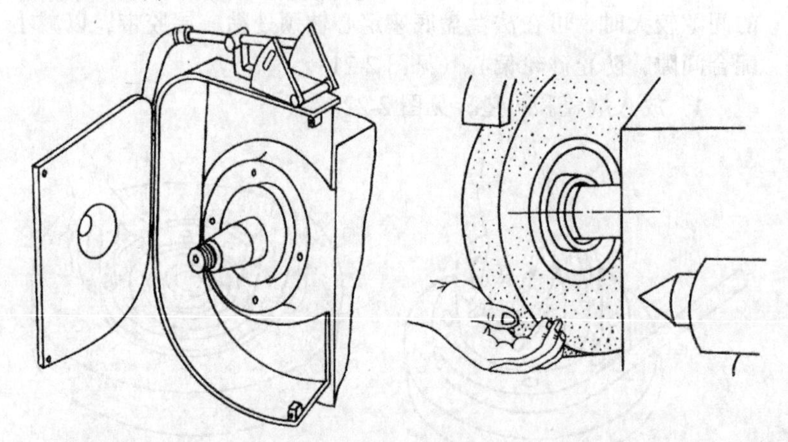

图2-23　打开砂轮罩壳盖　　　　图2-24　砂轮套上主轴锥体

5）放上垫圈，拧上左旋螺母，并用套筒扳手按逆时针方向拧紧螺母。

6）合上砂轮罩壳盖。

（2）注意事项

1）安装时要使法兰盘内锥孔与砂轮主轴外锥面接触良好。

2）注意主轴端螺纹的旋向（该螺纹为左旋），以防止损伤主轴轴承。

3）安装前要检查砂轮法兰的平衡块是否齐全、紧固。

4）安装时要防止损伤砂轮，不能用铁锤敲击法兰盘和砂轮主轴。

3. 在主轴上拆卸砂轮

（1）拆卸步骤

1）用套筒扳手拆卸螺母。

2）按顺时针方向旋转拔头，将砂轮从主轴上拆下（图2-25）。

（2）注意事项

1）由于砂轮主轴与法兰盘是锥面配合，具有一定的自锁性，拆卸时可使用专用工具（图2-25b、c），以方便地将砂轮拉出。

2）要注意安全操作，防止损坏机床主轴和砂轮。一般须两人同时操作，为防止砂轮掉落，可先在机床上放好木块支撑。

三、外圆砂轮的平衡

1. 平衡砂轮的目的意义　砂轮的平衡程度是磨削的主要性能指标之一。砂轮的不平衡是指砂轮的重心与旋转中心不重合，即不平衡质量偏离旋转中心所致。若砂轮的不平衡量超过一定数值，砂轮在高速旋转时会产生巨大的离心力，将迫使砂轮振动，在工件表面产生多角形的波纹度误差。同时，离心力又会成为砂轮主轴的附加压力，会损坏主轴和轴承。当离心力大于砂轮强度时，还会使砂轮破裂。因此，砂轮的平衡是一项十分重要的工作。

砂轮由于制造误差和在法兰盘上的安装产生了一定的不平衡量，因此需要通过作静平衡来消除。

2. 静平衡的工具　手工操作的静平衡，须使用平衡心轴、平衡架、水平仪和平衡块等工具。

（1）平衡心轴　平衡心轴（图2-26）由心轴、垫圈、螺母组成。心轴两端是等直径圆柱面，作为平衡时滚动的轴心，其同轴度误差极小，心轴的外锥面与砂轮法兰锥孔相配合，要求有80%以上的接触面。

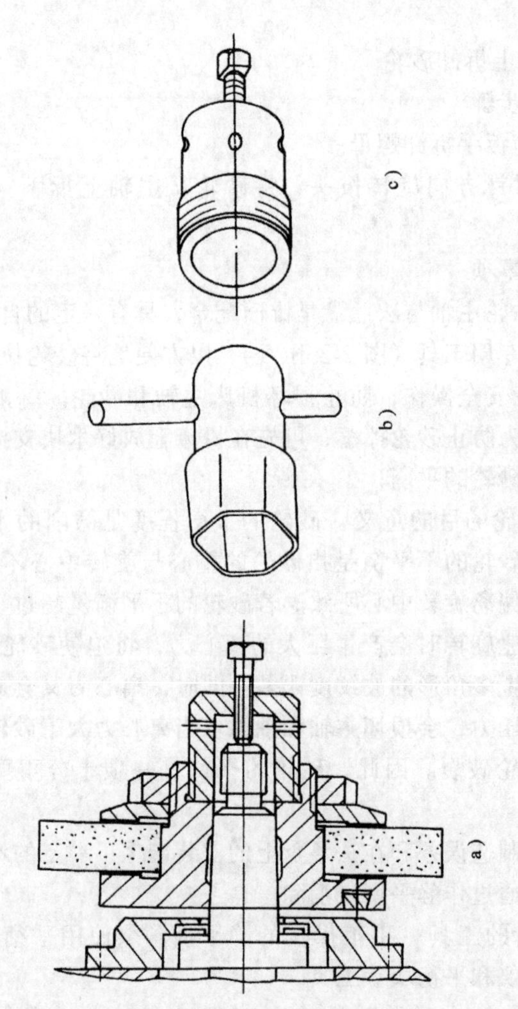

图 2-25　从主轴上拆卸砂轮和专用工具

a）从主轴上拆卸砂轮　b）套筒扳手　c）拔头

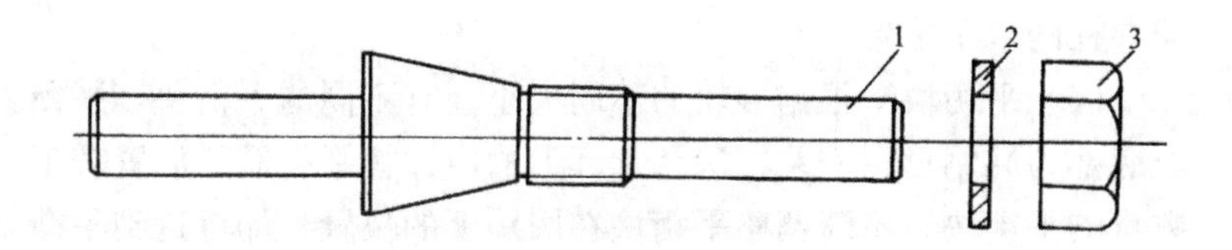

图 2-26　平衡心轴

1—心轴　2—垫圈　3—螺母

(2) 平衡架　平衡架有圆棒导柱式和圆盘式两种。常用的为圆棒导柱式平衡架（图 2-27)。

圆棒导柱式平衡架主要由支架和导柱组成，导柱为平衡心轴滚动的导轨面，其素线的直线度、两导柱的平行度都有很高的要求。

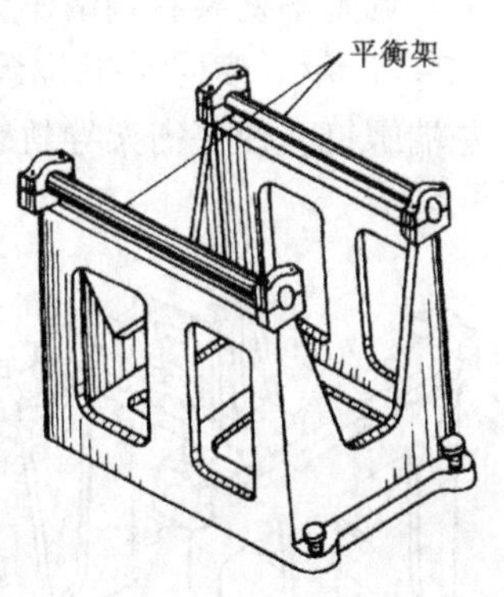

图 2-27　圆棒导柱式平衡架

(3) 水平仪　常用的水平仪有框式水平仪和条式水平仪两种（图 2-28)。水平仪由框架和水准器组成。水准器的外表为硬玻璃，内部盛有液体，并留有一个气泡。当测量面处于水平时，水准器内的气泡就处于玻璃管的中央（零位）；当测量面倾斜一个角度时，气泡就偏于高的一侧。常用水平仪的分度值为 0.02mm/1000mm，相当于倾斜 4″的角度。水平仪用于调整平衡

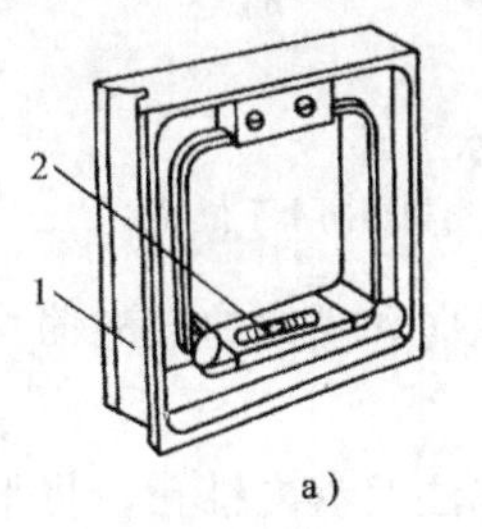

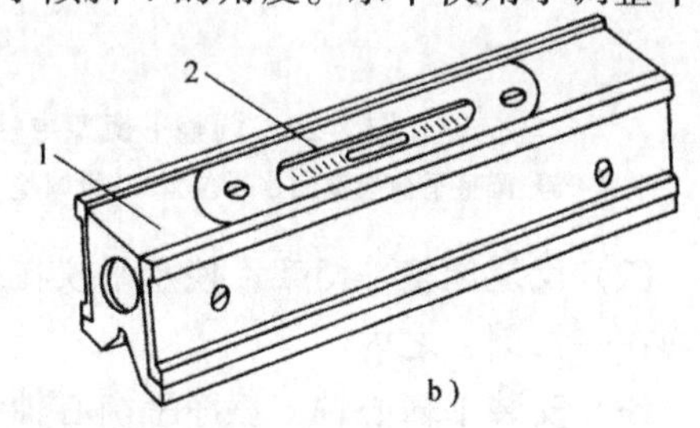

图 2-28　水平仪

a）框式水平仪　b）条式水平仪

1—框架　2—水准器

架导柱的水平位置。

（4）平衡块　根据砂轮的不同大小，有不同的平衡块。平衡块底部为鸠尾形，安装在法兰盘环形槽内，按平衡需要放置若干数量的平衡块，不断调整平衡块在圆周上的位置，即可达到平衡的目的。砂轮平衡后需将平衡块上的螺钉拧紧，以防发生事故。

3．砂轮静平衡的步骤

（1）调整平衡架导柱面至水平面　平衡前，擦净平衡架导轨表面，在导轨上放两块等高的平行铁，并将水平仪放在平行铁上，调整平衡架右端两螺钉，使水准器气泡处于中间位置，如图2-29a所示。横向水平位置调好后，将水平仪转90°安放，调整左端螺钉，使平衡架导轨表面纵向处于水平位置（图2-29b）。

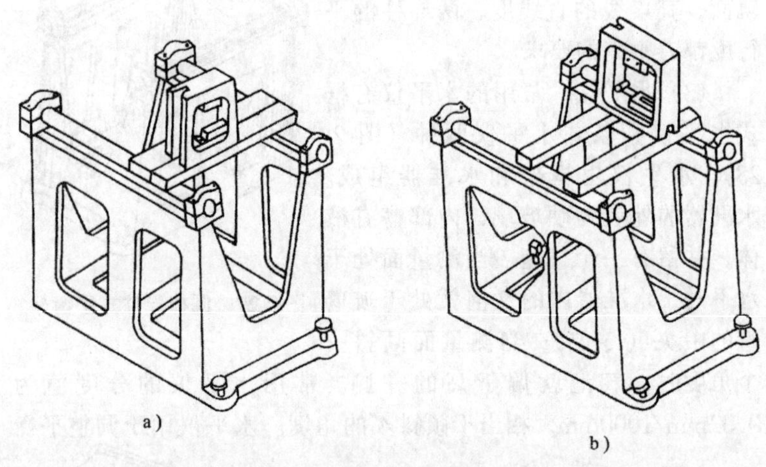

图2-29　调整平衡架导柱水平面

a）调整平衡架横向水平位置　b）调整平衡架纵向水平位置

（2）反复调整平衡架，使水平仪在纵向和横向的气泡偏移读数均在一格刻度之内。

（3）安装平衡心轴　擦净平衡心轴和法兰盘内锥孔，将平衡心轴装入法兰盘内锥孔中。安装时可加适量润滑油，将法兰盘缓缓推入心轴外锥，然后固定（图2-30）。

(4) 调整平衡心轴　将平衡心轴放在平衡架导轨上，并使平衡心轴的轴线与导轨的轴线垂直。

(5) 找不平衡位置　用手轻轻推动砂轮，让砂轮法兰盘连同平衡心轴在导轨上缓慢滚动，如果砂轮不平衡，则砂轮就会来回摆动，直至停摆为止。此时，砂轮不平衡量必在其下方。可在砂轮的另一侧作出记号（*A*），如图 2-31a 所示。

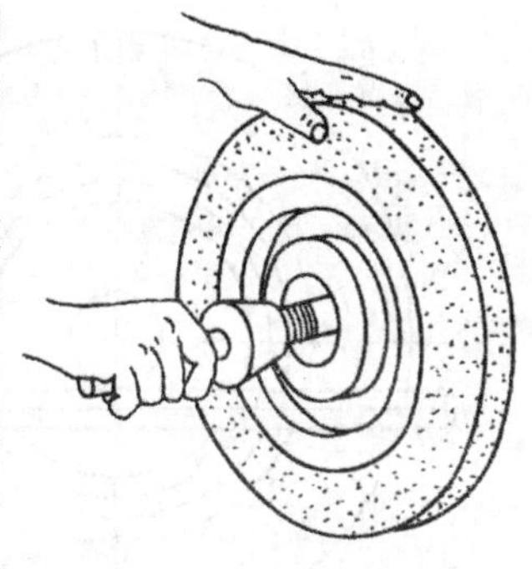

图 2-30　安装平衡心轴

(6) 装平衡块　在记号（*A*）的相应位置装上第一块平衡块，并在其两侧装上另两块平衡块（图 2-31b、c）。

(7) 调整平衡块　检查砂轮是否平衡，如果仍不平衡，则可同时移动两侧对称的平衡块，向砂轮轻的一边移动，直至平衡为止。

(8) 平衡检查　用手轻轻拨动砂轮，使砂轮缓慢滚动，如果在任何位置都能使砂轮静止，则说明砂轮静平衡已做好。

(9) 拧紧平衡块的紧固螺钉　作好平衡后须将平衡块上紧固螺钉拧紧，不使松动，以免影响平衡质量。

一般新安装的砂轮要作两次平衡，即砂轮修整后再作第二次静平衡，通常要达到使砂轮圆周八个对应点平衡。

4. 砂轮静平衡的注意事项

1）平衡前先检查平衡架的导轨面，应无明显缺陷。

2）应调整好平衡架的横向水平和纵向水平，调整后须再复查一次。

3）平衡时应特别注意加平衡块和调整平衡块，如操作步骤（6）与（7），一般要使砂轮达到八个对应点平衡。

4）平衡时要防止砂轮从平衡架上滚落下来，注意保护砂轮免受损伤。

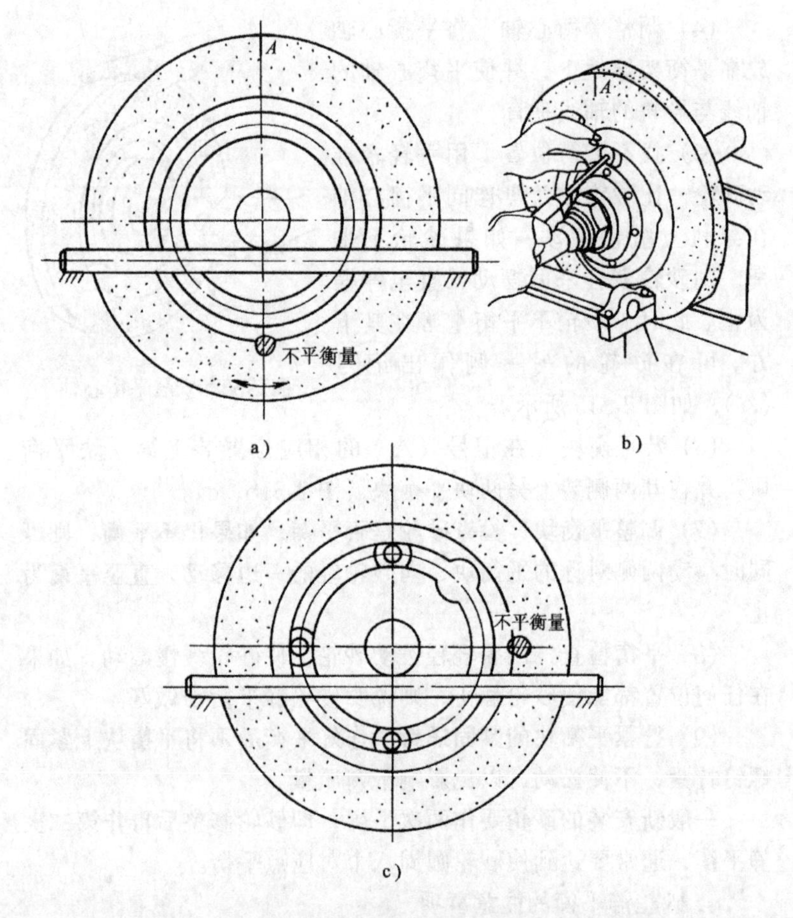

图 2-31　砂轮平衡的方法

a）找不平衡位置　b）装平衡块　c）平衡

四、外圆砂轮的修整

1. 修整砂轮的目的　用砂轮修磨工具将砂轮不适用的表层修去，以消除砂轮外形的误差或恢复砂轮的切削性能是修整砂轮的目的。

砂轮修整一般有两种情况：一是新安装的砂轮须作整形修整，以消除砂轮外形的误差对砂轮平衡的影响；二是修整工作过的砂轮已磨钝的表层，以恢复砂轮的切削性能和正确的几何形状，两者都是很重要的工作。

2. 修整砂轮的方法　修整砂轮常用单颗粒金刚石笔或特制金刚石笔车削法、滚轮式割刀滚轧法和金刚石滚轮磨削法等。外圆砂轮的修整多用前两种方法。

(1) 单颗粒金刚石笔车削法　单颗粒金刚石笔是将大颗粒的金刚石（一般为0.25~1克拉，1克拉=0.2g）镶焊在特制刀杆上，金刚石的尖端研成 $\varphi=70°\sim80°$ 尖角（见图2-32）。金刚石笔刀杆固定在砂轮修整器上（见图2-33a），修整时，修整器随工作台横向移动，并作纵向进刀；砂轮作旋转运动，类似于车削加工（见图2-33b）。磨粒碰到金刚石笔的硬尖角，就碎裂成为微粒。金刚石笔越尖，与砂轮的接触面积越小，砂轮被修的表面就越平整、精细。

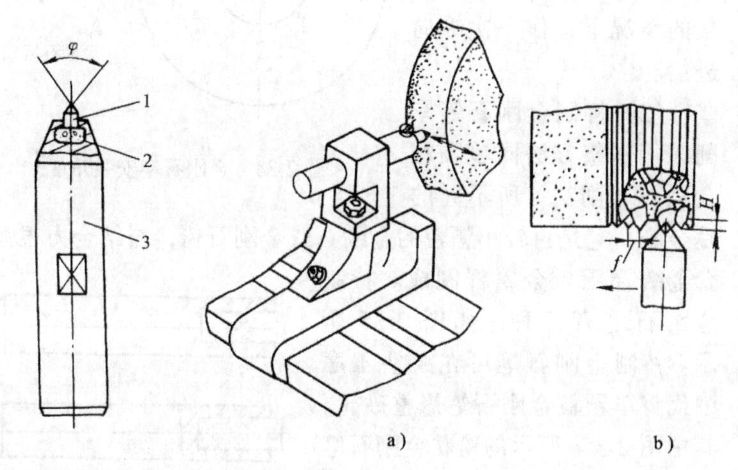

图2-32　单颗粒金刚石笔
1—金刚石　2—焊剂　3—笔杆

图2-33　金刚石笔车削法
a) 金刚石笔装在砂轮修整器上　b) 车削砂轮外圆

用单颗粒金刚石笔修整砂轮应注意下列事项：

1) 应根据砂轮的直径选择金刚石颗粒的大小，砂轮直径越大，所选金刚石颗粒也越大，一般，砂轮直径 D_0＜100mm，选 0.25 克拉的金刚石，D_0＞300～400mm 时，选 0.5～1 克拉的金刚石。

2）金刚石价格昂贵，使用时要检查焊接是否牢固，以防脱落，修整时要充分冷却，不能使切削液中断，以免金刚石碎裂。

3）金刚石笔安装要牢固，安装时，一般要低于砂轮中心 1～2mm，笔的轴线向下倾斜 5°～10°，以防金刚石笔振动或扎入砂轮（见图 2-34）。

4）应根据加工要求选择修整用量。粗磨时，可加大修整背吃刀量；精修时则相反。一般须作 2～3 次吃刀，然后在无背吃刀量的情况下，作一次纵向进给。

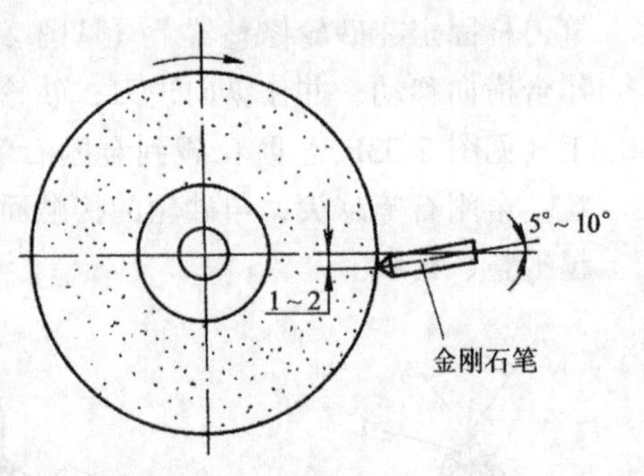

图 2-34　金刚石笔安装角度

（2）特制金刚石笔车削法　修整方法同单颗粒金刚石车削法，所不同的是金刚石笔是由较小颗粒的金刚石或金刚石粉，与结合力很强的合金结合压入金属杆制成。特制金刚石笔有三种，如图 2-35 所示。特制金刚石笔可在某些工序中代替单颗粒金刚石笔修整砂轮，其中图 2-35c 所示的粉状金刚石笔主要用于修整细粒度砂轮。

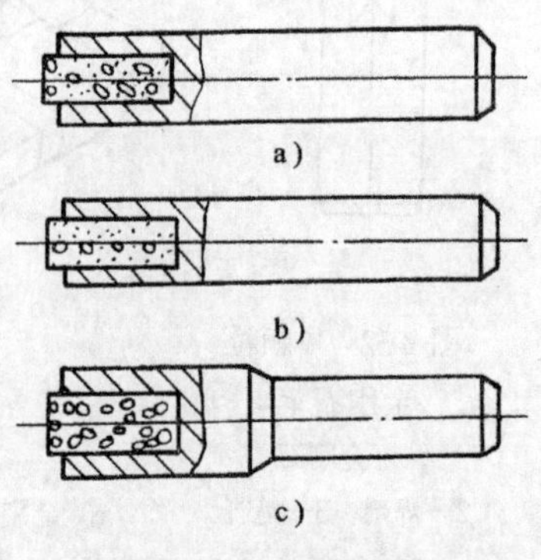

图 2-35　特制金刚石笔
a）层状　b）链状　c）粉状

（3）滚轮式割刀修整法　滚轮式割刀的刀片是多片渗碳体淬火钢制成的金属齿盘，其形状为尖角形（图 2-36）。修整时，金属盘随砂轮高速转动，并对砂轮表面滚轧。这种方法只用于大型砂轮的整形粗修整。

(4) 金刚石滚轮磨削法　金刚石滚轮是用电镀法、粉末冶金烧结法或人工栽植法将细颗粒金刚石均匀地固定在滚轮表层。金刚石滚轮由电动机带动，具有较高的修整精度，但由于价格昂贵，一般很少采用（图 2-37)。

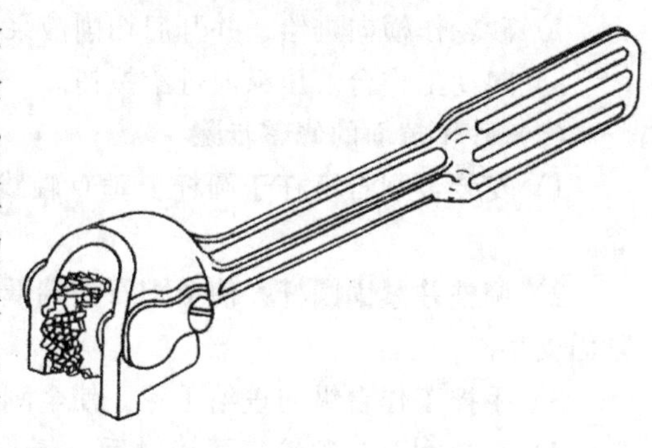

图 2-36　滚轮式割刀

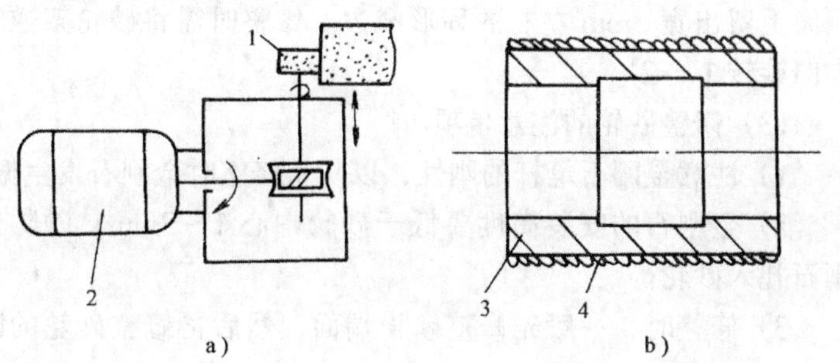

图 2-37　金刚石滚轮磨削法
a) 滚轮磨削　b) 金刚石滚轮
1—滚轮　2—电动机　3—轮体　4—金刚石颗粒

3. 砂轮修整的步骤

(1) 砂轮圆周面的修整步骤

1) 将砂轮修整器底座安装在工作台上并用螺钉紧固。

2) 将金刚石笔杆紧固在圆杆的前端。

3) 将圆杆固定在支架上。

4) 起动砂轮和液压泵，并快速引进砂轮。

5) 调整并紧固工作台挡铁。

6）使金刚石棱角对准砂轮，移动支架，使金刚石靠近砂轮。

7）砂轮作横向进给，并开启切削液泵和切削液喷嘴。

8）起动工作台液压纵向进给按钮。

(2) 砂轮端面的修整步骤

1）安装金刚石笔杆于圆杆上垂直轴线的孔中，并用螺钉紧固。

2）调整并紧固圆杆，使金刚石尖端低于砂轮中心1～2mm，紧固支架。

3）手摇工作台纵向进给手轮，使金刚石靠近砂轮端面。

4）在金刚石与砂轮端面接触后，停止工作台纵向进给。手摇砂轮架横向进给手轮，使金刚石在砂轮端面上前后往复移动。

5）经多次进给修整，将砂轮端面修成内凹端面，并在砂轮端面上留出宽3mm左右的环形窄边。修整时需将砂轮架逆时针方向旋转1°～2°。

(3) 修整砂轮的注意事项

1）注意金刚石笔杆的刚性，以防止修整时金刚石发生振动。

2）金刚石的安装高度要低于砂轮中心1～2mm，以防止金刚石扎入砂轮。

3）修整时，一般先修整砂轮端面，然后再修整砂轮的圆周面。

4）修整时应注意充分的冷却。

在生产实践中，人们常用碳化硅碎砂轮块来修整刚玉砂轮。由于碳化硅硬度高于刚玉，故可取得一定的修整效果。一般用于粗修整和砂轮端面的修整。修整时，操作者要站在砂轮的侧面，注意安全。

第四节　外圆磨削实例

一、光滑轴的磨削

例1　磨一般光滑轴

1. 图样和技术要求分析　图2-38为一光滑轴工件，材料45

钢，热处理调质 220～250HBS，外圆尺寸为 $\phi30_{-0.02}^{\ 0}$mm，圆柱度公差为 0.01mm，表面粗糙度 $R_a0.8\mu m$。

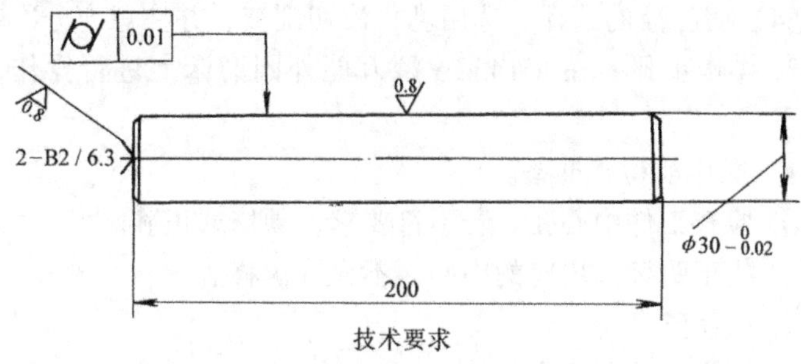

技术要求

材料 45，热处理调质至硬度 220～250HBS。

图 2-38 轴

根据加工要求和工件材料，进行如下选择和分析。

(1) 砂轮的选择　根据表 2-2，所选砂轮的特性为：磨料 WA～PA，粒度 40#～60#，硬度 L～M，结合剂 V。修整砂轮用金刚石笔。

(2) 装夹方法　一般光滑轴要分两次安装，调头磨削才能完成。该工件因两端有中心孔，可用前、后顶尖支撑工件，并由夹头、拨盘带动工件旋转。安装前须修研中心孔。

(3) 磨削方法　采用纵向磨削法，由于需两次调头装夹，故要进行接刀磨削。可通过调整工作台行程挡铁位置来控制砂轮的接刀长度（见图 2-39），接刀长度应尽量短一些。

磨削时应先进行试磨，并划分粗、精加工。试磨时，用尽量小的背吃刀量，磨出外圆表面，用百分表检查工件圆柱度误差。若超出要求，则调整找正工作

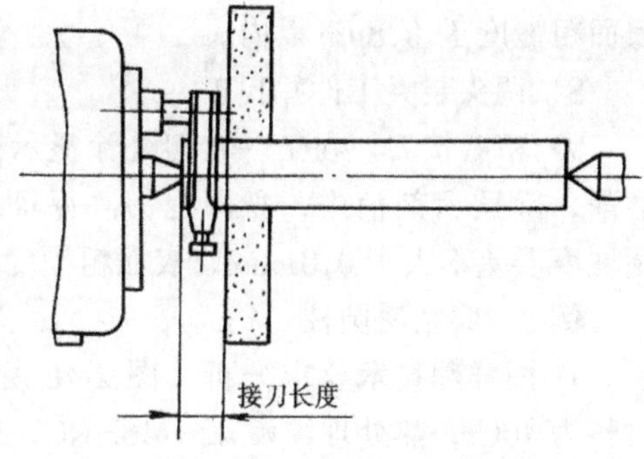

图 2-39　接刀长度的控制

台至理想位置，以保证圆柱度误差。粗、精磨接刀均采用切入磨削法磨削。

（4）切削液的选择　选用乳化液切削液，并注意充分冷却。

2．操作步骤　在M1432A型万能外圆磨床上进行操作，步骤如下：

1）操作前检查准备。

① 检查工件中心孔。若不符要求，须修磨正确。

② 找正头架、尾座的中心，不允许偏移。

③ 粗修整砂轮。

④ 检查工件磨削余量。

⑤ 将工件装夹于两顶尖间。

⑥ 调整工作台行程挡铁位置，以控制砂轮接刀长度和砂轮越出工件长度。

2）试磨。磨出外圆表面，圆柱度误差不大于0.01mm。

3）粗磨外圆，留精磨余量0.03～0.05mm，圆柱度误差不大于0.01mm。

4）工件调头装夹。

5）粗磨接刀。在工件接刀处涂上薄层显示剂，用切入磨削法接刀磨削，当显示剂消失时立即退刀。

6）精修整砂轮。

7）精磨外圆至$\phi30_{-0.02}^{0}$mm，圆柱度误差不大于0.01mm，表面粗糙度$R_a0.8\mu m$以内。

8）调头装夹工件并找正。

9）精磨接刀。在工件接刀处涂显示剂，用切入磨削法接刀磨削，待显示剂消失，立即退刀。保证外圆尺寸$\phi30_{-0.02}^{0}$mm，圆柱度误差不大于0.01mm，表面粗糙度$R_a0.8\mu m$以内。

例2　磨精密圆柱

1．图样和技术要求分析　图2-40所示为一精密圆柱工件，材料为40Cr，热处理淬硬42～46HRC，外圆$\phi75_{-0.02}^{0}$mm，圆度公差0.005mm，直线度公差0.005mm，左端面A为基准面，表

面粗糙度为 $R_a 0.8\mu m$，$\phi 75_{-0.02}^{0}$mm 外圆对 A 面的垂直度公差为 0.005mm，外圆表面粗糙度为 $R_a 0.4\mu m$。

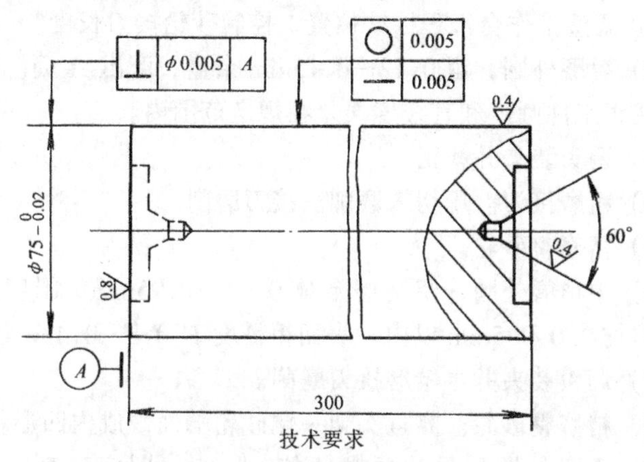

技术要求

材料 40Cr，热处理淬硬 42～46HRC。

图 2-40　精密圆柱

根据工件材料和加工技术要求，进行如下选择和分析。

(1) 砂轮的选择　所选砂轮的特性为：磨料 WA～PA，粒度 60#～80#，硬度 L～N，结合剂 V。修整砂轮用金刚石笔。

(2) 装夹方法　用前、后顶尖支持工件，并用夹头、拨盘带动。因需接刀磨削，故要多次调头装夹，粗、精磨安装前，均需研修中心孔，并多次校正。

(3) 磨削方法　采用纵向磨削法，接刀磨削则采用切入磨削法，由于工件加工技术要求较高，磨削时可划分粗磨、半精磨和精磨，并合理分配各阶段磨削余量。

(4) 切削液的选择　采用乳化液切削液，并注意充分冷却。

2. 操作步骤　在 M1432A 型万能外圆磨床上操作，具体按以下步骤进行。

1) 操作前检查、准备。

① 检查、修研工件中心孔。

② 找正头架、尾座中心。

③ 粗修整砂轮外圆，靠近头架侧砂轮端面修成内凹形。

④ 检查工件磨削余量。

⑤ 将工件装夹在两顶尖间，*A* 面一侧靠近尾座。

⑥ 调整工作台行程挡铁位置，控制砂轮接刀长度。

2）粗磨外圆，留 0.12～0.15mm 余量，磨出 *A* 面。磨时检查并找正工件圆度和直线度误差在规定范围内。

3）调头装夹并找正。

4）粗磨接刀。用切入磨削法接刀磨削。

5）精修整砂轮。

6）半精磨外圆，留精磨余量 0.03～0.05mm。圆度和直线度误差均在 0.005mm 以内，表面粗糙度 $R_a0.8 \sim 0.4\mu m$。

7）调头装夹并半精磨接刀磨削。

8）精修整砂轮。靠近头架一侧砂轮端面修成内凹形。

9）精磨外圆至尺寸要求。$\phi75_{-0.02}^{0}$ mm 圆度和直线度误差均不大于0.005mm，表面粗糙度为 $R_a0.4\mu m$ 以下。精磨 *A* 基准面，垂直度误差不大于 0.005mm，表面粗糙度为 $R_a0.8\mu m$ 以下。

10）调头装夹，精磨接刀另一端外圆至尺寸要求，并保证圆度和垂直度公差及表面粗糙度符合图样规定要求。

二、台阶轴的磨削

例 磨台阶轴

1. 图样和技术要求分析　图 2-41 所示为一简单的台阶轴，材料 40Cr，热处理淬硬至 42～46HRC，需磨削三个外圆表面，三个台阶端面。其要求为：外圆尺寸 $\phi40mm \pm 0.08mm$，两个轴颈外圆，一个为 $\phi30_{-0.013}^{0}mm$，一个为 $\phi30_{+0.017}^{+0.033}mm$，$\phi40$ 圆柱度公差为 0.005mm，两轴颈外圆径向圆跳动公差为 0.01mm，$\phi70mm$ 右端面对基准 *A* 的端面圆跳动公差为 0.005mm，三外圆与三端面的表面粗糙度均为 $R_a0.4\mu m$。

根据工件材料和加工技术要求，进行如下选择和分析。

(1) 砂轮的选择　所选砂轮特性为：磨料 WA～PA，粒度 $60^{\#} \sim 80^{\#}$，硬度 L～N，结合剂 V。修整砂轮用金刚石笔。

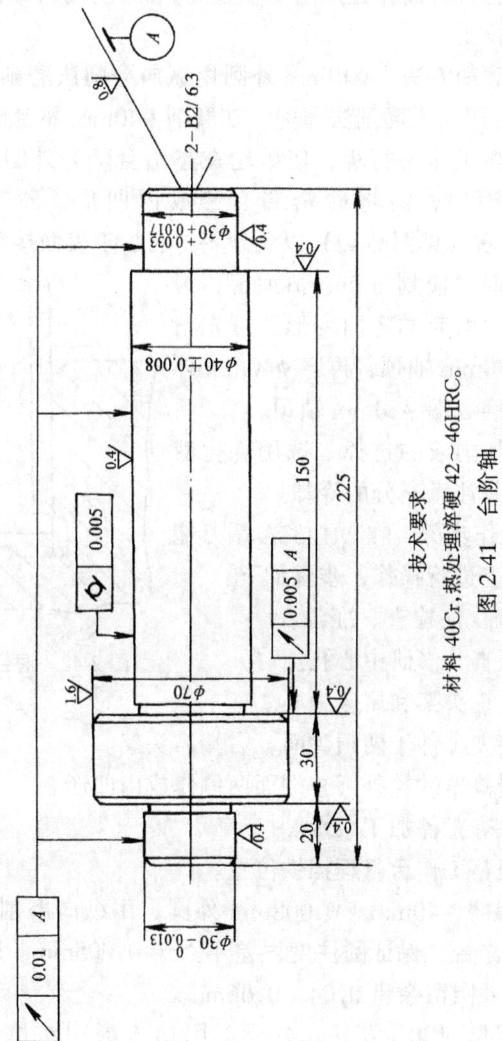

技术要求

材料 40Cr，热处理淬硬 42～46HRC。

图 2-41　台阶轴

(2) 装夹方法　用两顶尖装夹，由夹头和拨盘带动工件旋转。由于有台阶面，且加工要求较高，需经多次调头装夹，装夹时应仔细校正。

(3) 磨削方法　ϕ40mm 外圆用纵向磨削法磨削，两轴颈外圆 ϕ30mm 用切入磨削法磨削。在磨削 ϕ40mm 靠台阶旁外圆时，需细心调整工作台行程，使砂轮在越出台阶旁外圆时不发生碰撞。磨端面时，需将砂轮端面修成内凹形，砂轮横向退出 0.1mm 左右（见图 2-42）以免砂轮与已加工表面接触。

磨削时，应划分粗、精加工，为防止磨削力引起的弯曲变形，可先精磨左端 ϕ30mm 轴颈，再磨 ϕ40mm 外圆，然后磨右端 ϕ30mm 轴颈。

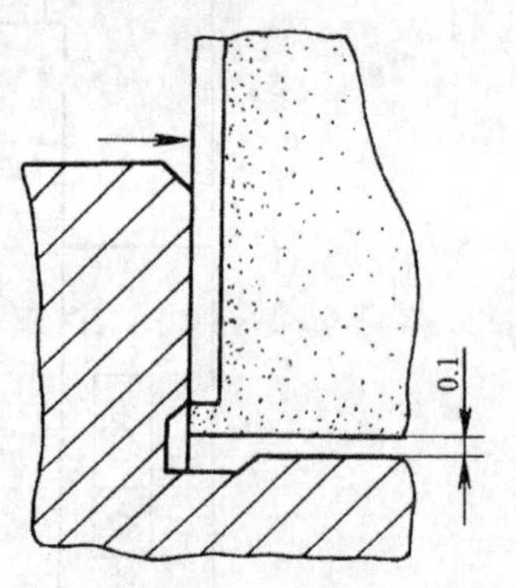

图 2-42　磨台阶轴端面

(4) 切削液的选择　选用乳化液切削液，并注意充分的冷却。

2. 操作步骤　在 M1432A 型万能外圆磨床上进行操作，步骤如下：

1）操作前检查、准备。

① 检查、修研中心孔。

② 找正头架和尾座中心。

③ 装夹工件于两顶尖间，右端靠头架。

④ 粗修整砂轮外圆，端面两侧修成内凹形。

⑤ 检查工件加工余量。

⑥ 调整工作台行程挡铁位置。

2）粗磨 ϕ40mm ± 0.008mm 外圆。用纵向磨削法磨削，调整找正工作台，保证圆柱度误差不大于 0.005mm。磨出 ϕ70mm 右端面。外圆留余量 0.04～0.06mm。

3）粗磨 $\phi30^{+0.033}_{+0.017}$ mm 外圆。用切入磨削法磨削，留余量 0.03～0.05mm，磨出 ϕ40mm 台阶端面。

4）调头装夹、找正。

5）粗磨 $\phi30^{\ 0}_{-0.013}$ mm 外圆。用切入磨削法磨削，留余量

0.03～0.05mm，磨出 $\phi40$mm 台阶端面。

6）精修整砂轮外圆及端面。

7）精磨 $\phi30_{-0.013}^{0}$mm 外圆至尺寸要求，径向圆跳动误差不大于 0.01mm，表面粗糙度 $R_a0.4\mu m$；精磨 $\phi30$mm 台阶端面，表面粗糙度 $R_a0.4\mu m$。

8）调头装夹、找正。

9）精磨 $\phi40$mm 外圆，磨至 $\phi40mm\pm0.008mm$，用纵向磨削法磨削，圆柱度误差不大于 0.005mm；精磨 $\phi40$mm 台阶端面，径向圆跳动误差不大于 0.005mm；用切入磨削法精磨 $\phi30_{+0.017}^{+0.033}$mm 外圆至尺寸，$\phi30_{+0.017}^{+0.033}$mm 与 $\phi40mm\pm0.008mm$ 两外圆径向圆跳动误差均不大于 0.01mm；精磨 $\phi30_{+0.017}^{+0.033}$mm 台阶端面。

以上各加工面表面粗糙度均为 $R_a0.4\mu m$。

3. 台阶端面的测量　磨削台阶轴时，台阶端面常有平面度和端面圆跳动公差的要求，须采用正确的测量方法。

(1) 平面度误差的测量　台阶端面可用样板平尺来测量其平面度误差。把样板平尺紧贴工件端面，观察光隙的大小可确定误差的大小(见图 2-43)。如果不透光，就表示端面平面度误差较小，反之，就有误差。其误差有内凹、内凸两种，一般只允许内凹，不允许内凸。

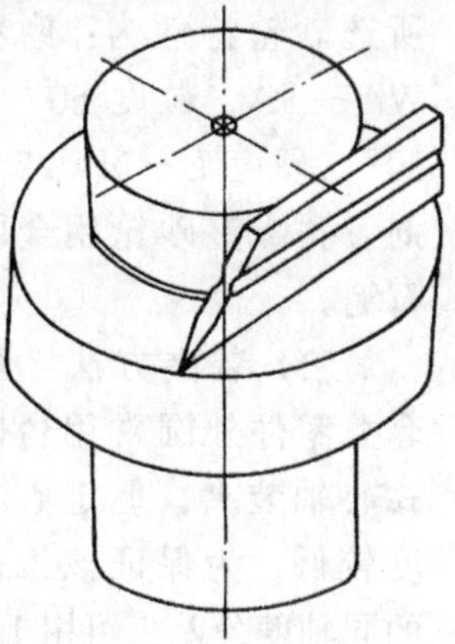

工件端面的磨削花纹也能反映其平面度误差。端面花纹为单向曲线时，说明磨削区域在工件端面上方或下方，端面往往呈内凹。当工件端面和砂轮端面相互平行时，则砂轮在整个工件端面接触，磨出的端面为平整的双花纹。

图 2-43　端面平面度误差的测量

(2) 台阶端面圆跳动误差的测量　一般用百分表来测量端面圆跳动误差。将百分表量杆垂直于端面放置，转动工件，百分表的读数差，即为端面圆跳动误差（见图 2-44）。

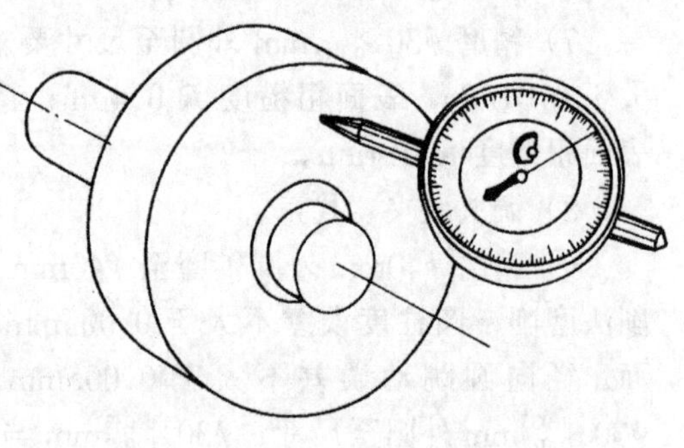

图 2-44 测量台阶端面圆跳动误差

三、套圈类零件的外圆磨削

例 1 磨衬套外圆

1. 图样和技术要求分析 图 2-45 所示为一衬套工件，材料为 T8A，热处理淬硬 58～62HRC，工件内孔已磨至要求，需进行外圆磨削，外圆尺寸为 $\phi40_{-0.013}^{\ \ 0}$ mm，对内孔的同轴度公差为 $\phi0.01$mm，表面粗糙度为 $R_a0.4\mu$m。

根据工件材料和加工技术要求，进行如下选择和分析。

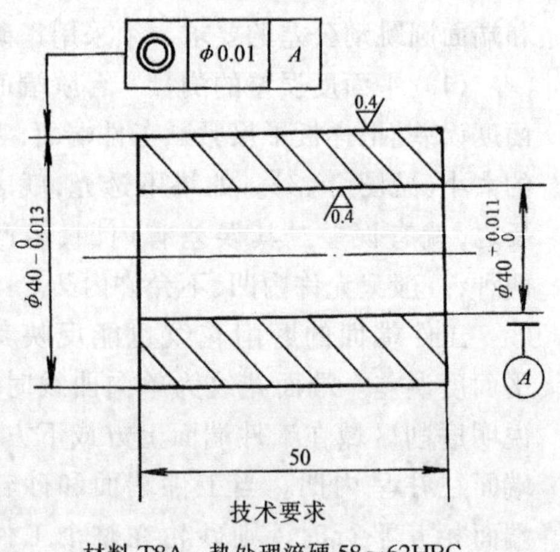

技术要求

材料 T8A，热处理淬硬 58～62HRC。

图 2-45 衬套

（1）砂轮的选择 所选砂轮特性为：磨料 WA～PA，粒度 60#～80#，硬度 L～N，结合剂 V。修整砂轮用金刚石笔。

（2）装夹方法 磨套类零件外圆常用台阶式心轴装夹，但定心精度较低，为保证该工件的同轴度公差，可用 1/5000 的微锥心轴装夹（图 2-46），装夹前须找正心轴。

（3）磨削方法 采用纵向磨削法，并划分粗、精加工。

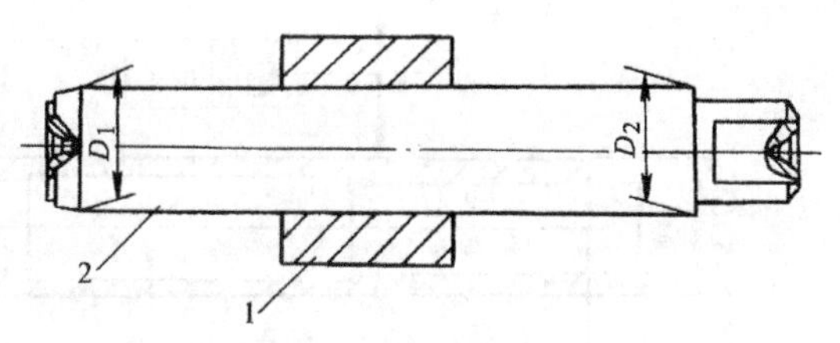

图 2-46　用微锥心轴装夹

1—工件　2—心轴

(4) 切削液的选择　采用乳化液切削液，并充分冷却。

2. 操作步骤　在 M1432A 型机床上进行操作。

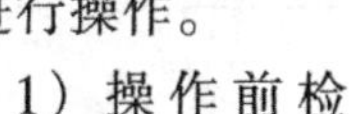

1) 操作前检查、准备。

① 检查微锥心轴中心孔，并修研。

② 将微锥心轴装夹于两顶尖间，找正圆度误差不大于 0.005mm。

③ 将工件顺着心轴小端装入心轴。

④ 检查工件磨削余量。

⑤ 粗修整砂轮。

⑥ 调整工作台行程挡铁，控制砂轮越出工件两端长度。

2) 粗磨 ϕ40mm 外圆，留余量 0.03~0.05mm。

3) 精修整砂轮。

4) 精磨外圆，尺寸为 $\phi 40_{-0.013}^{\ 0}$mm，对内孔的同轴度误差不大于 ϕ0.01mm，表面粗糙度 R_a 0.4μm。

例 2　磨长套筒外圆

1. 图样和技术要求分析　图 2-47 所示为批量生产的长套筒工件，材料 38CrMoAlA，热处理渗氮 700HV，内孔尚未精加工，要求磨削外圆 $\phi 45_{-0.016}^{\ 0}$mm，圆柱度公差 0.01mm，表面粗糙度 R_a0.4μm。

根据工件材料和加工技术要求，进行如下分析。

(1) 砂轮的选择　所选砂轮特性为：磨料 PA~SA，粒度 60#~80#，硬度 M~N，结合剂 V，修整砂轮用金刚石笔。

(2) 装夹方法　由于工件较长，单件加工时可采用卡盘装夹，另一端用尾座顶尖，类似于磨光滑轴，用接刀磨削。但该工

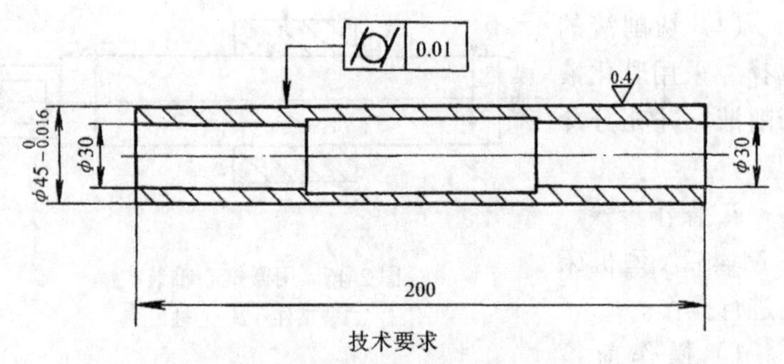

技术要求

材料 38CrMoAlA，热处理渗氮 700HV。

图 2-47　长套筒

件为批量生产，可采用内冷却心轴（见图 2-48）装夹。心轴带有水斗，切削液经水斗、顶尖内的孔道输入至工件内壁，吸收热量后，再经心轴小孔 a 排出。采用这种心轴可以减小工件的热变形，提高加工精度。

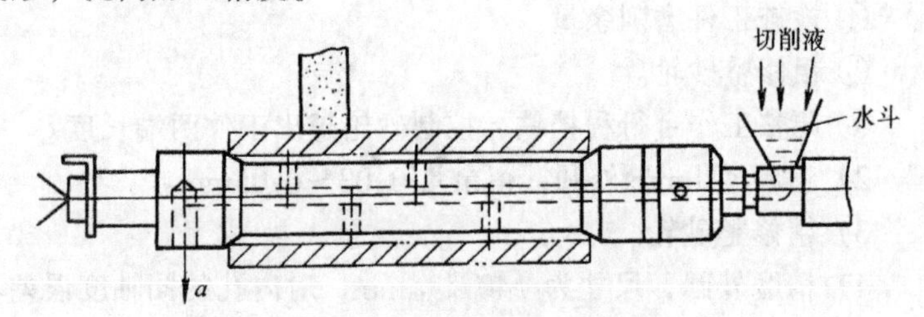

图 2-48　内冷却心轴

(3) 磨削方法　用纵向法磨削，并划分粗、精加工。

(4) 切削液的选择　采用乳化液切削液。

2. 操作步骤

1）操作前检查、准备。

① 装夹工件于内冷却心轴上。装夹前检查心轴顶尖孔，并检查心轴和尾座顶尖孔道是否通畅。

② 粗修整砂轮。

③ 检查工件加工余量。

2）试磨。找正工作台，保证工件外圆圆柱度公差不大于

0.01mm。

3）粗磨外圆，留 0.03～0.05mm 余量，表面粗糙度 R_a0.8～0.4μm。

4）精修整砂轮。

5）精磨外圆至尺寸。$\phi 45_{-0.016}^{0}$ mm，圆柱度误差不大于 0.01mm，表面粗糙度 R_a0.4μm 以内。

第五节　外圆磨削产生的缺陷分析

外圆磨削时，常见的磨削缺陷有尺寸超差、形状和位置公差超差、表面粗糙度高，以及产生表面缺陷等。这些磨削缺陷影响了工件质量和使用性能，必须对其产生的原因进行认真的分析，提出预防的方法，以便改进和提高磨削质量。

一、分析方法

磨削中出现的各种缺陷，是由各方面的因素引起的，主要是人、机、料、法、环、检测这六大因素。其中：

人——指操作者。操作者操作不熟练、技术水平低、违反操作规程和工艺纪律、粗心大意等，是产生质量问题的直接原因。

机——指机床设备。包括工、夹、量具的完成和使用情况。对磨削来说，砂轮的选择和使用，对产生磨削缺陷影响极大。

料——指工件的材料。在制品内在质量不合格，加工余量过大或过小，会影响磨削质量。

法——指工艺方法。不执行“三按”生产，加工方法不当，如：不能合理选择磨削用量、切削液不充分、磨削步骤紊乱等，很容易产生磨削缺陷。

环——指工作环境。工作位置文明生产差、光线暗、造成操作者情绪不佳，不能集中精力操作。

检测——检测手段落后、检测方法不当，造成误测超差等。

以上六大因素，并非同时存在于一项质量问题中，必须认真分析，从中找出占支配地位的主导因素，并针对这些主导因素提出解决和预防的办法。

产生磨削质量缺陷的主导因素多数为砂轮、磨削用量、操作工艺与机床调整使用等四个方面，一般可从中分析出缺陷产生的原因。

通常分析的方法有两种：一种是因果分析法，即用因果分析图（又叫鱼刺图、树枝图）形象地表示因果关系，见图 2-49。图中的主干是大因素，枝干是大因素中的小因素，细分到能采取措施解决问题为止。

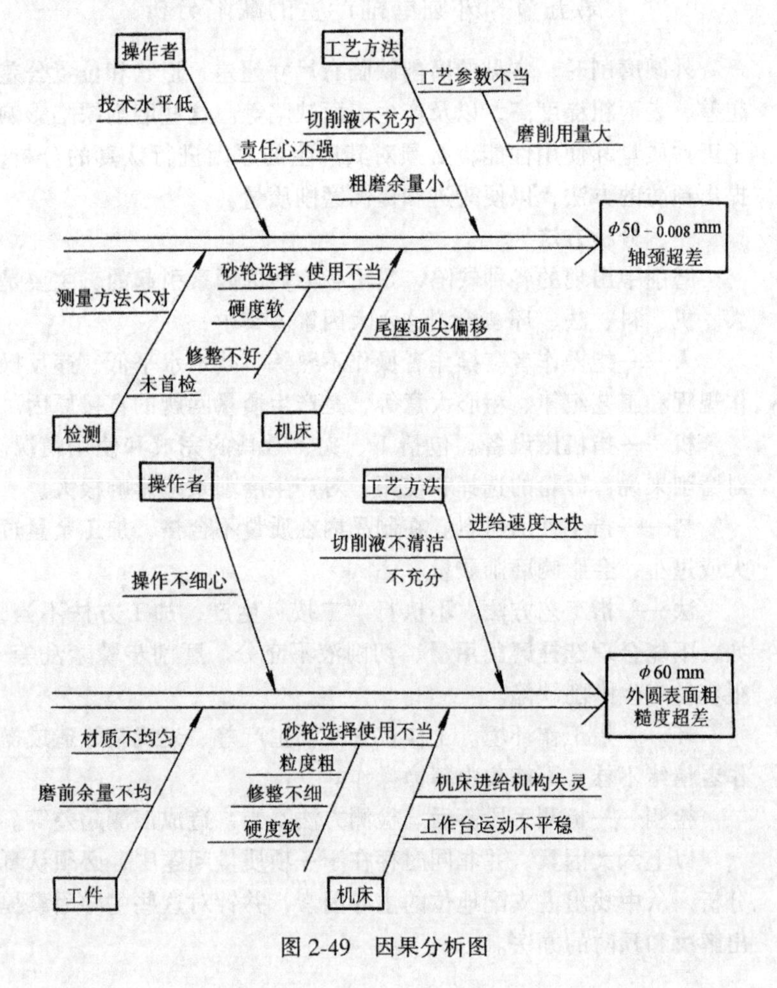

图 2-49　因果分析图

编绘因果分析图后，再根据找出的原因，制定对策表，提出解决和改进的措施，明确责任人和完成进度。这是TQC活动中针对某一具体质量问题的改进和提高而广泛应用的方法。

第二种分析法是列表分析法，综合各种磨削缺陷的形式，仔细列出产生原因和预防方法，具有较强的理论性和实践性。

二、外圆磨削产生的缺陷分析表

表2-3是根据磨削理论和生产实践总结出来的外圆磨削中常见缺陷的原因及预防方法分析表，具有较高的实用价值。

表2-3 外圆磨削中常见缺陷的产生原因及消除方法

工件缺陷	产生原因	消除方法
工件表面出现直波形振痕	1. 砂轮不平衡	1. 注意保持砂轮平衡 (1) 新砂轮需经过两次静平衡 (2) 砂轮使用一段时期后，如果又出现不平衡，需要再作静平衡 (3) 砂轮停机前，先关掉切削液，使砂轮空转进行脱水，以免切削液聚集在下部而引起不平衡
	2. 砂轮硬度太高	2. 根据工件材料性质选择合适的砂轮硬度
	3. 砂轮钝化后没有及时修整	3. 及时修整砂轮
	4. 砂轮修得过细，或金刚石笔顶角已磨平，修出砂轮不锋利	4. 合理选择修整用量或翻身重焊金刚石，或对金钢石笔琢磨修尖
	5. 工件圆周速度过大，工件中心孔有多角形	5. 适当降低工件转速，修研中心孔
	6. 工件直径、重量过大，不符合机床规格	6. 改在规格较大的磨床上磨削，如受设备条件限制而不能这样做时，可以降低背吃刀量和纵向进给量以及把砂轮修得锋利些
	7. 砂轮主轴轴承磨损，配合间隙过大，产生径向圆跳动	7. 按机床说明书规定调整轴承间隙
	8. 头架主轴轴承松动	8. 调整头架主轴轴承间隙

（续）

工件缺陷	产 生 原 因	消 除 方 法
工件表面有螺旋形痕迹	1. 砂轮硬度高，修得过细，而背吃刀量过大	1. 合理选择砂轮硬度和修整用量，适当减小背吃刀量
	2. 纵向进给量太大	2. 适当降低纵向进给量
	3. 砂轮磨损，素线不直	3. 修整砂轮
	4. 金刚石在修整器中未夹紧或金刚石在刀杆上焊接不牢，有松动现象，使修出的砂轮凹凸不平	4. 把金刚石装夹牢固，如金刚石有松动，需重新焊接
	5. 切削液太少或太淡	5. 加大或加浓切削液
	6. 工作台导轨润滑油浮力过大使工作台漂起，在运行中产生摆动	6. 调整导轨润滑油的压力
	7. 工作台运行时有爬行现象	7. 打开放气阀，排除液压系统中的空气，或检修机床
	8. 砂轮主轴有轴向窜动	8. 检修机床
工件表面有烧伤现象	1. 砂轮太硬或粒度太细	1. 合理选择砂轮
	2. 砂轮修得过细，不锋利	2. 合理选择修整用量
	3. 砂轮太钝	3. 修整砂轮
	4. 背吃刀量、纵向进给量过大或工件的圆周速度过低	4. 适当减少背吃刀量和纵向进给量或增大工件的转速
	5. 切削液不充足	5. 加大切削液
工件有圆度误差	1. 中心孔形状不正确或中心孔内有污垢，铁屑尘埃等	1. 根据具体情况可重新修正中心孔，重钻中心孔或把中心孔擦净
	2. 中心孔或顶尖因润滑不良而磨损	2. 注意润滑，如已磨损需重新修正中心孔或修磨顶尖
	3. 工件顶得过松或过紧	3. 重新调节尾座顶尖压力
	4. 顶尖在主轴和尾座套筒锥孔内配合不紧密	4. 把顶尖卸下，擦净后重新装上
	5. 砂轮过钝	5. 修整砂轮
	6. 切削液不充分或供应不及时	6. 保证充足的切削液

（续）

工件缺陷	产 生 原 因	消 除 方 法
工件有圆度误差	7. 工件刚性较差而毛坯形状误差又大，磨削时余量不均匀而引起背吃刀量变化，使工件弹性变形，发生相应变化，结果磨削后的工件表面部分地保留着毛坯形状误差	7. 背吃刀量不能太大，并应随着余量减少而逐步减小，最后多作几次“光磨”行程
	8. 工件有不平衡重量	8. 磨削前事先加以平衡
	9. 砂轮主轴轴承间隙过大	9. 调整主轴轴承间隙
	10. 用卡盘装夹磨削外圆时，头架主轴径向圆跳动过大	10. 调整头架，主轴轴承间隙
工件有锥度	1. 工作台未调整好	1. 仔细找正工作台
	2. 工件和机床的弹性变形发生变化	2. 应在砂轮锋利的情况下仔细找正工作台。每个工件在精磨时，砂轮锋利程度、磨削用量和“光磨”行程次数应与找正工作台时的情况基本保持一致，否则需要用不均匀进给加以消除
	3. 工作台导轨润滑油浮力过大，运行中产生摆动	3. 调整导轨润滑油压力
	4. 头架和尾座顶尖的中心线不重合	4. 擦干净工作台和尾座的接触面。如果接触面已磨损，则可在尾座底下垫上一层纸垫或铜皮，使前后顶尖中心线重合
工件有鼓形	1. 工件刚性差，磨削时产生弹性弯曲变形	1. 减少工件的弹性变形 （1）减小背吃刀量，最后多作“光磨”行程 （2）及时修整砂轮，使其经常保持良好的切削性能 （3）工件很长时，应使用适当数量的中心架
	2. 中心架调整不适当	2. 正确调整撑块和支块对工件的压力
工件弯曲	1. 磨削用量太大	1. 适当减小背吃刀量
	2. 切削液不充分，不及时	2. 保持充足的切削液

（续）

工件缺陷	产生原因	消除方法
工件两端尺寸较小（或较大）	1. 砂轮越出工件端面太多（或太少）	1. 正确调整工作台上换向撞块位置，使砂轮越出工件端面约为$\left(\frac{1}{3}\sim\frac{1}{2}\right)$砂轮宽度
	2. 工作台换向时停留时间太长（或太短）	2. 正确调整停留时间
轴肩端面有跳动	1. 进给量过大，退刀过快	1. 进给时纵向摇动工作台要慢而均匀，“光磨”时间要充分
	2. 切削液不充分	2. 加大切削液
	3. 工件顶得过紧或过松	3. 调节尾座顶尖压力
	4. 砂轮主轴有轴向窜动	4. 检修机床
	5. 头架主轴推力轴承间隙过大	5. 调整推力轴承间隙
	6. 用卡盘装夹磨削端面时，头架主轴轴向窜动过大	6. 调整推力轴承间隙
台肩端面内部凸起	1. 进刀太快，“光磨”时间不够	1. 进刀要慢而均匀，并“光磨”至没有火花为止
	2. 砂轮与工件接触面积大，磨削压力大	2. 把砂轮端面修成内凹，使工作面尽量减狭，同时先把砂轮退出一段距离后吃刀，然后逐渐摇进砂轮，磨出整个端面
	3. 砂轮主轴中心线与工作台运动方向不平行	3. 调整砂轮架位置
台阶轴各外圆表面有同轴度误差	1. 与圆度误差原因1~5相同	1. 与消除圆度误差的方法1~5相同
	2. 磨削用量过大及“光磨”时间不够	2. 精磨时减小背吃刀量并多作“光磨”行程
	3. 磨削步骤安排不当	3. 同轴度要求高的表面应分清粗磨、精磨，同时尽可能在一次装夹中精磨完毕
	4. 用卡盘装夹磨削时，工件找正不对，或头架主轴径向圆跳动太大	4. 仔细找正工件基准面，主轴径向圆跳动过大时应调整轴承间隙

（续）

工件缺陷	产 生 原 因	消 除 方 法
表面粗糙度有误差	1. 机床运行不平稳，有爬行	1. 排出液压系统中空气，或检修机床
	2. 旋转件不平衡，轴承间隙大，产生振动	2. 装夹时加平衡物，做好平衡，检修机床
	3. 砂轮选用不当，粒度大、硬度低，修整不好	3. 合理选用砂轮的粒度、硬度，仔细修整砂轮，增加光修次数
	4. 磨削用量过大，砂轮圆周速度偏低	4. 适当减少背吃刀量和纵向进给量，提高砂轮圆周速度
	5. 切削液不充分，不清洁	5. 加大切削液，更换不清洁切削液
	6. 工件塑性大或材质不均匀	6. 减小工件塑性变形，最后多作几次光磨

复习思考题

1. 外圆磨削的方法有哪几种？各有什么特点？
2. 合理选择外圆磨削砂轮的原则有哪些？
3. 如何选择外圆磨削砂轮的磨料、硬度和粒度？
4. 试述砂轮在法兰盘上安装的步骤。安装时有哪些注意事项？
5. 试述砂轮在主轴上安装的步骤。安装时有哪些注意事项？
6. 试述砂轮静平衡的步骤。静平衡时有哪些注意事项？
7. 外圆砂轮修整的方法有哪些？
8. 试述外圆砂轮修整的步骤。修整时有哪些注意事项？
9. 对中心孔有哪些技术要求？修研中心孔有哪些方法？
10. 试述顶尖的种类、结构特点及其用途。
11. 用两顶尖装夹工件应注意哪些事项？
12. 试述常用夹头的种类及其用途？
13. 使用夹头应注意哪些事项？
14. 常用磨用心轴有哪几种？
15. 使用磨用心轴应注意哪些事项？
16. 光滑轴外圆磨削有何特点？
17. 试述用前、后顶尖支持工件磨削光滑轴外圆的操作步骤。

18. 试述光滑轴外圆磨削时的接刀方法和注意事项。

19. 台阶轴外圆磨削有何特点?

20. 试述磨削台阶轴外圆的操作步骤。

21. 台阶轴外圆磨削应注意哪些事项?

22. 如何测量台阶轴台阶端面的平面度误差和端面圆跳动误差?

23. 试述套圈类工件外圆磨削的特点和注意事项。

24. 试述磨削内圆未精加工的长套的外圆的操作步骤。

25. 外圆磨削产生的缺陷分析可用哪些方法?

26. 外圆磨削时，产生直波纹，工件表面有螺旋形痕迹的原因有哪些?如何消除?

27. 外圆磨削时，产生圆度、圆柱度误差的原因有哪些?如何消除?

28. 外圆磨削时，工件有锥度或有鼓形的原因有哪些?如何消除?

29. 外圆磨削时，影响并产生表面粗糙度误差的原因有哪些?如何防止?

第三章　内 圆 磨 削

培训要求　了解并掌握内圆磨削的方法、夹具和砂轮的选择与使用，典型零件磨削实例操作要领及缺陷分析。

第一节　内圆磨削的形式、特点和方法

内圆磨削是内孔的精加工方法，可以加工零件上的通孔、不通孔、台阶孔和端面等，因此在机械加工中得到广泛应用。

内圆磨削的成形运动与外圆磨削相同，工件安装在卡盘（或花盘）上，由主轴传动，砂轮除作高速旋转运动外，还作纵向运动和横向进给运动。

内圆磨削的尺寸公差等级可达 IT7～IT6 级，表面粗糙度为 $R_a0.8 \sim 0.2\mu m$。高精度磨削尺寸误差可控制在 0.005mm 以内，表面粗糙度可达 $R_a0.02 \sim 0.01\mu m$。

一、内圆磨削的形式

内圆磨削主要分为中心内圆磨削、行星内圆磨削和无心内圆磨削三种。

1. 中心内圆磨削　在普通内圆磨床或万能外圆磨床上磨削内孔（图 3-1a），磨削时工件绕头架主轴的中心线旋转。这种磨削方式适用于套筒、齿轮、法兰盘等零件内孔的磨削，生产中应用普遍。常用的 M2110 型内圆磨床见图 1-2。

2. 行星内圆磨削　行星内圆磨削时，工件固定不动，砂轮除了绕自己的轴线作高速旋转外，还绕所磨孔的中心线低速度旋转，以实现圆周进给。此外，砂轮还作纵向进给运动和周期性横向进给（见图 3-1b），砂轮的横向进给是依靠加大行星运动的回转半径 R 来实现的，目前生产中还应用很少。

3. 无心内圆磨削　在无心磨床上，工件以它经过精加工的

外圆支承在支持轮和压轮上，并由导轮传动使其旋转（图 3-1c)。这种磨削方式适宜磨削薄壁环形零件的内圆。

此外，还有一种电磁无心内圆磨削，主要是利用电磁无心夹具，装夹和驱动工件，可在普通内圆磨床或万能外圆磨床头架主轴上实现无心内圆磨削，可获得较高的形状位置精度。一般用于磨削滚动轴承套圈内圆。

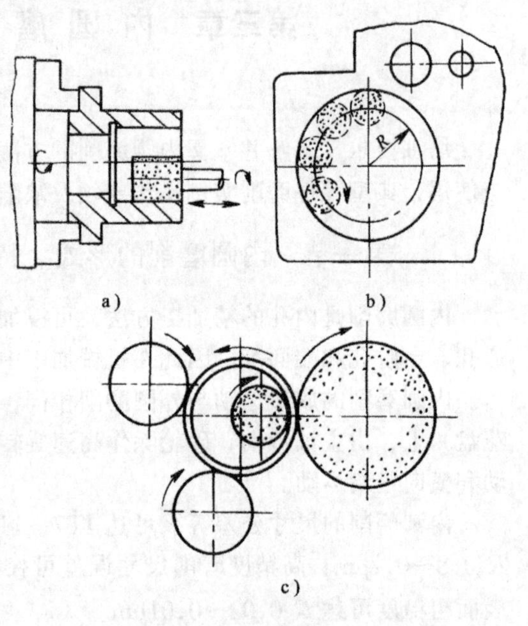

图 3-1　内圆磨削的形式

a）中心内圆磨削　b）行星内圆磨削　c）无心内圆磨削

二、内圆磨削的特点

与外圆磨削相比，内圆磨削有以下特点：

1）内圆磨削时，由于受到工件内孔的限制，所用砂轮的直径较小，砂轮转速又受到内圆磨具转速的限制（目前一般内圆磨具的转速在10000～20000r/min 之间)，因此磨削速度不高，一般在 20～30m/s 之间。由于磨削速度较低，工件的表面粗糙度值不易降低。

2）内圆磨削时，砂轮外圆与工件内孔成内切圆接触，其接触弧比外圆磨削大，因此磨削力和磨削热都比较大，磨粒容易磨钝，工件容易发热或烧伤、变形。

3）内圆磨削时，冷却条件较差，切削液不易进入磨削区域；磨屑也不易排出，当磨屑在工件内孔中积聚时，容易造成砂轮堵塞，并影响工件的表面质量。特别在磨削铸铁等脆性材料时，磨屑和切削液混合成糊状，更容易使砂轮堵塞，影响砂轮的磨削性能。

4）砂轮接刀轴的刚性比较差，容易产生弯曲变形和振动，对加工精度和表面粗糙度都有很大的影响，同时也限制了磨削用量的提高。

三、内圆磨削的方法

内圆磨削常用纵向磨削法和切入磨削法。

1. 纵向磨削法　内圆磨削的纵向法与外圆纵向磨削法相同。磨削通孔时，先根据工件孔径和长度选择砂轮直径和接长轴。接长轴的刚性要好，其长度只需略大于孔的长度（图 3-2a）。若接长轴太长，磨削时容易产生振动，影响磨削效率和加工质量。砂轮和接长轴选择后，便着手调整工作台的行程长度。行程长度 L 应根据工件孔长 L' 和砂轮在孔端越出长度 L_1 计算（图 3-2b）。砂轮越出孔端长度 L_1，一般是砂轮宽度 B 的 1/3～1/2。若 L_1

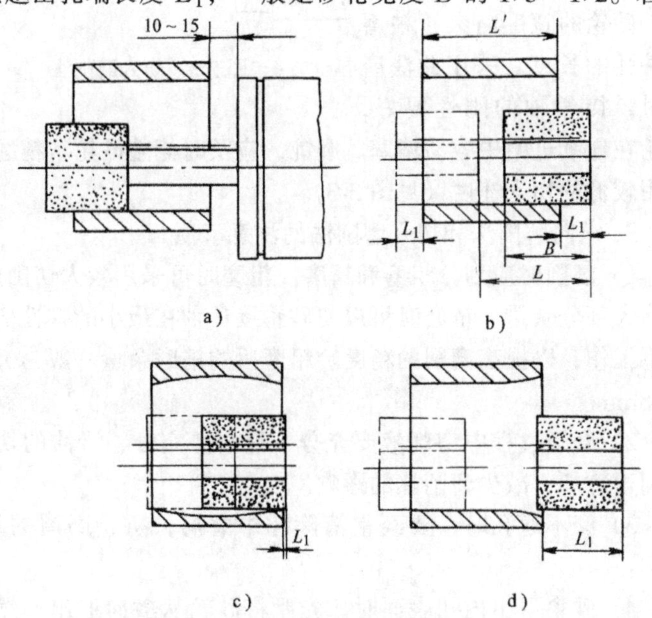

图 3-2　纵向磨削法

a）接长轴的长度　b）调整工作台行程长度

c）砂轮越出孔端长度太小　d）砂轮越出孔端长度太大

太小，孔端磨削时间短，则两端孔口磨去的金属就较少，从而使内孔产生中间大、两端小的现象（图 3-2c）；如果 L_1 太大，甚至使砂轮全部越出工件孔口，则接长轴的弹性变形消失，结果会把内孔两端磨成喇叭口（图 3-2d）。内圆纵向磨削法适于磨削长孔。

2. 切入磨削法　内圆磨削的切入法也与外圆切入磨削法相同，适用于磨削内孔长度较短的工件，生产效率较高。

内圆切入磨削法无纵向进给运动，只有横向进给运动，砂轮的宽度略大于被磨工件孔的长度。采用此法磨削时，接长轴的刚性要好，砂轮在连续进给中容易堵塞、磨钝，应及时修整砂轮。精磨时应采用较低的切入速度（见图 3-3）。

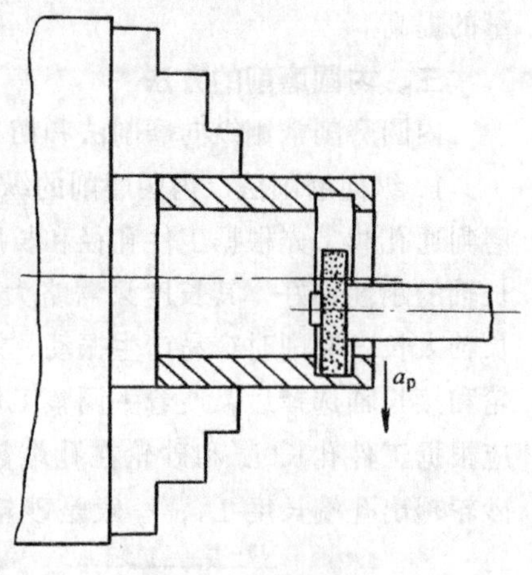

图 3-3　切入磨削法

3. 纵向磨削法和切入磨削法的注意事项

1）磨削时应划分粗磨和精磨。粗磨时可采用较大切削用量，磨除大部分余量。精磨时可以使砂轮接长轴在最小的弹性变形状态下工作，以提高磨削的精度。粗磨后的精磨余量一般为0.04～0.08mm。

2）磨削过程中切削液要充分、清洁。充分、清洁的切削液有利于冷却，减少磨削热的影响。

3）磨不通孔时，要经常清除孔中磨屑，防止磨屑的积聚、堵塞。

4）砂轮退出内孔表面时，先要将砂轮从横向退出，然后再在纵向进给方向退出，以免工件产生螺旋痕迹。

5）要注意控制内孔的锥度。磨削时砂轮不宜在孔端停留过久，以免孔口产生正锥度或倒锥度。

第二节　工件的装夹

内圆磨削时，工件的装夹方法很多，常用三爪自定心卡盘、四爪单动卡盘、花盘和组合夹具装夹，以及用中心架装夹和带动，具体可根据工件的形状、尺寸等来选用适合的装夹方法。

一、用三爪自定心卡盘装夹

1. 三爪自定心卡盘的结构　三爪自定心卡盘俗称三爪卡盘(图 3-4a)，三个卡爪装在卡盘体的径向槽内，成三等分分布。卡爪背面的螺旋齿与丝盘的阿基米德螺纹啮合。用扳手转动齿轮使丝盘回转，三个卡爪即径向等速移动，将工件夹紧或松开。三爪自定心卡盘的卡爪可根据工件直径调换方向，作正爪夹紧、反爪夹紧（图 3-4b）和反撑夹紧（图 3-4c)，适于装夹圆柱形工件和盘类工件。

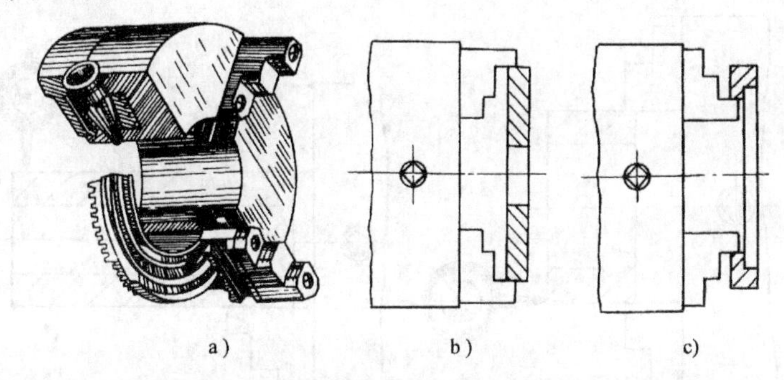

图 3-4　三爪自定心卡盘

a）三爪自定心卡盘的结构　b）反爪夹紧　c）反撑夹紧

2. 三爪自定心卡盘定心精度的调整　三爪自定心卡盘使用方便，能自动定心，但定心精度不高，一般中等尺寸的三爪自定心卡盘，工件夹紧后的径向圆跳动误差为 0.08mm，高精度的三爪自定心卡盘的径向圆跳动误差为 0.04mm。因此，加工精度要求较高的零件，用三爪自定心卡盘装夹后必须找正。对于成批磨削径向圆跳动量公差较小的零件，可以用调整卡盘自身定心精度的办法来提高装夹工件的定心精度。

调整的方法是：先把装三爪自定心卡盘的过渡盘上的定心台阶的外圆磨去0.4～0.5mm，使之与三爪自定心卡盘的配合孔之间有较大的间隙，卡盘体就可能在径向有较大的位移量，便于调整。调整时用百分表测量出工件外圆的径向圆跳动量，并用铜棒轻击卡盘体外圆，直到工件径向圆跳动量达到规定要求为止，调整后应紧固螺钉。三爪自定心卡盘经精细调整后，自定心精度可使工件径向圆跳动误差在0.02～0.01mm。

3. 工件的装夹　用三爪自定心卡盘装夹工件的方法分述如下：

(1) 较短工件的装夹　用三爪自定心卡盘装夹较短的工件时，工件端面易倾斜，须用百分表找正（图3-5a）。找正时先用百分表测量出工件端面圆跳动量，然后用铜棒敲击工件端面圆跳动的最大处，直至跳动量符合要求为止。

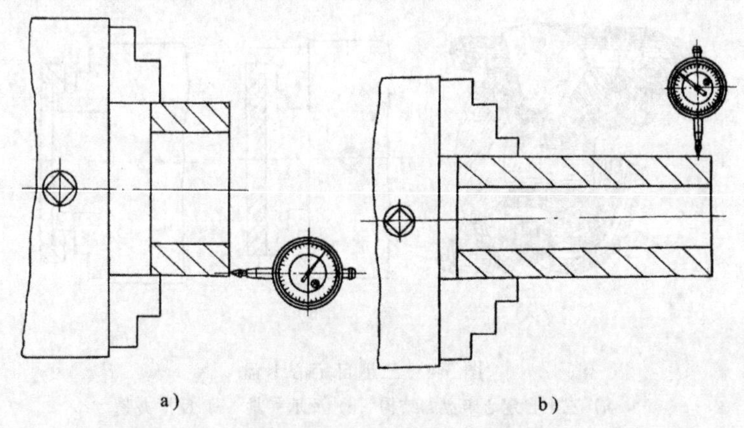

图3-5　工件在三爪卡盘上装夹找正
a）较短工件的装夹找正　b）较长工件的装夹找正

(2) 较长工件的装夹　用三爪自定心卡盘装夹较长的工件时，工件的轴线容易发生偏斜，需要找正工件远离卡盘端外圆的径向圆跳动误差。找正时用百分表测量出工件外圆径向圆跳动量的最大处，然后用铜棒敲击跳动量最大处，直至跳动量符合要求为止（图 3-5b）。

(3) 用反爪装夹工件　当工件外圆较大时，可采用反爪装夹工件（图 3-5b），其找正方法与前述相同。但使用时应拆卸卡盘卡爪，然后再改装为反爪形式。拆卸时退出卡爪后要清理卡爪、卡盘体和丝盘并加润滑油，再将卡爪对号装入。

4. 使用三爪自定心卡盘的注意事项

1）经常保持卡盘、卡爪和丝盘啮合处的清洁。使用一段时间后，可将三个卡爪拆卸一次，清除丝盘上的磨屑，使卡爪移动灵活。

2）卡爪的夹持部分要注意保护，找正时不能敲击卡爪，卡爪夹持部分如有“塌角”，允许适当修磨，以提高定心精度。精密工件装夹时，要在三个卡爪和工件间垫上同样厚度的铜垫片。

3）三爪自定心卡盘本身的定心精度较低，工件夹紧后的径向圆跳动量为 0.08mm 左右。精度较高的三爪自定心卡盘装夹工件时可不必找正。一般卡盘若用来成批磨削径向圆跳动允差较小的工件，应调整卡盘体安装间隙，调整的方法如前所述。

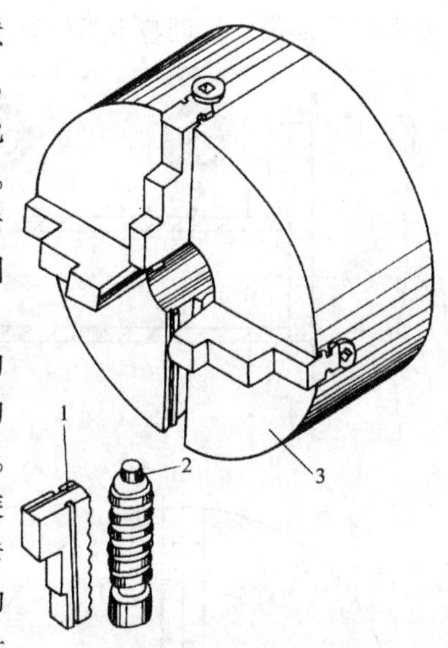

图 3-6　四爪单动卡盘
1—卡爪　2—螺杆　3—卡盘体

二、用四爪单动卡盘装夹工件

1. 四爪单动卡盘的结构　四爪单动卡盘俗称四爪卡盘。卡盘上有四个卡爪，每个卡爪都单独由一个螺杆来移动。卡爪的背面有半瓣螺纹与螺杆啮合，因而任一卡爪可单独移动（图 3-6）。四爪单动卡盘同样有正爪夹紧、反爪夹紧和反撑夹紧三种装夹方法，经仔细校正，可达到很高的定心精度。

四爪单动卡盘装夹时须按工件的加工要求采用划线盘或百分表找正工件位置。除可装夹圆柱形工件外，还可装夹外形不规则的工件，以及定心精度要求高的工件。

2. 工件的装夹　用四爪单动卡盘装夹工件的方法分述如下：

(1) 较长工件的装夹　用四爪单动卡盘装夹较长的工件时，工件夹持部位不要过长（约夹持 10～15mm），装夹时一般要找正工件两端（图 3-7a）。其步骤为：首先根据工件直径，利用钢直尺初步调整卡爪位置（见图 3-7b），并将工件夹紧；然后用百分表测量部位Ⅰ，调整卡爪位置。若用百分表测出工件外圆径向

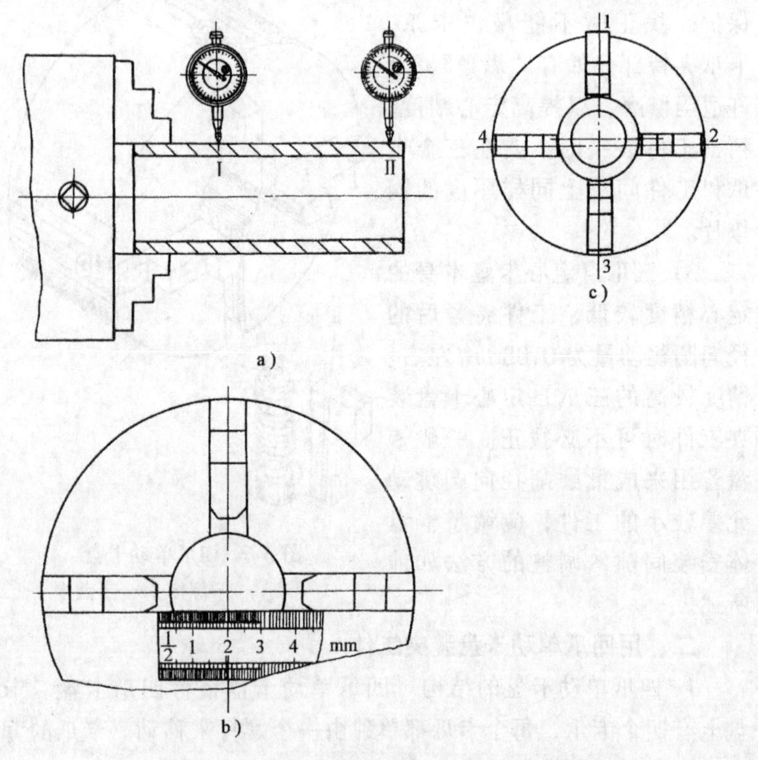

图 3-7　较长工件在四爪单动卡盘上装夹找正

a) 找正部位　b) 卡爪位置的初步调整　c) 部位Ⅰ的找正

圆跳动量的最大处在卡爪1附近（见图3-7c），则应适当放松卡爪3，夹紧卡爪1。经反复找正，使部位Ⅰ的径向圆跳动量在规定数值内；再用同样的方法找正部位Ⅱ。

找正时用铜棒敲击工件最高点，使径向圆跳动量在规定数值内。上述步骤需反复进行，才能将工件的径向圆跳动量调整至规定的范围内。用百分表找正，精度可达到0.005mm以下。

(2) 盘形工件的装夹　盘形工件一般以外圆和端面作为找正基准（见图3-8）。端面找正时，按百分表读数，哪一点高，就用铜棒敲击哪一点。外圆的找正仍用百分表测量，调整有关卡爪的松紧来找正，经反复找正后即可达到预定的要求。

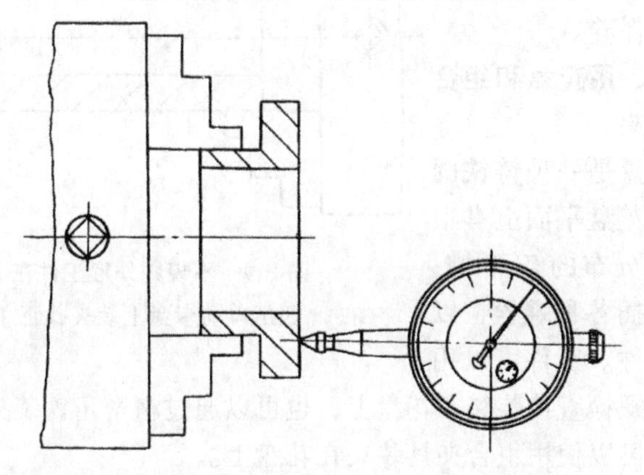

图3-8　盘形工件在四爪单动卡盘上装夹找正

(3) 外形不规则工件的装夹　有些工件一端外形呈不规则状，另一端则需要磨削内圆。这类工件适于用四爪单动卡盘装夹外形不规则的一端。装夹时，先用划线盘找正待磨削一端的外圆表面，初定回转中心，再用百分表测量外圆及内圆的径向圆跳动量，调整卡爪的松紧来进行找正，使之达到规定的范围（见图3-9）。

3. 使用四爪卡盘的注意事项

1) 卡爪松夹时要防止工件脱落。在装夹较重零件时，可将一卡爪转至垂直向下，以支承工件重量，然后夹紧上面对应的卡爪和两侧卡爪。

2）在卡爪和工件间可垫上铜衬片，这样既能避免卡爪损伤工件已加工面，又利于工件找正。

3）夹紧力要适当，要防止薄壁工件产生夹紧变形。

4）卡盘钥匙用后应立即取下，以防开机造成事故。

5）做好卡盘的定期拆卸保养。

三、用花盘和组合夹具装夹

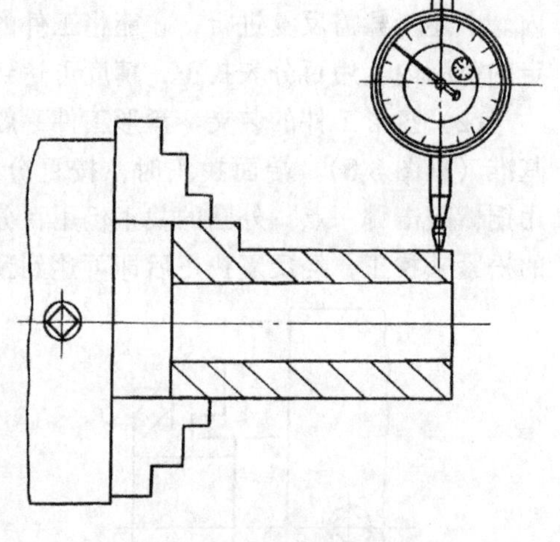

图 3-9 不规则外形工件在四爪单动卡盘上装夹找正

花盘是一种铸铁圆盘，在花盘平面上有很多径向分布的 T 形槽，可以安插各种螺栓，以夹紧工件。工件可以用压板和螺栓直接装夹在花盘上，也可以通过精密角铁装夹在花盘上，还可以使用组合夹具装夹在花盘上。

花盘主要用于装夹各种外形比较复杂的工件，如铣刀、支架、连杆等。

1. 在花盘上直接装夹工件　图 3-10 所示为在花盘上直接装夹工件。对不对称工件预加平衡块。

工件一端面贴紧花盘，用两组压板螺钉压在另一端面上。装夹时，要先找正花盘的端面圆跳动量，用铜棒敲击有关部位，使之在工件端面圆跳动允差之内。找正花盘时，先找正花盘外端面到内端面的端面圆跳动，然后重点找正略大于工件外径处的端面圆跳动，若此处端面圆跳动小于工件端面圆跳动允差，即可减少直接校正工件的时间。工件压紧后，以内圆表面为基准，找正内

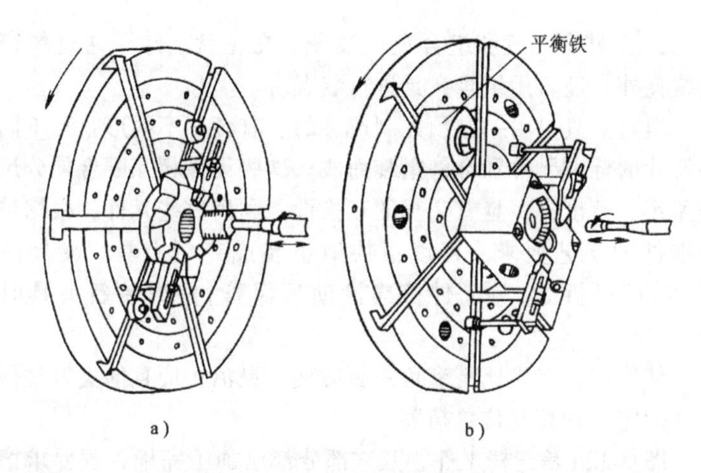

图 3-10　用花盘装夹工件
a）用压板螺钉压紧　b）加平衡块

孔的中心，需同时兼找正外圆，以保证内圆余量均匀，并保证以后外圆加工的磨削余量。接着，找正工件外端面的端面圆跳动，使其小于规定的误差范围。调整的方法是，将工件底面与花盘面之间垫上厚薄不均的铜皮压紧，经反复找正，使之达到规定要求，且可保证所磨内孔与端面的垂直度要求。

采用这种方法装夹，工件两平面须经磨削，保证其较小的平行度误差。

2. 在花盘上通过精密角铁装夹工件　如图 3-11 所示，工件装在精密角铁上，精密角铁则用螺栓、螺母固定在花盘的 T 形槽内。装夹时，用调整角铁位置的方法来找正工件的回转中心。安装前，需先找正花盘的端面圆跳动量，且角铁的垂直面须极其精确，才能保证工件的磨削精度。

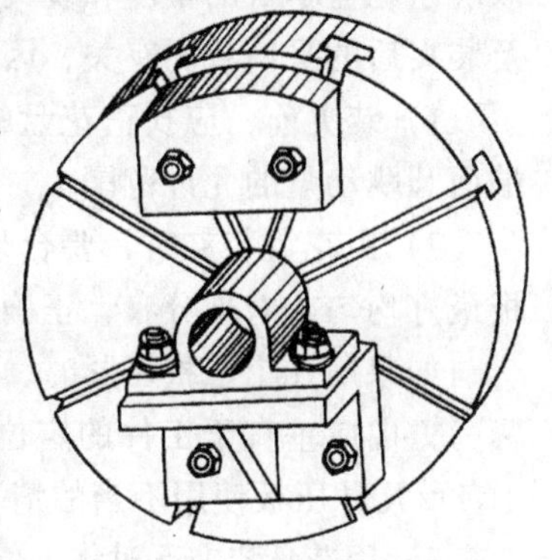

图 3-11　用花盘和精密角铁装夹工件

3. 工件用花盘和组合夹具装夹　在花盘上除了通过精密角铁装夹外，还可用组合夹具进行装夹。

组合夹具是由一套预先制造好的、有各种不同形状、不同规格尺寸的标准元件和合件组装而成。这些元件相互配合部分尺寸公差小、硬度高，且有完全的互换性。利用这些元件，根据被加工零件的工艺要求，可以很快地组装成专用夹具。夹具使用完毕，可以拆开，将元件擦净涂油后保管，待组装新夹具时使用。

使用组合夹具比精密角铁更方便、灵活，而且能更好地保证工件的定位和相互位置精度。

图 3-12a 是连杆工件，其它部分都已加工完毕，现要求磨削 ϕ110H6 内孔，该孔与 ϕ20H7 孔距为 125mm ± 0.02mm，平行度公差 0.02mm。该工件用卡盘或花盘来装夹显然无法达到技术要求，现采用组合夹具装夹，如图 3-12b 所示。工件装在组合夹具上后，再用压板螺钉装夹在花盘上，经找正即可进行磨削。

4. 用花盘装夹的注意事项　用花盘装夹工件时，装夹精度取决于花盘本身的精度和装夹找正的精度，还与压板夹紧力方向及装夹后的平衡状况有关，因此须注意如下事项：

1）装夹前，应找正花盘的端面圆跳动量，使之不大于工件端面圆跳动量的允许范围。

2）用花盘装夹时，要合理选择压板的数量和压紧位置，压板最好均匀或对称分布，正确采用装夹方法（见图 3-13）。

如果用几个压板压紧时，夹紧力要均匀，压板要放平稳，夹紧力方向应垂直于工件的定位基准面（图 3-13a），图 3-13b、c、d 表示几种压板使用不当的情况，在装夹时要避免。

3）用花盘装夹不对称工件时，应在花盘上工件相对位置加一平衡块，并适当调整它的位置，以使花盘保持平衡（图 3-10b）。

四、用中心架装夹和带动

磨削较长的轴套类工件内孔时，可以采用卡盘和中心架装夹工件，以提高工件安装定位的稳定性。卡盘一般用四爪单动卡

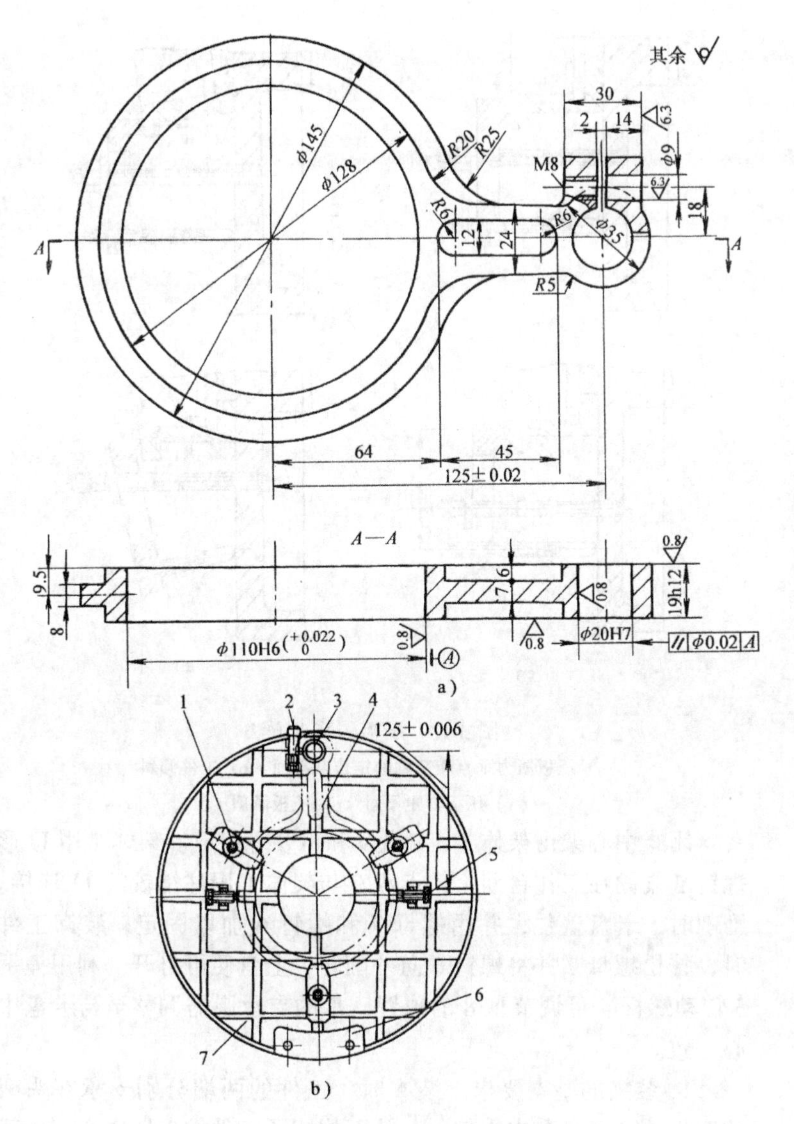

图 3-12　磨连杆孔组合夹具

a）连杆　b）磨连杆孔组合夹具

1—压板组合　2—螺钉　3—定位销　4—工件　5—定位件　6—平衡块　7—底盘

盘，中心架则采用闭式中心架（见图 3-14）。

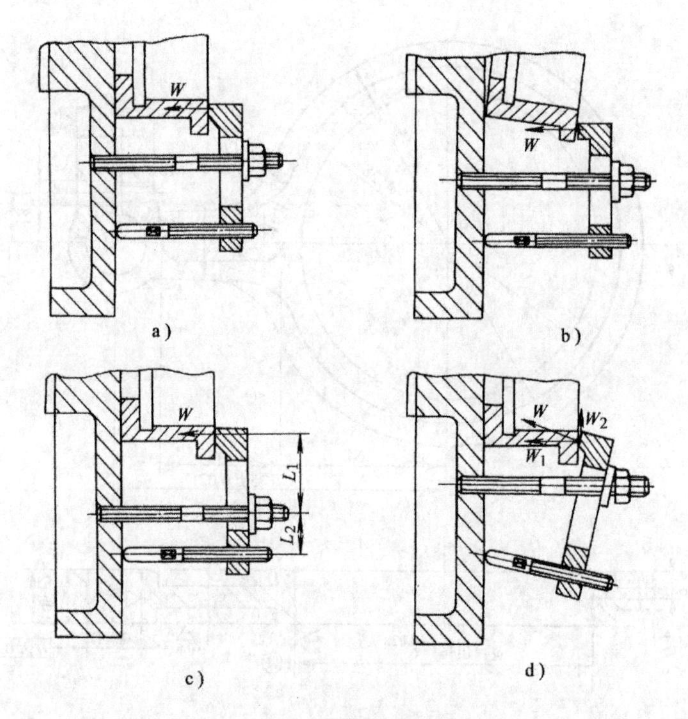

图 3-13　压板的装夹方法

a）压板压力垂直于工件的定位基准面　b）工件倾斜

c）压板力矩不对　d）压板倾斜

闭式中心架由架体 1、卡盘 9 和爪 8 等组成。架体 1 用 U 形螺钉 2 紧固在工作台面上，卡盘 9 与架体 1 用柱销铰链 11 连接。磨削时，卡盘盖住，并用螺母 7 和螺钉 6 加以固定；装卸工件时，拧松螺母 7 并将螺钉 6 向外翻转，上盘便可打开。利用捏手 3 转动螺杆 4 可调节爪 8 的位置，爪的支承圆需调整至与卡盘中心一致。

1. 装夹的基本要求　装夹时，工件的两端分别支承在头架的四爪单动卡盘和中心架上，从而构成了工件的旋转中心。头架转动时，卡盘夹持着工件围绕着中心架爪端支承带动回转。为了使工件稳定定位，需调整好中心架中心，使之与磨床头架主轴中心相重合（图 3-15a）。

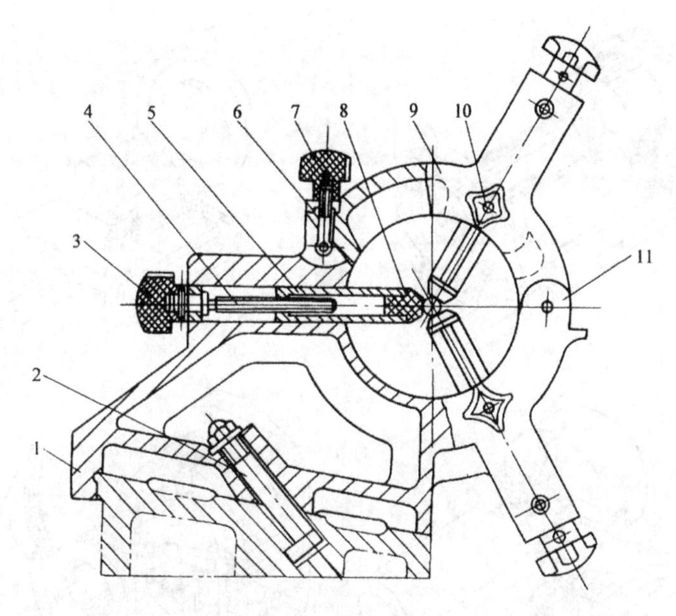

图 3-14　闭式中心架

1—架体　2—螺钉　3—捏手　4—螺杆　5—支承　6—螺钉　7—螺母　8—爪　9—卡盘　10—夹紧捏手　11—铰链

2．操作步骤

1）调整头架。调整时以工作台侧面为基准，用百分表找正量棒侧素线与工作台侧面平行，要求平行度误差在0.01mm以内（图 3-15b）。

2）找正工件。用四爪单动卡盘装夹工件，先找正工件近卡盘端外圆，然后移动桥板，用百分表找正工件的上素线和侧素线，使工件的轴线位置与头架主轴轴线相重合（图 3-15c）。

3）调整中心架下端支承，使两个支承头与工件外圆接触（图 3-15d）。

4）锁紧中心架上端支承。

5）回转工件，检查中心架支承的松紧程度是否适宜。

6）检查工件外圆径向圆跳动量。用百分表测量找正，使之在规定范围内。

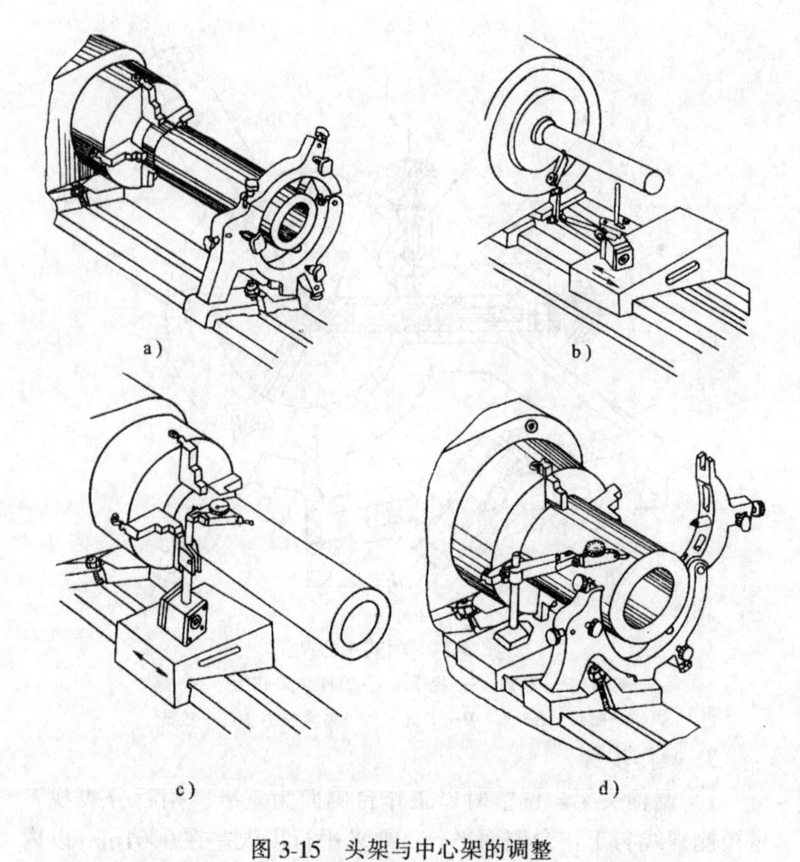

图 3-15　头架与中心架的调整

a) 装夹方法　b) 用量棒调整头架　c) 找正工件　d) 调整中心架

3. 注意事项

1) 四爪单动卡盘夹持工件的长度要短，且在卡爪与工件间垫上铜衬片，以便于找正工件，并可防止工件发生过定位。

2) 中心架中心与头架中心要一致，以防止工件在回转时脱落。发现工件突然窜动脱落时，应重新调整中心架。当工件突然向头架方向窜动时，说明中心架中心太高；当工件向中心架方向窜动时，则说明中心架中心太低。

3) 要特别注意调整中心架下端两支承的位置，上端支承的夹紧力要适当，以使工件回转自如。

4）要适当提高工件外圆基准面的圆度精度。

5）中心架支承处要润滑良好，并要防止磨屑、砂粒嵌入划伤工件。

第三节　内圆砂轮的选择和安装

一、内圆砂轮的选择

1. 砂轮直径的选择　在内圆磨削中，砂轮直径的选择是一个比较复杂的问题。为了获得较理想的磨削速度，最好采用接近孔径尺寸的砂轮。但是，当砂轮直径增大后，砂轮与工件的接触弧也随之增大，致使磨削热增大，且冷却和排屑更加困难。为了取得良好的磨削效果，砂轮直径与被磨工件孔径应有适当的比值，这一比值通常在0.5～0.9之间。当工件孔径较小时，主要矛盾是砂轮圆周速度低，此时可取较大的比值；当工件孔径较大时，砂轮的圆周速度较高，而发热量和排屑成为主要问题，故应取较小的比值。表3-1列出了孔径 $\phi12 \sim \phi100$mm 范围内选择砂轮直径的参考数据。当工件直径大于 $\phi100$mm 时，要注意砂轮的圆周速度不应超过砂轮的安全圆周速度。

表3-1　内圆砂轮直径的选择　（mm）

被磨孔的直径	砂轮直径 D_0	被磨孔的直径	砂轮直径 D_0
12～17	10	45～55	40
17～22	15	55～70	50
22～27	20	70～80	65
27～32	25	80～100	75
32～45	30		

2. 砂轮宽度的选择　采用较宽的砂轮，有利于降低工件表面粗糙度值和提高生产效率，并可降低砂轮的磨耗。但砂轮也不能选得太宽，否则会使磨削力增大，从而引起砂轮接长轴的弯曲变形。在砂轮接长轴的刚性和机床功率允许的范围内，砂轮宽度可以按工件长度选择，参见表3-2。

表3-2　内圆砂轮宽度的选择　（mm）

磨削长度	14	30	45	＞50
砂轮宽度	10	25	32	40

3. 砂轮硬度的选择　内圆磨削接触面较大，工件散热条件差，只有充分发挥砂轮的“自锐性”，才能减小磨削力和磨削热，所以应该选用较软的砂轮。通常，内圆磨削所用砂轮比外圆磨削所用砂轮的硬度要低 1～2 小级。在磨削长度较长的小孔时，为避免工件产生锥度，砂轮的硬度则不宜太低。一般内圆砂轮的硬度为 K～N。

4. 砂轮粒度的选择　为了提高磨粒的切削能力，同时避免烧伤工件，应选用较粗的粒度。内圆磨削常用的砂轮粒度为 36#、46# 和 60#。

5. 砂轮组织的选择　内圆磨削排屑困难，为了有较大的空隙来容纳磨屑，避免砂轮过早堵塞，内圆磨削所用砂轮的组织应比外圆砂轮组织疏松 1～2 号。

6. 砂轮形状的选择　内圆磨削常用的砂轮形状有平形砂轮和单面凹砂轮两种。单面凹形砂轮除可磨削内孔外，还可磨削台阶孔的端面。

内圆砂轮的特性综合选择可参考表 3-3。

表 3-3　内圆砂轮的选择

加工材料	磨削要求	砂轮的特性			
		磨料	粒度	硬度	结合剂
未淬火的碳素钢	粗　磨	A	24～46	K～M	V
	精　磨	A	46～60	K～N	V
铝	粗　磨	C	36	K～L	V
	精　磨	C	60	L	V
铸铁	粗　磨	C	24～36	K～L	V
	精　磨	C	46～60	K～L	V
纯铜	粗　磨	A	16～24	K～L	V
	精　磨	A	24	K～M	B
硬青铜	粗　磨	A	16～24	J～K	V
	精　磨	A	24	K～M	V
调质合金钢	粗　磨	A	46	K～L	V
	精　磨	WA	60～80	K～L	V
淬火的碳钢及合金钢	粗　磨	WA	46	K～L	V
	精　磨	PA	60～80	K～L	V
渗氮钢	粗　磨	WA	46	K～L	V
	精　磨	SA	60～80	K～L	V
高速钢	粗　磨	WA	36	K～L	V
	精　磨	PA	24～36	M～N	B

二、内圆砂轮的安装

内圆砂轮一般都安装在砂轮接长轴的一端，而接长轴的另一端与磨头主轴联接，也有些磨床内圆砂轮是直接安装在内圆磨具的主轴上的。

1. 内圆砂轮的紧固　砂轮的紧固有用螺纹紧固和用粘接剂紧固两种方法。

（1）用螺纹紧固　是内圆砂轮常用的安装方法（图 3-16a、b）。由于螺纹有较大的夹紧力，故可以使砂轮安装得比较牢固。

用螺纹紧固内圆砂轮应注意以下事项：

1）砂轮内孔与接长轴的配合间隙要适当，不要超过 0.2mm。如果间隙过大，可以在砂轮内孔与接长轴间垫入纸片，以免砂轮装偏心而产生振动或造成砂轮工作时松动。

2）砂轮的两个端面必须垫上黄纸片等软性衬垫，衬垫厚度以 0.2～0.3mm 为宜，这样可以使砂轮夹紧力均匀、紧固可靠。

3）承压砂轮的接长轴端面要平整，接触面不能太小，否则会减少摩擦面积，不能保证砂轮紧固的可靠性。

4）紧固螺钉的承压端面与螺纹要垂直，以使砂轮受力均匀。

5）紧固螺钉的旋转方向应与砂轮旋转方向相反，在磨削力作用下，可以保证砂轮不会松动。

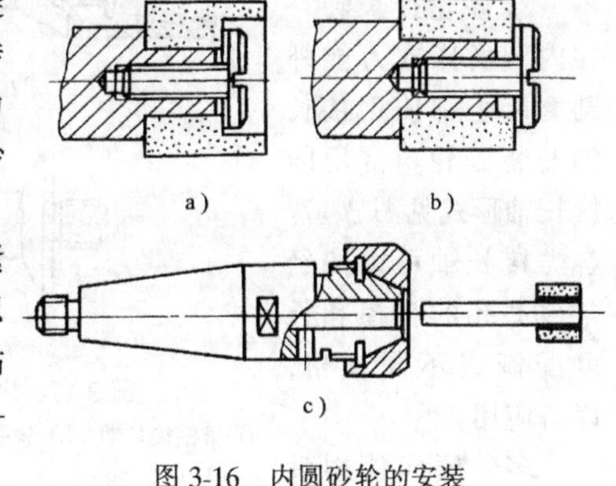

图 3-16　内圆砂轮的安装

a)、b) 用螺纹紧固连接　c) 用粘接剂紧固

（2）用粘接剂紧固　直径 ϕ15mm 以下的小砂轮，常用粘接剂紧固（见图 3-16c）。

常用的粘接剂是用磷酸溶液（H_3PO_4）和氧化铜（CuO）粉末调配而成的一种糊状混合物。粘接时，接长轴与砂轮应有 0.2～0.3mm 的间隙，为提高砂轮的粘牢程度，可以将接长轴的外圆压成网纹状，粘接剂应充满砂轮与接长轴之间的间隙，待自然干燥或烘干，冷却 5min 左右即可。

用粘接剂紧固砂轮时应注意以下事项：

1）调配时须将氧化铜粉末放在瓷质容器内，渐渐注入磷酸溶液，同时不断搅拌，要调拌均匀，浓度要适当。

2）粘接剂一定要充满砂轮孔与接长轴之间的间隙。

3）凝固后可用电炉烘干，但时间不宜太长，否则磷酸铜在电炉加热快速凝固过程中，体积会急剧膨胀，使砂轮胀裂。可用肉眼观察粘接剂颜色，当粘接剂显出暗绿色时，应立即停止加热。

粘接剂的配方很多，例如有的工厂用万能胶粘接，但由于砂轮磨削时发热，砂轮会脱落，因此效果较差。也有采用硫磺作粘接剂，方法是，先将硫磺化为液体涂在接长轴与砂轮内孔间，冷却 5min 左右即可使用。

2. 砂轮接长轴

在内圆磨床或万能外圆磨床上都使用接长轴安装砂轮。常用的接长轴形式见图 3-17。各类接长轴可以按经常被磨孔的孔径和长度配制成不同规格，以备应用。

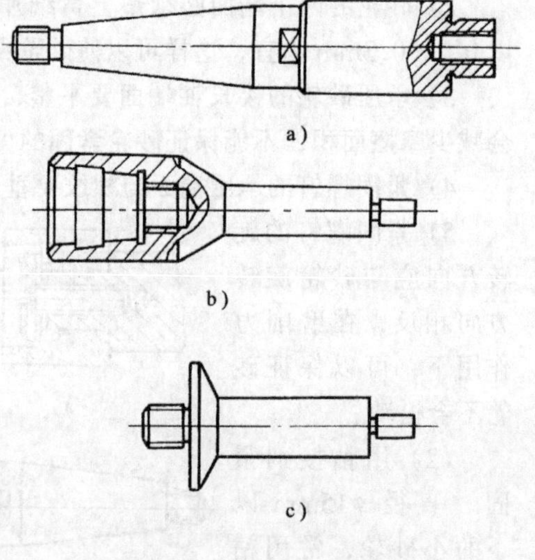

图 3-17　内圆砂轮接长轴
a）锥柄接长轴　b）锥孔接长轴　c）圆柱柄接长轴

多数磨床使用带外锥的砂轮接长轴，锥体规格一般为莫氏锥度或 1:20 锥体。接长轴一般用 40Cr 钢制造，并经过热处理淬硬，为提高刚性，则可用 W18Cr4V 高速钢制造接长轴。

使用接长轴时应注意以下事项：

1）从主轴上装拆接长轴时，要弄清接长轴螺纹的旋向。当内圆砂轮逆时针旋转时，螺纹是右旋；反之，则是左旋。

2）接长轴的锥面与磨头主轴的接触面要好，一般应大于90%，表面不应有拉毛痕迹。

3）接长轴各旋转表面的同轴度误差要小，一般其误差应控制在0.01mm以内，以保证砂轮平稳地高速旋转。

三、内圆砂轮的修整

在内圆磨削过程中，要及时修整砂轮，使砂轮经常保持锋利状态。

用钝化了的砂轮磨削，由于砂轮切削能力的丧失，砂轮与工件间的摩擦会加剧，易使工件产生振动和烧伤波纹，增大工件表面的粗糙度值。对内圆砂轮来说，砂轮的接长轴会产生明显的弯曲变形，影响加工精度。

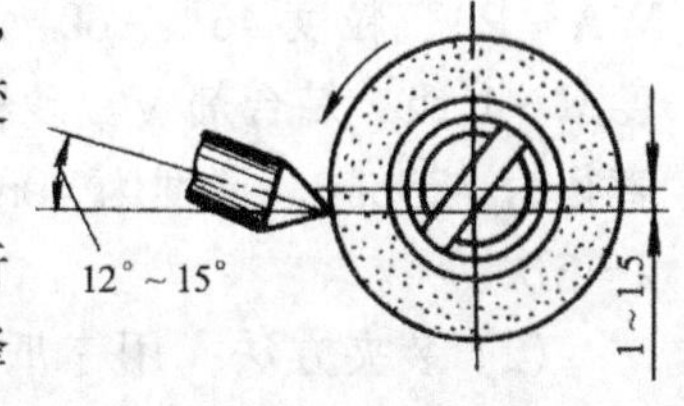

图3-18　内圆砂轮的修整

内圆砂轮通常用金刚石笔进行修整，修整用的金刚石笔尖必须锋利，笔尖的位置要顺着砂轮旋转方向向下偏移1～1.5mm，且金刚石笔轴线要与砂轮水平中心线成12°～15°夹角（见图3-18）。

修整直径较小的砂轮，应将主轴缩短，以增强接长轴的刚性，确保修出正确形状的砂轮。

当修整新安装的内圆砂轮时，可先用碳化硅砂轮的碎块对砂轮作粗略的修整，这样可以避免砂轮与接长轴因同轴度误差而引起的砂轮跳动，保证砂轮用金刚石笔修整时的平稳性。用砂轮碎块修整时应注意安全操作，砂轮旋转时用点动法。

第四节　内圆磨削实例

一、通孔磨削

例1　磨套筒内圆

1. 图样和技术要求分析　图 3-19 为一套筒工件，材料为 40Cr 合金钢，经热处理淬火，硬度为 46～50HRC。

该工件外圆已磨好，可作为定位基准，其内孔尺寸为 $\phi 30^{+0.013}_{0}$ mm，圆柱度公差为 0.005mm，表面粗糙度为 $R_a 0.8\mu m$，属一般难度工件。

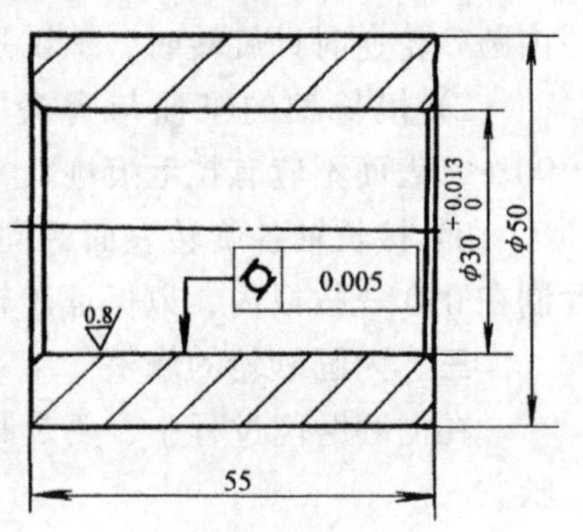

技术要求
材料 40Cr，热处理淬硬 46～50HRC。
图 3-19　套筒

根据该工件的材料、热处理状况和加工技术要求，进行如下选择和分析：

(1) 砂轮的选择　根据表 3-3，选用的砂轮特性为：磨料 WA～PA，粒度 46#～60#，硬度 K～L 级，结合剂 V。砂轮的直径为 $\phi 25$mm，宽度为 40mm。修整砂轮选用金刚石笔，修整 2～3次。

(2) 装夹方法　用三爪自定心卡盘或四爪单动卡盘装夹工件，装夹时要进行找正。

(3) 磨削方法　采用纵向法磨削，磨削时要合理调整工作台的行程，正确控制砂轮越出工件孔口的长度，不能使砂轮完全越出，以免形成喇叭口。一般，砂轮越出孔口长度为砂轮宽度的 1/3～1/2。磨削时，注意控制工件内孔的圆柱度。当精磨时，若工件局部圆柱度误差较大，可作局部的修正，即在局部适当地增加砂轮的纵向进给时间。

(4) 切削液的选择　切削液选用乳化液，磨削过程中要充分冷却。

2. 操作步骤　在 M2110 型内圆磨床上进行操作。

(1) 操作前检查、准备

1) 用三爪自定心卡盘装夹工件。

2) 找正工件外圆，径向圆跳动误差不大于 0.005mm。

3）修整砂轮。

4）检查内圆磨加工余量。

5）调整工作台行程挡铁位置，砂轮越出孔口长度为15～20mm。

（2）粗磨内圆　磨至 $\phi29.95^{+0.03}_{+0.01}$mm，圆柱度误差不大于0.005mm，表面粗糙度 $R_a0.8\mu m$ 以下。

（3）精修整砂轮　最后光修2～3次。

（4）精磨内圆　保证尺寸 $\phi30^{+0.013}_{0}$mm，圆柱度误差不大于0.005mm，表面粗糙度 $R_a0.8\mu m$ 以下。

例2　磨长导套

1. 图样和技术要求分析　图3-20为长导套，材料为38CrMoAlA合金钢，经粗加工后调质处理，再经半精加工，进行渗氮处理，硬度为700HV。

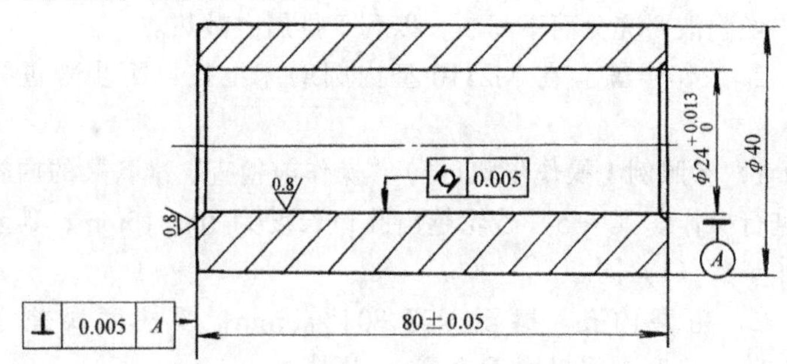

技术要求

材料38CrMoAlA，粗加工后调质220～250HBS，半精加工后渗氮700HV。

图3-20　长导套

该工件先磨削内孔，然后再以孔为基准最终磨削外圆，工艺要求磨出内孔同时磨出左端面，以保证端面与内外圆轴线的垂直度要求，另一端面则由平磨完成。其内孔尺寸为 $\phi24^{+0.013}_{0}$mm，圆柱度误差为0.005mm以下，表面粗糙度为 $R_a0.4\mu m$ 以下，左端面与内孔轴线垂直度误差为0.005mm，表面粗糙度为 $R_a0.8\mu m$，属一般复杂程度零件。

根据该工件的材料、热处理状况和加工技术要求，进行如下选择和分析：

(1) 砂轮的选择　工件为渗氮钢，选用的砂轮特性为：磨料WA～SA，粒度46#～60#，硬度K～L级，结合剂V。砂轮的直径为ϕ20mm，宽度为40mm，修整砂轮选用金刚石笔，因孔径不大且较深，应适当增加修整次数，必要时应更换备用的砂轮，砂轮选用单面凹形。

(2) 装夹方法　用高精度三爪自定心卡盘或四爪单动卡盘装夹，因工件较长，夹持长度应大于10～15mm，装夹时须进行找正。

(3) 磨削方法　采用纵向磨削法，因为磨削行程较长，所以需要划分粗磨、半精磨和精磨来完成。

(4) 切削液的选择　切削液选用乳化液，因为孔深，排屑不便，切削液要充分而不间断，以利于排屑、散热。

2. 操作步骤　在M2110型内圆磨床上按以下步骤进行操作。

1) 参照例1操作步骤 (1) “操作前检查、准备”的内容要求进行操作。其中5) 砂轮越出孔口长度为10～15mm，其余与操作步骤 (1) 同。

2) 粗磨内孔。磨至$\phi 23.80^{+0.08}_{+0.05}$mm，圆柱度误差小于0.005mm，表面粗糙度$R_a0.8\mu$m以下。

3) 修整砂轮。

4) 半精磨内孔。磨至$\phi 23.95^{+0.03}_{+0.01}$mm，圆柱度误差小于0.003mm，表面粗糙度$R_a0.8\mu$m以下。

5) 磨出左端面，留精磨余量0.05～0.08mm，并保证另一端面有0.3～0.4mm磨削余量，垂直度误差小于0.005mm。

6) 精修整砂轮。精修砂轮外圆和端面。若砂轮钝化较严重，外径尺寸小于ϕ15mm，可更换新砂轮，并对砂轮作精细修整。

7) 精磨内孔。磨至$\phi 24^{+0.013}_{0}$mm，圆柱度误差小于

0.005mm，表面粗糙度 $R_a0.4\mu m$ 以下。

8）精磨左端面。表面粗糙度为 $R_a0.8\mu m$ 以下，且保证另一端面有0.3～0.4mm 磨削余量。左端面对内孔轴线垂直度误差小于 0.005mm。

二、台阶孔磨削

例 1 磨轴套台阶孔

1. 图样和技术要求分析　图3-21为一轴套工件，材料为铸铁，内孔 $\phi30^{+0.02}_{0}$mm 对内孔 $\phi35^{+0.016}_{0}$mm 的同轴度公差要求为 $\phi0.01$mm，内孔 $\phi35$mm 的圆柱度公差要求为 0.005mm，二内孔与台阶端面的表面粗糙度均为 $R_a0.8\mu m$，属一般要求工件。

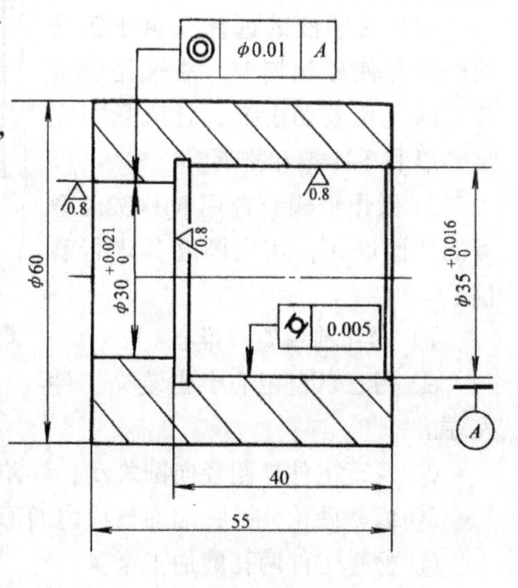

图 3-21　轴套

根据该工件的材料与加工技术要求，进行如下分析和选择。

(1) 砂轮的选择　工件为铸铁材料，选用砂轮的特性为：磨料 C，粒度 36#～46#，硬度 K～L 级，结合剂 V。砂轮直径 $\phi25$mm、宽度 32mm 的平凹形砂轮。磨端面时，须将砂轮端面修成内凹形（见图 3-22），以减少砂轮与工件的接触。修整砂轮用金刚石笔。

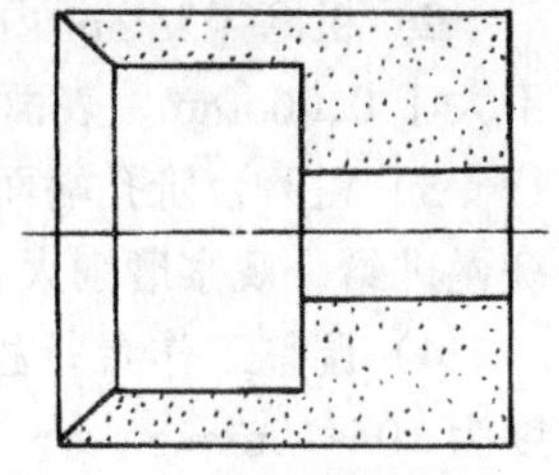
图 3-22　砂轮端面修成内凹形

(2) 装夹方法　工件用三爪自定心卡盘装夹，装夹时须进行找正。为保证同轴度公差，工件要在一次装夹中磨削完毕。

(3) 磨削方法　$\phi35$mm 内圆采用纵向磨削法磨削，$\phi30$mm 内圆可采用切入磨削法磨削。要正确调整机床工作台的行程，特别要仔细调整砂轮在内圆退刀槽处的位置，以免砂轮与台阶端面碰撞（见图 3-23）。磨削时两内孔均分粗、精加工，先磨孔，再磨台阶孔端面，磨削时砂轮在内孔退刀槽处应有一定的停留时间。

(4) 切削液的选择　由于铸铁的磨屑易使砂轮堵塞，故选用含量较低的乳化液切削液，且流量要充足，以利于冷却和排屑。

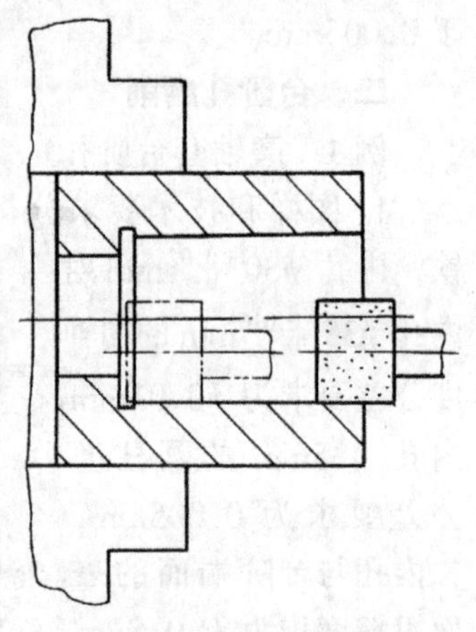

图 3-23　磨台阶孔时工作台行程的调整

2. 操作步骤　选用 M1432A 型万能外圆磨床，用内圆磨具进行磨削。

1）操作前检查、准备。

① 用三爪自定心卡盘装夹工件左端。

② 找正工件外圆径向圆跳动，误差不大于 0.005mm。

③ 修整砂轮外圆，端面修成内凹形。

④ 检查工件两孔磨加工余量。

⑤ 调整工作台行程挡铁位置，控制砂轮在内孔退刀槽处的位置。

2）粗磨 $\phi35$mm 内孔，磨至 $\phi34.95^{+0.03}_{+0.01}$mm，圆柱度误差不大于 0.005mm，表面粗糙度 $R_a0.8\mu$m。

3）粗磨台阶孔端面。磨时砂轮横向退出 0.2mm 左右，然后缓慢进给，观察磨削火花情况，磨光即可。

4）调整工作台行程挡铁位置，砂轮在 $\phi30$mm 孔口越出长度为 10～15mm。

5）粗磨 $\phi30$mm 内孔，磨至 $\phi29.95^{+0.03}_{+0.01}$mm，同轴度误差不大于 $\phi0.01$mm，表面粗糙度 $R_a0.8\mu$m。

6）如操作步骤 1）中⑤的方法调整工作台行程挡铁位置，控制砂轮在 ϕ35mm 内孔退刀槽处位置。

7）精修整砂轮外圆，端面修成内凹形。

8）精磨 ϕ35mm 内孔，磨至 $\phi35^{+0.016}_{0}$mm，圆柱度误差不大于 0.005mm，表面粗糙度 $R_a0.8\mu m$ 以下。

9）精磨台阶端面，表面粗糙度 $R_a0.8\mu m$ 以下。

10）如操作步骤 4）的方法调整工作台行程挡铁位置，砂轮在 ϕ30mm 孔口越出的长度为 10～15mm。

11）精磨 ϕ30mm 内孔，磨至 $\phi30^{+0.021}_{0}$ mm，对 $\phi35^{+0.016}_{0}$ mm 轴线的同轴度误差不大于 0.005mm，表面粗糙度 $R_a0.8\mu m$ 以下。

例 2　磨空心轴两端台阶孔

1. 图样和技术要求分析　图 3-24 所示为空心轴工件，材料

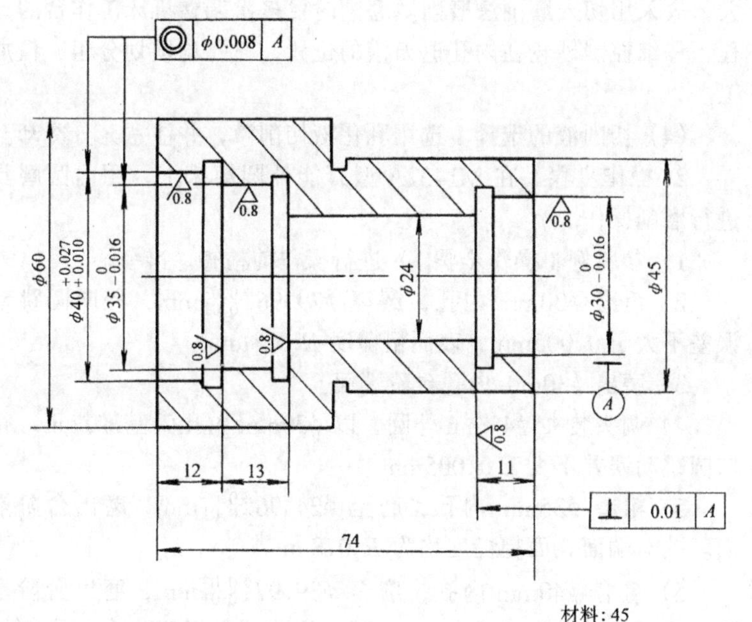

图 3-24　空心轴

为 45 钢，两端有台阶孔 $\phi30_{-0.016}^{\ 0}$ mm 和 $\phi35_{-0.016}^{\ 0}$ mm、$\phi40_{+0.010}^{+0.027}$mm，同轴度公差为 0.008mm，右端孔台阶端面垂直度公差为 0.01mm，三孔与三个台阶端面的表面粗糙度均为 $R_a0.8\mu m$，属一般复杂程度工件。

根据该工件的材料与加工技术要求，进行如下选择和分析。

（1）砂轮的选择　选用的砂轮特性为：磨料 A；粒度 24#～46#；硬度 K～M；结合剂 V。砂轮的直径为 $\phi25$mm，宽度取 20mm，采用平凹形砂轮。磨端面时，需将砂轮端面修成内凹形。修整砂轮用金刚石笔。

（2）装夹方法　工件两端有台阶孔，需反复调头装夹。为保证同轴度要求，采用高精度三爪自定心卡盘装夹，以节省找正时间。

（3）磨削方法　由于三个孔均有台阶端面，且孔的长度不大，故采用切入磨削法磨削。磨削时要多次调整机床工作台的行程，仔细控制砂轮在内孔退刀槽的位置，三孔均须划分粗、精加工。

（4）切削液的选择　选用乳化液切削液，并注意充分冷却。

2. 操作步骤　在 M1432A 型万能外圆磨床上，用内圆磨具进行磨削操作。

1）参照例 1 操作步骤 1）进行操作前检查、准备。

2）粗磨 $\phi30$mm 内孔，磨至 $\phi29.96_{+0.01}^{+0.03}$mm，径向圆跳动误差不大于 0.005mm，表面粗糙度 $R_a0.8\mu m$。

3）磨出 $\phi30$mm 内孔台阶端面。

4）调头装夹 $\phi45$mm 外圆，以 $\phi30$mm 内孔为基准找正，径向圆跳动误差不大于 0.005mm。

5）粗磨 $\phi35$mm 内孔，磨至 $\phi34.96_{+0.01}^{+0.03}$mm，磨出台阶端面。孔与端面表面粗糙度均为 $R_a0.8\mu m$。

6）粗磨 $\phi40$mm 内孔，磨至 $\phi39.97_{+0.01}^{+0.03}$mm，磨出台阶端面。表面粗糙度为 $R_a0.8\mu m$ 以下。磨前调整好工作台行程挡铁位置。

7）精修整砂轮外圆，端面修成内凹形。

8）调头装夹，以 ϕ30mm 内孔为基准校正，径向圆跳动误差不大于 0.005mm。

9）仔细调整工作台行程挡铁位置。

10）精磨 ϕ30mm 内孔，磨至 $\phi 30_{-0.016}^{0}$mm，径向圆跳动误差不大于 0.005mm，表面粗糙度 $R_a0.8\mu m$ 以下。

11）精磨 ϕ30mm 内孔台阶端面，对 ϕ30mm 内孔轴线的垂直度误差不大于 0.01mm，表面粗糙度 $R_a0.8\mu m$ 以下。

12）调头装夹，以 ϕ30mm 内孔为基准进行仔细找正，径向圆跳动量小于 0.005mm。

13）精磨 ϕ35mm 内孔，磨至 $\phi 35_{-0.016}^{0}$mm，磨前调整好工作台行程挡铁位置，磨光内孔台阶端面，同轴度误差小于 ϕ0.008mm，内孔、端面的表面粗糙度 $R_a0.8\mu m$ 以下。

14）精磨 ϕ40mm 内孔，磨至 $\phi 40_{+0.010}^{+0.027}$mm，磨前调整好工作台行程挡铁位置，磨光内孔台阶端面，同轴度误差小于 ϕ0.008mm，内孔和端面的表面粗糙度 $R_a0.8\mu m$ 以下。

三、齿轮孔磨削

例 磨齿轮孔

1. 图样和技术要求分析 图 3-25 为一齿轮工件，材料为 45 钢，热处理调质 220～250HBS 已加工好齿形，需磨削 $\phi 27_{0}^{+0.013}$ mm 内孔，内孔与分度圆的同轴度公差为 0.008mm，表面粗糙度为 $R_a0.4\mu m$，右端面对内孔轴线的垂直度公差为 0.006mm，键槽磨孔后加工。

根据工件的材料与加工技术要求，进行如下选择和分析。

（1）砂轮的选择 所选砂轮特性为：磨料 A，粒度 36#～60#，硬度 K～M，结合剂 V。砂轮的直径为 ϕ25mm，宽度为 25mm。修整砂轮用金刚石笔。

（2）装夹方法 工件用四爪单动卡盘装夹，须先用百分表找正端面，然后找正齿圈分度圆。找正端面时，用铜棒敲击端面圆

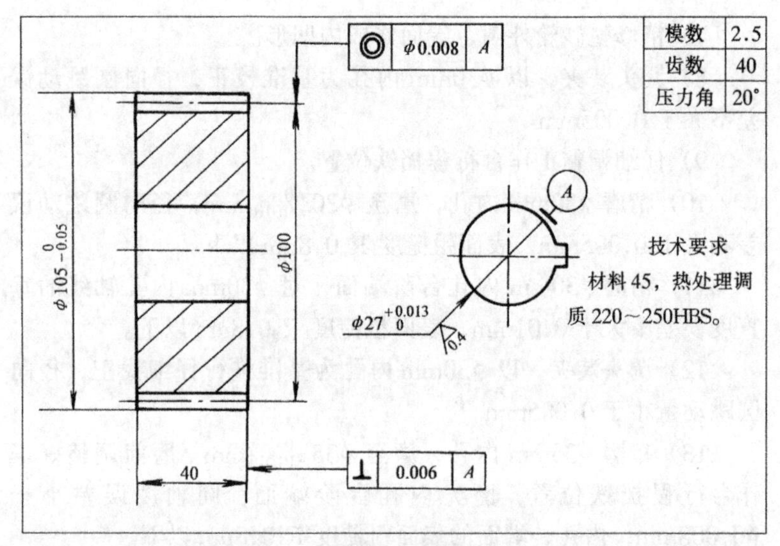

图 3-25 齿轮

跳动量较大的部位，使整个端面圆跳动量不大于0.006mm；找正齿圈分度圆时，先用直径 ϕ5mm 的量棒（一般量棒直径 $d \geqslant 1.7m$，m 为齿轮模数）放在齿槽中，并用松紧带缚住，使量棒的圆柱表面与齿槽两侧紧密接触，然后用百分表找正（见图3-26）。找正时，须用量棒调整四个卡爪的位置，使邻近卡爪的四处齿槽上量棒最高点与百分表量头接触后测得的误差在 0.008mm 以内，此误差即为齿轮分度圆径向圆跳动的误差。

(3) 磨削方法　采用纵向磨削法，为保证尺寸精度和同轴度公差，须划分粗、精磨。

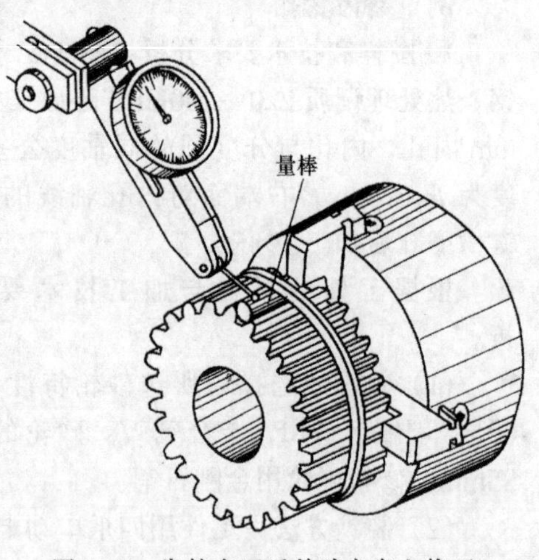

图 3-26　齿轮在四爪单动卡盘上找正

(4) 切削液的选择　选用乳化液切削液，并充分冷却。

2. 操作步骤　在 M1432A 型万能外圆磨床上，用内圆磨具磨削，具体按如下步骤操作：

(1) 磨削前检查、准备

1) 用四爪单动卡盘装夹左端外圆。

2) 找正右端面，使端面圆跳动误差不大于 0.006mm。

3) 找正分度圆，用 $\phi5$mm 标准量棒紧贴两齿间，调整四个卡爪，使每处百分表读数误差不大于 0.008mm。

4) 修整砂轮外圆。

5) 调整工作台行程挡铁，砂轮越出孔口长度为 12～18mm。

(2) 粗磨内孔　磨至 $\phi26.96^{+0.03}_{+0.01}$mm，用内径百分表检查，径向圆跳动误差不大于 0.008mm，表面粗糙度 $R_a0.8\mu m$ 以下。

(3) 精修整砂轮　最后光修 2～3 次。

(4) 精磨内孔　磨至 $\phi27^{+0.013}_{0}$mm，径向圆跳动误差不大于 0.008mm，表面粗糙度 $R_a0.4\mu m$ 以内。

四、偏心孔磨削

例　磨偏心套

1. 图样和技术要求分析　图 3-27 为一偏心套工件，材料为

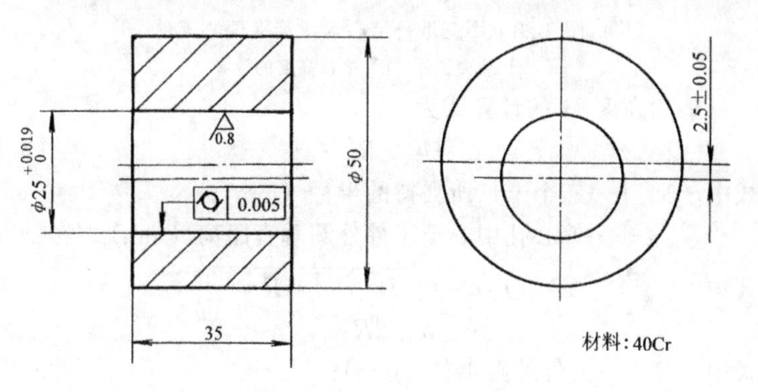

图 3-27　偏心套

40Cr，其内孔直径为 $\phi25^{+0.019}_{0}$mm，偏心距为 2.5mm±0.05mm，圆柱度公差 0.005mm，表面粗糙度为 $R_a0.8\mu m$。

根据工件材料和加工技术要求，进行如下选择和分析：

(1) 砂轮的选择　选用砂轮的特性为：磨料 WA～PA，粒度 46#～60#，硬度 K～L，结合剂 V。砂轮直径 ϕ20mm，宽度 25mm，修整砂轮用金刚石笔。

(2) 装夹方法　用三爪自定心卡盘或四爪单动卡盘装夹。用三爪自定心卡盘装夹需经计算，在一卡爪与工件间垫一定尺寸的垫片，其装夹与计算如图 3-28 所示。

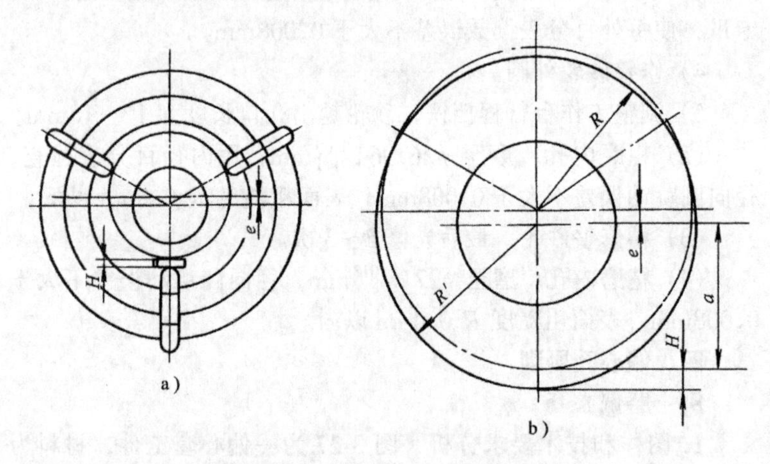

图 3-28　用三爪自定心卡盘装夹偏心工件

a) 装夹工件　b) 垫片高度的计算

垫片高度 H 的计算式为

$$H = R' - a \tag{3-1}$$

式中　R'——三个卡爪所夹持的半径（mm）；

a——偏心孔中心至工件外圆垂直距离（mm）。

其中

$$R' = \sqrt{R^2 + e^2 + Re}$$

$$a = R - e$$

式中　R——工件外圆半径（mm）；

e——偏心距（mm）。

本例　$R = 25$mm，$e = 2.5$mm，代入公式

$$R' = \sqrt{R^2 + e^2 + Re}$$

$$= \sqrt{25^2 + 2.5^2 + 25 \times 2.5}\text{mm} = 26.34\text{mm}$$

$$a = R - e$$

$$= 25\text{mm} - 2.5\text{mm} = 22.5\text{mm}$$

所以　垫片高度　$H = R' - a$

$$= 26.34\text{mm} - 22.5\text{mm}$$

$$= 3.84\text{mm}$$

用三爪自定心卡盘装夹偏心孔工件，计算应正确，装夹时须将垫片垫在壁厚最小的外圆与卡爪之间，并仔细进行找正。此法适用于一定批量的偏心孔工件加工。

在单件生产中，常用四爪单动卡盘装夹偏心孔工件（图 3-29），装夹时，须仔细测量偏心部位，找正偏心孔，一般先将左右卡盘以对称位置固定，再调整上下卡爪控制偏心孔的中心。

无论是三爪自定心卡盘还是四爪单动卡盘装夹，粗磨后必须再精确测量一次偏心距，测量时用手盘动卡盘工件，用百分表测外圆的最高点和最低点，百分表偏摆量的一半，即为工件内孔的实际偏心距。测出的偏心距误差需在精磨时调整卡爪与工件的位置，加以修正。

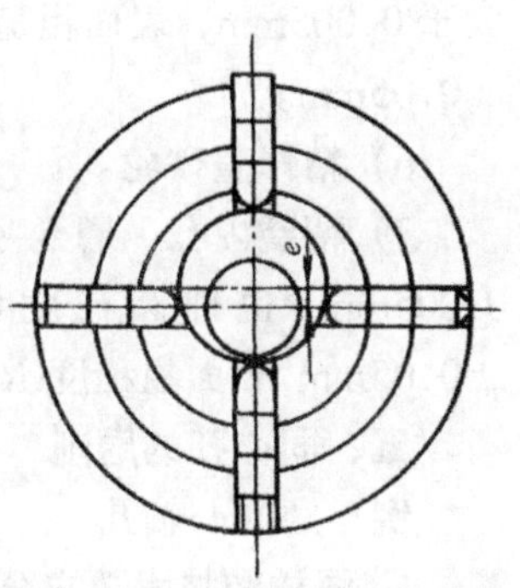

图 3-29　用四爪单动卡盘装夹偏心工件

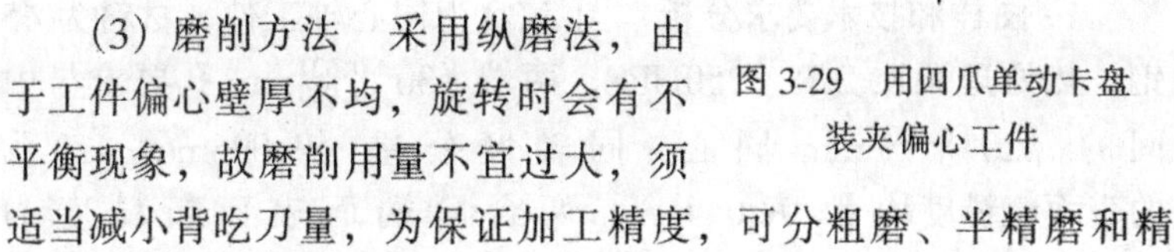

(3) 磨削方法　采用纵磨法，由于工件偏心壁厚不均，旋转时会有不平衡现象，故磨削用量不宜过大，须适当减小背吃刀量，为保证加工精度，可分粗磨、半精磨和精磨，将磨削余量分批切除。

(4) 冷却液的选择　采用乳化液，并注意充分的冷却。

2. 操作步骤　在 M1432A 型万能外圆磨床上用内圆磨具磨削，具体按如下步骤操作：

1）磨削前检查、准备。

① 检查工件内孔余量与偏心量。计算垫片厚度，并准备好垫片，垫片 $H=3.84mm\pm0.02mm$。

② 用三爪自定心卡盘加垫片装夹工件。

③ 找正。先找正端面圆跳动误差，使其误差不大于 0.005mm，然后找正内孔，径向圆跳动误差不大于 0.005mm（以此来代替圆柱度误差）。

④ 修整砂轮。

⑤ 调整工作台行程挡铁，砂轮越出孔口长度为 8～10mm。

2）粗磨内孔，磨至 $\phi24.90^{+0.05}_{+0.02}$mm，径向圆跳动误差不大于 0.005mm，表面粗糙度 $R_a0.8\mu m$ 以内。

3）修整砂轮。

4）测量内孔偏心距，若超出误差要求则进行调整。

5）半精磨内孔，磨至 $\phi24.96^{+0.03}_{+0.01}$mm，径向圆跳动误差不大于 0.005mm，表面粗糙度 $R_a0.8\mu m$ 以内，偏心距误差不大于 ±0.05mm。

6）精修整砂轮。

7）精磨内孔，磨至 $\phi25^{+0.019}_{0}$mm，径向圆跳动误差不大于 0.005mm，也即圆柱度误差不大于 0.005mm，偏心距公差 ±0.05mm，表面粗糙度 $R_a0.8\mu m$。

五、同心孔的磨削

例　磨同心轴孔

1. 图样和技术要求分析　图 3-30 为同心轴工件，材料为 45 钢，热处理调质 220～250HBS，两端 $\phi30^{+0.027}_{+0.010}$mm 孔要求与中间的 $\phi20^{+0.013}_{0}$ mm 同心，同轴度公差 $\phi0.006$mm，三孔的表面粗糙度均为 $R_a0.4\mu m$，两台阶端面表面粗糙度为 $R_a0.8\mu m$。

根据工件的材料与加工技术要求，进行如下选择和分析。

（1）砂轮的选择　所选砂轮的特性为：磨料 A～WA，粒度 46#～60#，硬度 K～L，结合剂 V。砂轮直径 $\phi16$mm，宽度

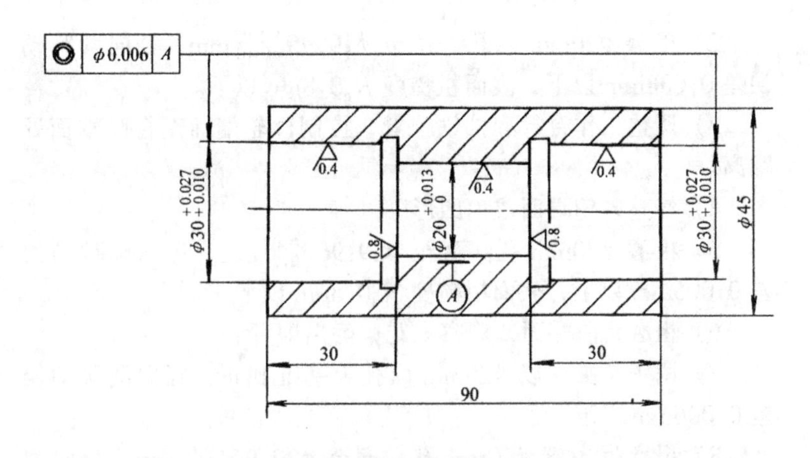

技术要求

材料 45，热处理调质 220～250HBS。

图 3-30 同心轴

25mm，采用平面凹形砂轮，修整砂轮用金刚石笔。

（2）工件的装夹　装夹方法与本节“二、”例 2 相同，需调头多次装夹，并进行仔细的找正。

（3）磨削方法　用纵向磨削法，磨两端孔的台阶端面要调整工作台行程挡铁，控制砂轮在退刀处的位置，由于内孔表面粗糙度值较低，需划分粗、精加工。

（4）切削液的选择　采用乳化液切削液，冷却时流量要充足。

2．操作步骤　在 M1432A 型万能外圆磨床上用内圆磨具磨削，按以下步骤进行操作。

1）磨削前检查、准备。

① 用高精度三爪自定心卡盘装夹工件。

② 找正工件外圆径向圆跳动量，误差不大于 0.005mm。

③ 修整砂轮外圆。

④ 检查三内孔磨加工余量。

⑤ 调整工作台行程挡铁位置，砂轮越出 ϕ20mm 孔口长度为 10～12mm。

2）粗磨 ϕ20mm 内孔。磨至 $\phi19.95^{+0.03}_{+0.01}$mm，径向圆跳动误差 0.006mm 以下，表面粗糙度 R_a0.8μm 以下。

3）调整工作台行程挡铁位置，控制砂轮端面至台阶端面处距离。

4）修整砂轮端面成内凹形。

5）粗磨 ϕ30mm 孔。磨至 $\phi29.96^{+0.03}_{+0.01}$mm，径向圆跳动误差 0.006mm 以下，表面粗糙度 R_a0.8μm 以下。

6）粗磨台阶端面，观察火花，磨出即可。

7）调头装夹，以 ϕ20mm 内孔为基准找正，径向圆跳动误差 0.006mm 以下。

8）粗磨另一端 ϕ30mm 孔。磨至 $\phi29.96^{+0.03}_{+0.01}$mm，径向圆跳动误差 0.006mm 以下，表面粗糙度 R_a0.8μm 以下。

9）粗磨台阶端面，观察火花，磨出即可。

10）精修整砂轮（或更换新砂轮），端面修成内凹形，砂轮精修后作 2～3 次光修。

11）精磨 ϕ20mm 内孔至 $\phi20^{+0.013}_{0}$mm，径向圆跳动误差不大于 0.006mm，表面粗糙度 R_a0.4μm。

12）精磨 ϕ30mm 内孔至 $\phi30^{+0.027}_{+0.010}$mm，表面粗糙度 R_a0.4μm。

13）调整工作台行程挡铁，精磨台阶端面，表面粗糙度 R_a0.8μm。

14）调头装夹、找正，以 ϕ20mm 内孔为基准。

15）精磨另一端 ϕ30mm 孔至 $\phi30^{+0.027}_{+0.010}$mm，同轴度 ϕ0.006mm，表面粗糙度 R_a0.4μm。

16）精磨台阶端面，表面粗糙度 R_a0.8μm。

第五节　内圆磨削产生的缺陷分析

内圆磨削中出现的各种缺陷，是由与内圆磨削特点有关的各种因素影响的。内圆磨削中常见的缺陷产生原因及防止和解决办法见表 3-4。

表 3-4 内圆磨削产生缺陷原因及防止和解决办法表

缺陷名称	产生原因	防止和解决办法
表面有振痕，粗糙度过粗，表面烧伤	1. 砂轮直径小 2. 由于头架主轴松动、砂轮心轴弯曲、砂轮修整不圆等原因产生强烈振动，使工件表面产生波纹 3. 砂轮被堵塞 4. 散热不良 5. 砂轮粒度过细、硬度高或修整不及时 6. 进给量大，磨削热增加	1. 砂轮直径尽量选得大些 2. 调整轴承间隙，最主要的是正确修整砂轮以减少跳动和振动现象 3. 选取粒度较粗、组织较疏松、硬度较软的砂轮，使其具有"自锐性" 4. 供给充分的切削液 5. 选取较粗、较软的砂轮，并及时修整 6. 减小进给量
喇叭口	1. 纵向进给不均匀 2. 砂轮有锥度 3. 砂轮轴细长	1. 适当控制停留时间，调整砂轮轴伸出长度不超过砂轮宽度的一半 2. 正确修整砂轮 3. 根据工件内孔大小及长度合理选择砂轮轴的粗细
锥形孔	1. 头架调整角度不正确 2. 纵向进给不均匀，横向进给过大 3. 砂轮轴在两端伸出量不等 4. 砂轮磨损	1. 重新调整角度 2. 减小进给量 3. 调整砂轮轴伸出量，使其相等 4. 及时修整砂轮
圆度误差及内外圆同轴度误差	1. 工件装夹不牢发生走动 2. 薄壁工件夹的过紧而产生弹性变形 3. 调整不准确，内外圆表面不同轴 4. 卡盘在主轴上松动，主轴和轴承间有间隙	1. 紧固工件 2. 夹紧力要适当 3. 细心找正 4. 调整松紧量和间隙大小
端面与孔轴线不垂直	1. 找正不正确 2. 进给量太大 3. 头架偏转角度	1. 细心找正 2. 减小进给量 3. 调整头架位置
螺旋痕迹	1. 纵向进给量太大 2. 砂轮钝化 3. 接长轴弯曲	1. 减小纵向进给量 2. 及时修整砂轮 3. 增强接长轴刚性

复习思考题

1. 内圆磨削有哪几种形式?

2. 内圆磨削有哪些特点?

3. 内圆磨削的方法有哪几种? 各适用于磨削什么工件?

4. 用纵向磨削法和切入磨削法磨削内圆时有哪些注意事项?

5. 内圆磨削工件装夹的方法有哪几种?

6. 试述用三爪自定心卡盘装夹工件的方法。

7. 如何调整三爪自定心卡盘自身的定心精度?

8. 试述用四爪单动卡盘装夹工件的方法。

9. 在花盘上直接装夹工件如何找正?

10. 用花盘装夹工件有哪些注意事项?

11. 试述用四爪单动卡盘和中心架装夹工件的操作步骤。

12. 用四爪单动卡盘和中心架装夹工件有哪些注意事项?

13. 如何安装内圆砂轮?

14. 简述磨削通孔的操作步骤及其要领。

15. 简述磨削台阶孔的操作步骤及其要领。

16. 简述磨削齿轮孔的操作步骤及其要领。

17. 简述磨削同心孔的操作步骤及其要领。

18. 简述磨削偏心孔的装夹方法。

19. 内圆磨削中有哪些常见的缺陷? 各是什么原因产生的? 如何防止和解决?

第四章　圆锥面的磨削

培训要求　了解圆锥的计算、分类和应用，圆锥面的磨削和检验方法。掌握磨削实例中的操作要领与圆锥面磨削缺陷的分析。

第一节　圆锥的各部分名称和计算

一、圆锥面的形成

圆锥面可分外圆锥面和内圆锥面两种，通常把外圆锥称为外锥体，内圆锥称为圆锥孔。

圆锥面是一种回转表面。它是一条与轴线相交成一定角度，且一端相交于轴线的直线段围绕轴线回转一周形成的表面（图 4-1a）。

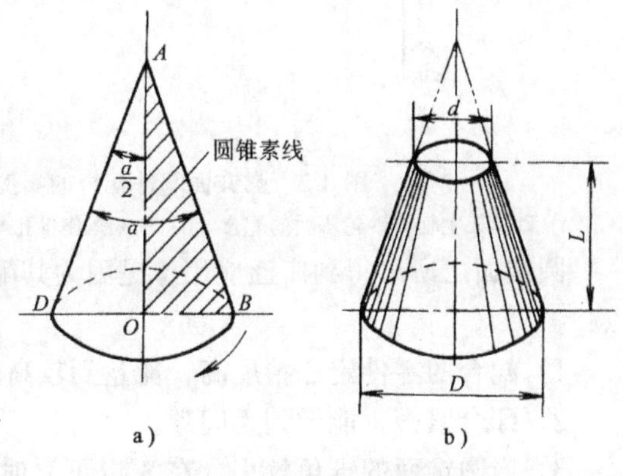

图 4-1　圆锥表面的形成

a）圆锥表面的形成　b）截锥体

图 4-1a 中的直线段 AB 称为圆锥素线。如果以素线 AB 为斜边，轴线 AO 为直角边组成一个直角三角形，使斜边 AB 绕它的直角边 AO 回转一周，那么在空间就形成了一个圆锥体。若直角三角形是实心的，则形成外锥体；若直角三角形是空心的（在轴的内部），则形成圆锥孔。如果外锥体截去尖端即成为截锥体（图 4-1b）。外锥体与圆锥孔经常配合使用。

二、圆锥面的特性

在各种机械结构中，圆锥面配合应用得很广泛。例如，磨床头架主轴孔和尾座锥孔与顶尖的配合都是圆锥面配合；磨床砂轮架主轴与砂轮法兰的配合（图 4-2a)；车床尾座锥孔与麻花钻锥柄的配合（图 4-2b）等也是圆锥面配合。

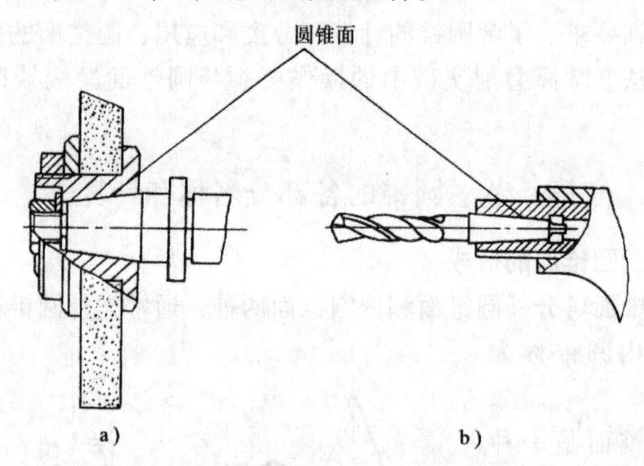

图 4-2　圆锥面零件配合的实例

a）砂轮架主轴与砂轮法兰的配合　b）车床尾座锥孔与麻花钻锥柄的配合

圆锥面之所以得到广泛应用，是因为其配合具有如下几个特点：

1）配合的零件定心精度高，能达到较高的同轴度要求。

2）配合紧密，能做到无间隙。

3）当圆锥面的锥角较小（在 3°以下）时，可传递很大的转矩。

4）装拆方便，精度保持良好，大部分圆锥面零件可以进行修磨，以恢复原来的精度。

三、圆锥的各部分名称和计算

圆锥的各部分名称见图 4-3。

图中　D——最大圆锥直径（简称大端直径）(mm)；

d——最小圆锥直径（简称小端直径）(mm)；

α——圆锥角（°）；

$\alpha/2$——圆锥半角（又称斜角）(°)；

L——最大圆锥直径与最小圆锥直径之间的轴向距离（简称锥形部分长度或锥长）(mm)；

L_0——工件全长（mm）；

C——锥度（用分式或比例形式表示）。

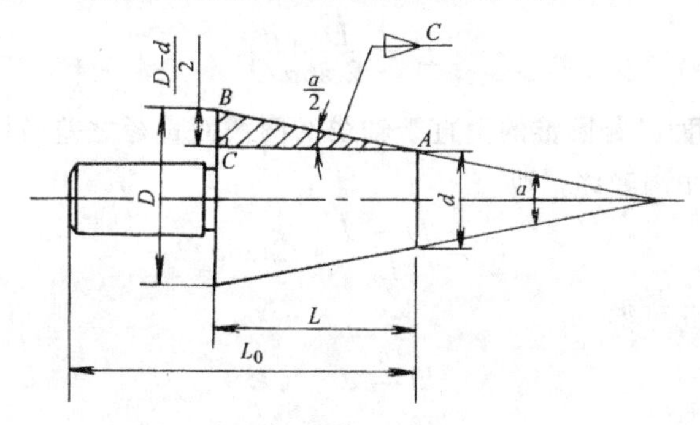

图 4-3　圆锥各部分名称

圆锥有以下四个基本参数（量）：

1）圆锥半角 $\alpha/2$ 或锥度 C；

2）最大圆锥直径 D；

3）最小圆锥直径 d；

4）锥形部分的长度 L。

以上四个量中，只要知道其中任意三个量，另外一个未知量就可以求出。

在图样上一般都标注 D、d、L 这三个量，也有的标注 C、L、D（或 d），在磨内锥时，常需要计算出圆锥半角 $\alpha/2$。

圆锥半角 $\alpha/2$ 是素线与轴线之间的夹角，在图 4-3 中

$$\tan\alpha/2 = \frac{BC}{AC}$$

$$BC = \frac{D-d}{2}$$

$$AC = L$$

则
$$\tan\alpha/2=\frac{D-d}{2L} \tag{4-1}$$

其它三个量与圆锥半角 $\alpha/2$ 的关系

$$D=d+2L\tan\alpha/2 \tag{4-1-1}$$

$$d=D-2L\tan\alpha/2 \tag{4-1-2}$$

$$L=\frac{D-d}{2\tan\alpha/2} \tag{4-1-3}$$

锥度 C 是圆锥的垂直于轴线的两截面直径之差与该两截面之间的距离之比，即

$$C=\frac{D-d}{L}=2\tan\alpha/2 \tag{4-2}$$

据此可得

$$D=d+CL \tag{4-3}$$

$$d=D-CL \tag{4-4}$$

$$L=\frac{D-d}{C} \tag{4-5}$$

例 1 有一外圆锥，已知 $D=60\text{mm}$，$d=50\text{mm}$，$L=100\text{mm}$，求圆锥半角。

解 据式（4-1）

$$\tan\alpha/2=\frac{D-d}{2L}=\frac{60-50}{2\times100}=0.05$$

查三角函数表得 $\alpha/2=2°52'$。

应用式（4-1）计算圆锥半角 $\alpha/2$，必须查三角函数表，比较麻烦，当 $\alpha/2<6°$时，可用下列近似式计算

$$\alpha/2\approx28.7°\times\frac{D-d}{L} \tag{4-6}$$

$$\alpha/2\approx28.7°\times C \tag{4-6-1}$$

例 2 如图4-4所示磨床主轴的外圆锥，已知锥度 $C=1:5$，$D=65\text{mm}$，$L=70\text{mm}$，求小端直径 d 和圆锥半角 $\alpha/2$。

解 据式（4-4）

$d = D - CL$

$= 65\text{mm} - 1/5 \times 70\text{mm}$

$= 51\text{mm}$

据式（4-2）

$\tan\alpha/2 = \dfrac{C}{2}$

$= \dfrac{1/5}{2} = 0.1$

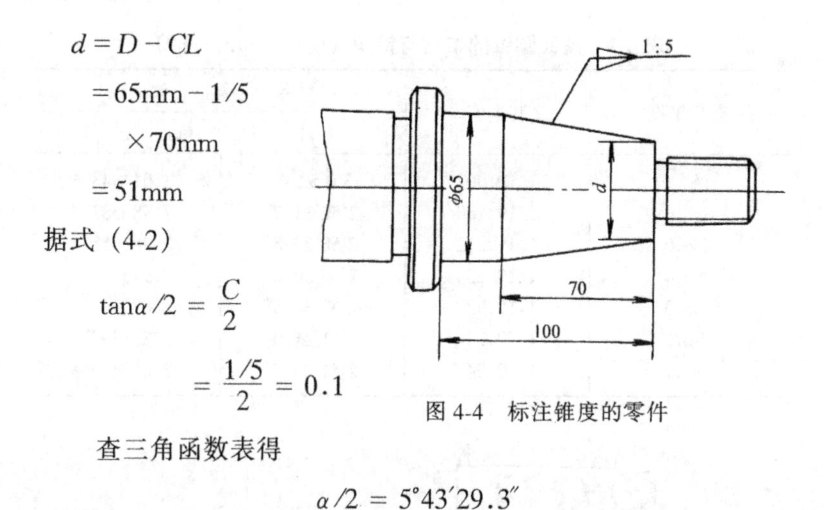

图 4-4　标注锥度的零件

查三角函数表得

$$\alpha/2 = 5°43'29.3''$$

第二节　圆锥的分类及其应用

为了方便使用和降低生产成本，常用的零件和工、量、刀具上的圆锥都已标准化。也即圆锥的各部分尺寸，按照规定的型号、规格来制造，使用时只要内、外圆锥的型号、规格相同就能紧密配合和互换。标准圆锥已在国际上通用，不论哪一个国家生产的机床和工具，只要符合圆锥标准，都能达到互换性的要求。根据不同的应用场合，圆锥可分成标准圆锥、标准锥度和特殊圆锥三类。

一、标准圆锥

常用的标准圆锥有下列两种：

1. 莫氏圆锥　莫氏圆锥是机器制造业尤其是机床行业中应用得最为广泛的一种。如磨床头架主轴孔、车床主轴孔、顶尖、钻头柄、铰刀柄等都是采用莫氏圆锥。莫氏圆锥分成七个号码，即 0、1、2、3、4、5、6。其中 1 号最小，5 号最大。莫氏圆锥是从英制换算过来的，当号数不同时，其锥度和圆锥角等各部分尺寸都不相同（见表 4-1）。此外，莫氏圆锥又分为有舌尾和无舌尾两种形式（见图 4-5）。

表 4-1 莫氏圆锥的锥度与锥角（摘自 GB157—89）

莫氏锥度	基本值	推算值	
		圆锥角 α	
No.5	1:19.002	3°0′52.4″	3.014543°
No.6	1:19.180	2°59′11.7″	2.986582°
No.0	1:19.212	2°58′53.8″	2.981618°
No.4	1:19.254	2°58′30.6″	2.975179°
No.3	1:19.922	2°52′31.5″	2.875406°
No.2	1:20.020	2°51′41.0″	2.861377°
No.1	1:20.047	2°51′26.7″	2.857417°

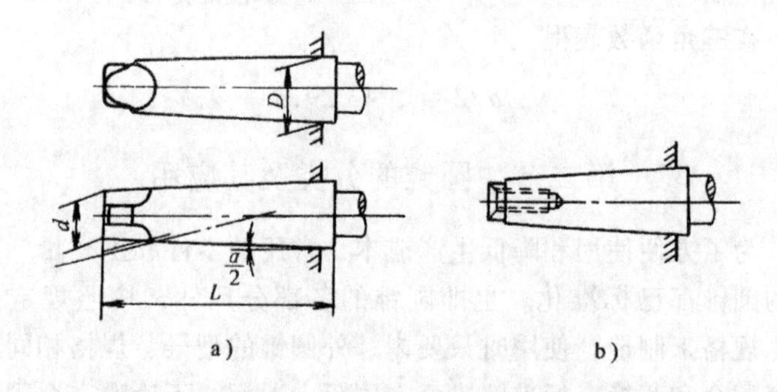

图 4-5 莫氏锥度
a) 有舌尾圆锥 b) 无舌尾圆锥

2. 米制圆锥　米制圆锥按尺寸大小不同分成 8 个号码，即 4、6、80、100、120、160 和 200 号。它的号码是指圆锥大端的直径。锥度都一样，规定为 $C=1:20$，圆锥半角 $\alpha/2=1°25′56″$。它的优点是锥度不变，记忆方便。例如 100 号米制圆锥即表示圆锥的大端直径为 ϕ100mm。这类圆锥一般应用于大型机床主轴孔。

二、一般用途圆锥

除了常用的莫氏锥度、米制圆锥外，我国国家标准（GB157—89）中还规定了一般用途圆锥的锥度与锥角，见表 4-2。

表 4-2　一般用途圆锥的锥度与锥角

基本值		推算值		
系列 1	系列 2	圆锥角 α		锥度 C
120°		—	—	1:0.288675
90°		—	—	1:0.500000
	75°	—	—	1:0.651613
60°		—	—	1:0.866025
45°		—	—	1:1.207107
30°		—	—	1:1.866025
1:3		18°55′28.7″	18.924644°	—
	1:4	14°15′0.1″	14.250033°	—
1:5		11°25′16.3″	11.421186°	—
	1:6	9°31′38.2″	9.527283°	—
	1:7	8°10′16.4″	8.171234°	—
	1:8	7°9′9.6″	7.152669°	—
1:10		5°43′29.3″	5.724810°	—
	1:12	4°46′18.8″	4.771888°	—
	1:15	3°49′5.9″	3.818305°	—
1:20		2°51′51.1″	2.864192°	—
1:30		1°54′34.9″	1.909682°	—
	1:40	1°25′56.8″	1.432222°	—
1:50		1°8′45.2″	1.145877°	—
1:100		0°34′22.6″	0.572953°	—
1:200		0°17′11.3″	0.286478°	—
1:500		0°6′52.5″	0.114591°	—

三、特殊用途圆锥

特殊用途圆锥是用来制造某些行业中有关机器设备的圆锥面配合零部件的。国家标准（GB157—89）中对这类圆锥也有规定，见表 4-3。

其中的莫氏锥度，已在表 4-1 中列出。

四、专用圆锥

除上述三类圆锥外，还有一些锥度根据机械制造中的需要列为专用圆锥。如 1:16，3:20，7:24 等，主要用于锥螺纹、镗床主轴和工具配合等圆锥面。

表 4-3 特殊用途圆锥的锥度与锥角

基本值	推算值			说明
	圆锥角 α		锥度 C	
18°30′	—	—	1:3.070115	纺织工业
11°54′	—	—	1:4.797451	纺织工业
8°40′	—	—	1:6.598442	纺织工业
7°40′	—	—	1:7.462208	纺织工业
7:24	16°35′39.4″	16.594290°	1:3.428571	机床主轴,工具配合
1:9	6°21′34.8″	6.359660°	—	电池接头
1:16.666	3°26′12.2″	3.436716°	—	医疗设备
1:12.262	4°40′11.6″	4.669884°	—	贾各锥度 No.2
1:12.972	4°24′53.1″	4.414746°	—	No.1
1:15.748	3°38′13.4″	3.637060°	—	No.33
1:18.779	3°3′1.0″	3.050200°	—	No.3
1:19.264	2°58′24.8″	2.973556°	—	No.6
1:20.288	2°49′24.7″	2.823537°	—	No.0

五、圆锥公差

为了使圆锥得到较理想的配合，在制造使用中，规定了圆锥的公差。圆锥公差包括圆锥大、小端直径公差和锥度公差两个方面。圆锥直径的公差通常根据相配零件所允许的轴向位移量来确定；圆锥的锥度则需要根据不同的用途来规定公差。直径公差一般用圆锥量规上的两条刻线或台阶的间距来控制；而锥度公差主要是控制圆锥角公差。我国通用国际标准化组织 ISO 制定的圆锥角公差的国际标准，该标准将圆锥角的公差分为 AT1～AT12 共 12 个公差等级，各级精度中按圆锥素线长度不同分别规定公差。其公差又可用两种形式表示：一种是以角度单位 μrad（微弧度）或以（°）（度）、（′）（分）、（″）（秒）表示，另一种则是以长度单位 μm 表示。

圆锥的锥度公差值，可以通过查专用公差表和换算获得。如：一个公差等级为 AT7 级、长 63mm 的锥体，圆锥角公差为 315μrad 或 1°05″，换算成长度公差为 20μm。一个公差等级为 AT7 级、长 100mm 的锥体，圆锥角公差为 63μm。

圆锥角公差的标记顺序为：锥度值、锥度、符号、圆锥角的公差代号及公差等级。如：锥度 1:20，公差等级 2 级，标注为

1:20CAT2。

第三节　圆锥面的磨削方法

从圆锥体形成原理可知，圆锥的特点是圆锥素线与圆锥轴线之间相交一个角度（圆锥半角）。因此磨削圆锥面时一般只要使工件的旋转轴线相对于工作台运动方向偏斜一个圆锥半角即可。这是外圆锥磨削和内圆锥磨削的共同特点。

一、外圆锥面的磨削

外圆锥一般在外圆磨床或万能外圆磨床上磨削，根据工件形状和锥（角）度的大小，可采用以下四种磨削方法。

1. 转动工作台磨外圆锥面　锥度不大的外圆锥面，可用转动上工作台的方法来磨削。磨削时，把工件装夹在两顶尖之间，再根据工件圆锥半角 $\alpha/2$ 的大小，将上工作台相对下工作台逆时针转过同样大小的 $\alpha/2$ 角度即可（见图 4-6）。

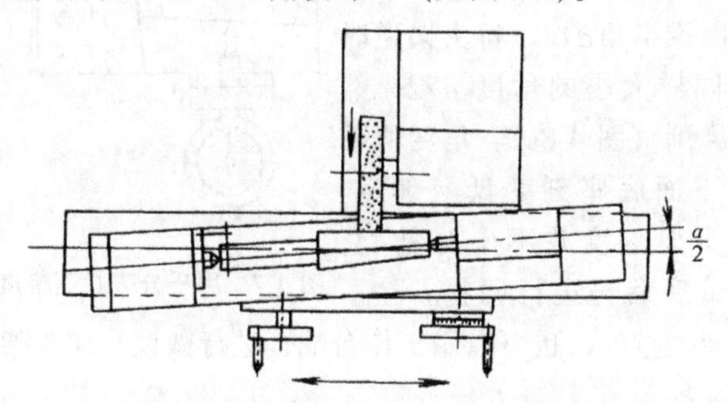

图 4-6　转动工作台磨外圆锥

磨削时，一般采用纵磨法，也可以采用综合磨削法。在回转工作台时，应了解工作台右端标尺上刻度的含义。右边的刻度为锥度，左边为相应的角度。如图 4-7 所示，上工作台上的指针指向锥度 1:20，它所对应的圆锥半角度数为 1°26′。图中所装的千分表（或百分表）是用来监测上工作台的圆锥半角位移量，以便作微量调整而获得较精确的外圆锥面。

在顶尖距为 1m 的外圆磨床上，工作台回转角度逆时针一般为 6°～9°，顺时针为 3°。因此，用这种方法只能磨削圆锥角小于 12°～18°的外圆锥。

用转动工作台磨外圆锥，机床调整方便，工件装夹简单，精度容易控制，质量较好。因此，除了工件圆锥角过大、受工作台转动角度限制外，一般都采用这种方法。

2. 转动头架磨外圆锥面　当工件的圆锥半角超过上工作台所能回转的角度时，可采用转动头架的方法来磨削外圆锥。此法是把工件装夹在头架卡盘中，再根据工件圆锥半角$\alpha/2$，将头架逆时针转过同样大小的角度 $\alpha/2$，然后进行磨削（图 4-8a）。角度值可从头架下面底座刻度盘上确定。但是，头架刻度并不十分精确，必须经试磨后再进行调整。除了利用头架调整外，也可以用工作台配合进行微调，比头架调整更为方便。

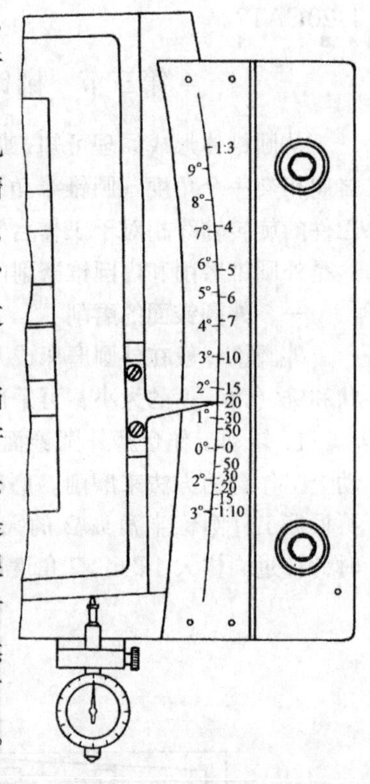

图 4-7　用千分表找正锥度和斜度

有时遇到工件伸出较长，或外圆锥较大，砂轮架已退到极限位置，工件与砂轮相碰不能磨削，如果距离相差不多，可把上工作台逆时针偏移一个角度 β，同时将头架顺时针退回同一个角度，这时头架相对上工作台转过的角度为 β_2，且 $\beta_1+\beta_2=\alpha/2$，即原来的圆锥半角保持不变。这样，可使外圆锥的磨削顺利进行（图 4-8b）。

工件在卡盘上装夹时，应将工件找正后才能磨削。如果工件要求较高，可以配上磨用心轴或专用磨夹具，但对心轴或夹具的

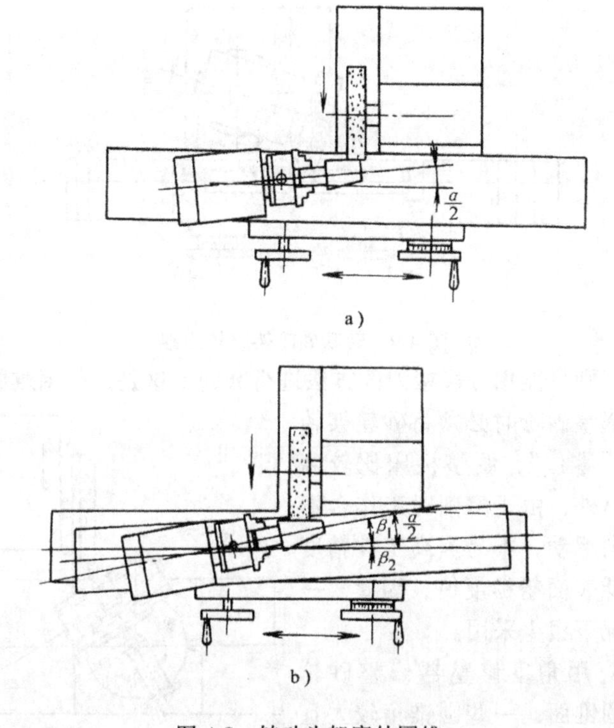

图 4-8　转动头架磨外圆锥

a) 转动头架磨外圆锥　b) 磨伸出较长的外圆锥

找正有较严格的要求。如果工件或工具上有标准外圆锥体，并能和磨床头架主轴的锥孔相配合，便可直接以锥孔定位来进行磨削，如自磨顶尖60°的圆锥面等。

3. 转动砂轮架磨外圆锥面　当磨削锥度较大而又较长的工件时，只能用转动砂轮架的方法来磨削（见图 4-9）。因为工件锥角较大，超过工作台回转范围，所以无法用转动工作台来磨削；又因为它的长度较长，也不能把工件装夹在卡盘中用转动头架的方法来磨削。

这种方法，砂轮架转过的角度也应等于工件的圆锥半角 $\alpha/2$，磨削时必须注意工作台不能作纵向进给，只能用砂轮的横向进给来进行磨削。因此工件的圆锥素线长度应小于砂轮的宽

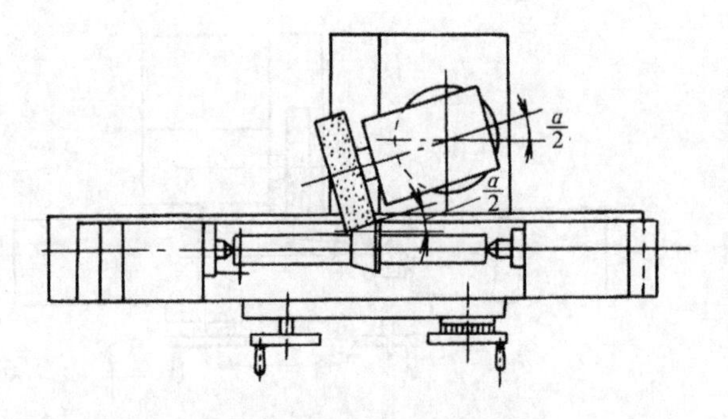

图 4-9　转动砂轮架磨外圆锥

度，否则只能用分段接刀的方法进行磨削，这是比较困难的。其次，修整砂轮时必须将砂轮架转回到“零位”，调整机床比较麻烦。另外，由于磨削时工作台不能纵向运动，不易提高工件精度和降低表面粗糙度值，因此，一般情况下很少采用。

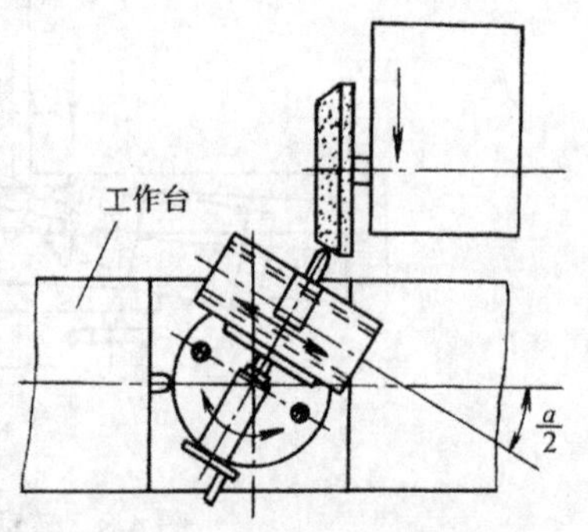

图 4-10　用角度修整器修整砂轮磨削外圆锥

4. 用角度修整器修整砂轮磨外圆锥面　一些圆锥角较大且有一定批量的工件磨削外圆锥面时，可用角度修整器在砂轮上修出相应的圆锥半角，然后用砂轮的横向切入磨削（见图 4-10）。这种方法可不必频繁转动砂轮架，大都用于磨削圆锥度为 45°、60°的工件，磨削角度不受限制，适合批量生产使用。其缺点与转动砂轮架磨削相似。

二、内圆锥面的磨削

内圆锥面可以在内圆磨床或万能外圆磨床上进行磨削。磨内圆锥的原理与磨外圆锥相同，磨削方法一般有以下三种。

1. 转动工作台磨内圆锥　在万能外圆磨床上磨内圆锥的方法见图 4-11。磨削时，将工作台转过一个与工件圆锥半角 $\alpha/2$ 相同的角度，并使工作台带动工件作纵向往复运动，砂轮作横向进给。

这种方法由于受工作台转角的限制，因此，仅限于磨削圆锥角小于 18°、长度较长的内圆锥。例如磨削各种机床主轴、尾座套筒的内圆锥等。

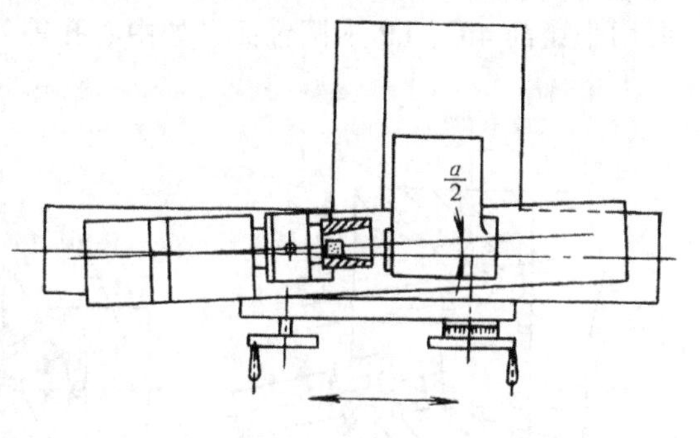

图 4-11　转动工作台磨内圆锥

2. 转动头架磨内圆锥　磨削时，将头架转过一个与工件圆锥半角 α/2 相同的角度，使工作台进行纵向往复运动，砂轮作微量横向进给（见图 4-12）。

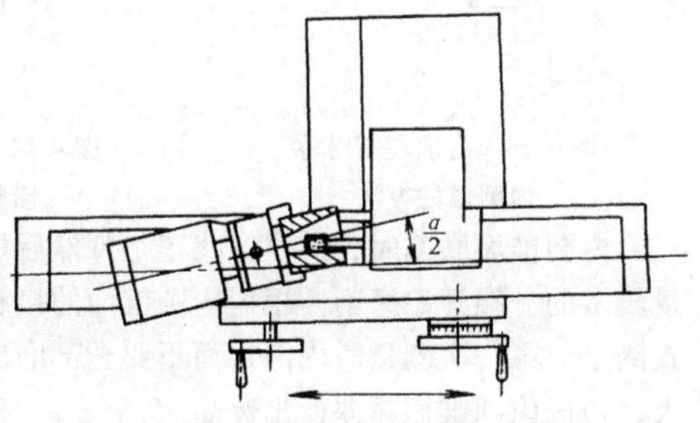

图 4-12　转动头架磨内圆锥

这种方法可以在内圆磨床上磨削各种锥度的内圆锥以及在万能外圆磨床上磨削锥度较大的内圆锥。由于采用纵向磨削，能使工件获得较高的精度和较小的表面粗糙度值。因此，一般长度较短、锥度较大的工件都采用这种磨削方法。

有的工件两端有左右对称的内圆锥且精度较高，可用图 4-13 的方法磨削。磨削时，先把外端内圆锥磨削正确，不变动头架的角度，将内圆砂轮摇向对面，再磨削里面一个内圆锥。采用这种方法工件不需卸下，且能使两对称内圆锥的锥度相等，保证极小的同轴度误差。

3. 用角度修整器修整砂轮磨内圆锥面　磨削锥度较大的内

圆锥，可用角度修整器修整内圆砂轮（见图 4-14），使砂轮的圆锥半角与工件锥孔的圆锥半角$\alpha/2$相同，然后进行磨削，此法主要用来磨削 45°、60°内圆锥面，如中心孔等。

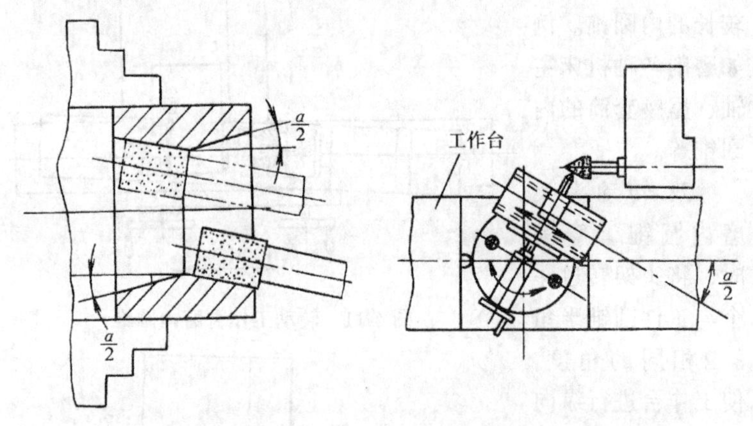

图 4-13　磨削左右对称内圆锥的方法

图 4-14　用角度修整器修整内圆砂轮

内圆锥面磨削时，应注意找正工件然后检查磨削余量，从余量较多的一端开始磨削。根据内圆锥面的接触情况，边磨削边检查测量。第一次测量时内圆锥面不要全部磨出，以免原始误差太大，造成内圆锥面超差而出废品。

第四节　圆锥面的精度检验

工件在磨削时和加工完毕后都要进行精度检验。圆锥面的精度检验包括锥度（或角度）的检验和圆锥尺寸的确认。

一、锥度（或角度）的检验

锥度或角度的精度通常可以用圆锥量规、角度样板、游标万能角度尺和正弦规等量具量仪来测量检验，具体可根据不同的精度要求选择合适的检验方法。

1. 用圆锥量规检验　又叫“涂色法”检验。最常用的量具是圆锥套规和圆锥塞规（图 4-15），主要用于检验标准内圆锥和外圆锥的锥度，如莫氏锥度和其它标准锥度。

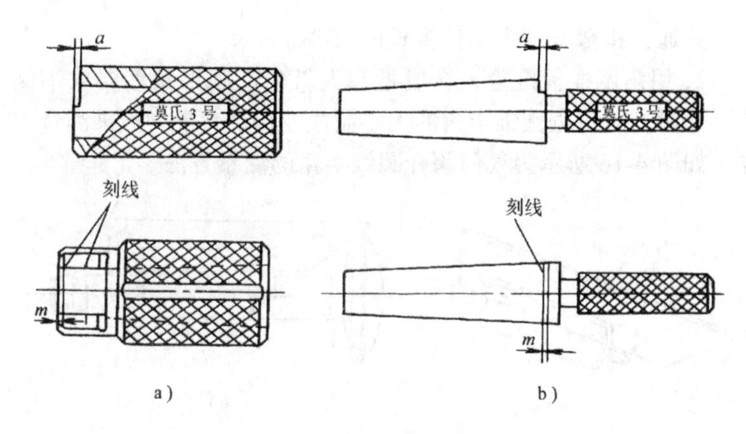

图 4-15　圆锥量规
a）圆锥套规　b）圆锥塞规

用圆锥塞规检验内圆锥时，先在塞规表面顺着素线方向（全长上）均匀地涂上三条（三等分分布）极薄的显示剂，显示剂为红油、蓝油或特种红丹粉，涂色宽度约 5～10mm，厚度按国家标准规定为 2μm，若圆锥精度要求不高，涂层可适当加厚。然后将塞规放入磨削后擦净的锥孔中，使锥面相互贴合用手紧握塞规在 ±30°范围内转动一次（适当向素线方向用力），取出塞规仔细观察显示剂擦去的痕迹。如果三条显示剂的擦痕均匀，说明圆锥面接触良好，锥度正确。假如小端擦着，大端无擦痕则说明锥孔圆锥角大了；反之，就说明锥孔圆锥角小了。如果塞规表面在圆周方向上局部地方无擦痕，则说明锥孔不圆。出现以上问题，应及时找出原因并采取措施进行修磨。

用圆锥套规检验外锥面的方法与上述方法相同，但显示剂应涂在工件锥面的素线上，转动时用力应适当，不能在径向发生摇晃，否则会影响检验的正确性。

用涂色法检验锥度时，要求工件锥体表面接触处靠近大端，接触长度不低于以下规定：

高精度：接触长度为工件锥长的 85%；

精密：接触长度为工件锥长的 80%；

普通：接触长度为工件锥长的75%。

2. 用角度样板检验　在成批和大量生产圆锥角度要求不高的工件时，可根据圆锥半角的大小制成专用的角度样板来测量工件，如图4-16所示为气门阀杆圆锥半角的测量方法。

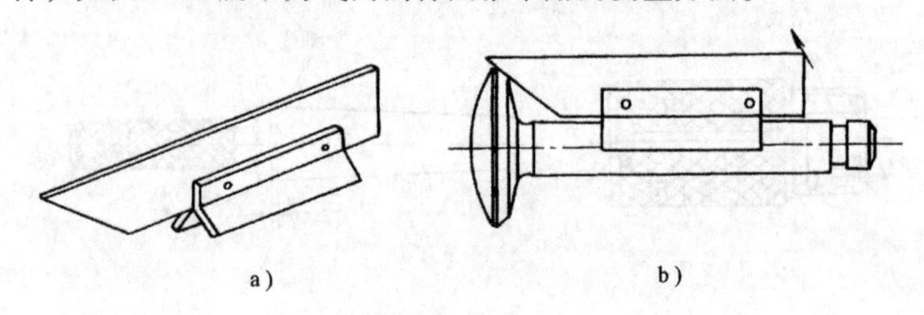

图4-16　用角度样板测量气门阀杆的方法

a）角度样板　b）测量方法

测量时，样板安放在测量基准面上，用透光法检查角度是否正确。如果右下端光隙大，说明工件圆锥半角小；如果左上端光隙大，则说明工件圆锥半角大；如果样板中部光隙大，说明工件锥面中间凸；如果样板两端光隙大，则说明工件锥面中间凹。需根据具体情况进行必要的修磨。检验误差取决于角度样板的精确程度，非常精确的样板检验误差值可不大于5′。

3. 用游标万能角度尺检验　游标万能角度尺的结构形式见图4-17，它可以测量0°～320°范围内的任何角度。

游标万能角度尺由尺身1、基尺5、游标3、角尺2、直尺6、卡块7、制动器4等组成。基尺5可带着尺身1沿着游标3转动，转到所需角度时，可用制动器4锁紧。卡块7可将角尺2和直尺6固定在所需的位置上。

测量时，可转动背后的捏手8，通过小齿轮9转动扇形齿轮10，使基尺5改变角度，见图4-17后视图。

游标万能角度尺测量锥度的方法见图4-18。

使用游标万能角度尺要注意的是，角尺面应通过中心，并且一个面要与被测基准面吻合，采用透光检查。读数前要先固定螺钉防止角度走动。由于它是一种较精密的量具，必须倍加爱护。

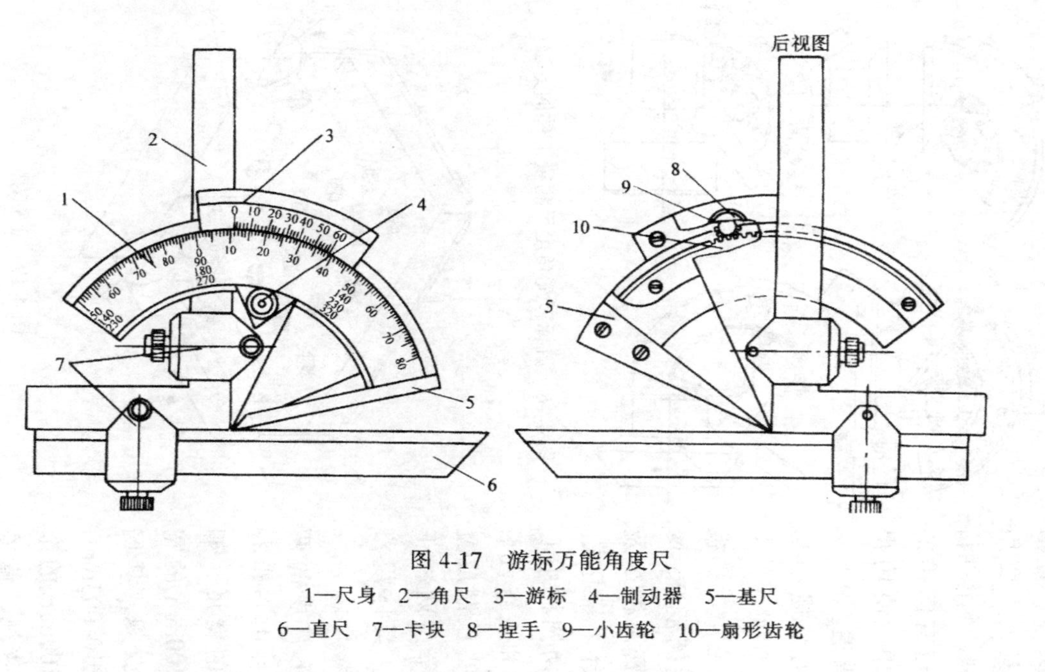

图 4-17　游标万能角度尺

1—尺身　2—角尺　3—游标　4—制动器　5—基尺

6—直尺　7—卡块　8—捏手　9—小齿轮　10—扇形齿轮

4. 用正弦规检验　正弦规是利用三角中正弦关系来计算测量角度的一种精密量具，主要用于检验外锥面，在制造有圆锥的工件中，使用得比较普遍。

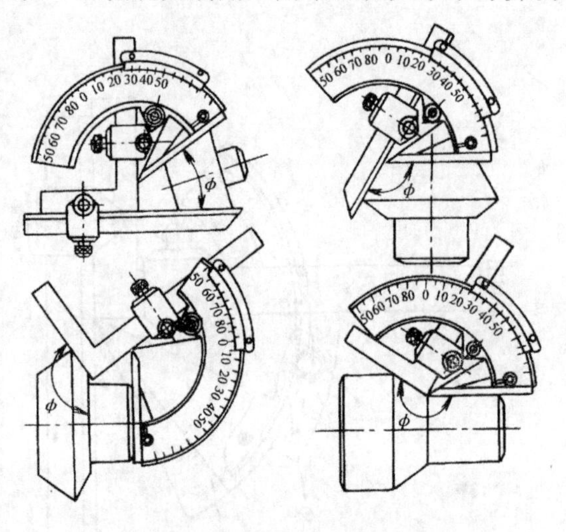

图 4-18　游标万能角度尺测量工件的方法

正弦规结构简单（见图 4-19），它由后挡板 1、侧挡板 2、两个精密圆柱 3 及工作台 4 等组成。根据两圆柱中心距 L 和工作台平面宽度 B 制成宽型和窄型两种正弦规。具体规格可见表 4-4。

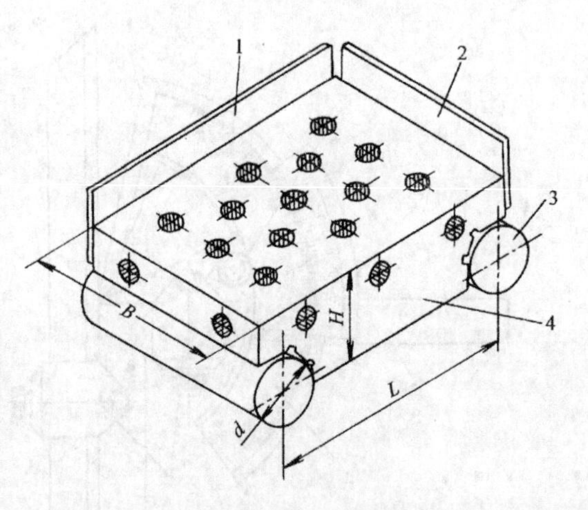

图 4-19　正弦规

1—后挡板　2—侧挡板　3—精密圆柱　4—工作台

正弦规的两个圆柱中心距有很高的精度，如 $L=100$mm 的宽型正弦规，其偏差为 ±0.003mm；$L=100$mm 的窄型正弦规，偏差为 $\pm$ 0.002mm。同时工作台的平面度误差以及两个圆柱之间的等高度误差极小，因此可以用于精密测量。

表 4-4 正弦规的基本尺寸 (mm)

正弦规型式	L	B	H	d
宽　型	100	80	40	20
	200	150	65	30
窄　型	100	25	30	20
	200	40	55	30

测量时，将正弦规放在精密平板上，一根圆柱与平板接触，在另一根圆柱下面垫进量块组，量块组的高度 H 可根据正弦规两圆柱中心距 L 和被测工件的圆锥角 α 的大小进行精确计算后求得。此时，正弦规工作台的平面与精密平板间组成的角度即为经计算而求得的锥度，其计算式为

$$\sin\alpha = \frac{H}{L} \qquad H = L\sin\alpha \tag{4-7}$$

式中 α——圆锥角（°）；

H——量块组的高度（mm）；

L——正弦规两圆柱的中心距（mm）。

垫好量块组后，将工件锥面放在正弦规上，并用挡板挡住不使工件在测量时走动，也可以用插销插入工作台的小孔来限制工件锥面的位置。此时，工件锥面上素线应与精密平板平面平行，其平行度的误差即反映了工件锥角的误差。一般可用千分表或用电感测微仪进行测量，

(1) 用千分表测量

图 4-20 为在正弦规上用千分表测量圆锥塞规的锥度。如果千分表在 a 点和 b 点两处的读数相同，则表示工件锥度正确；如果两处的读数不同，则说明工件锥度有误差。当 a 点高于 b 点表明工件

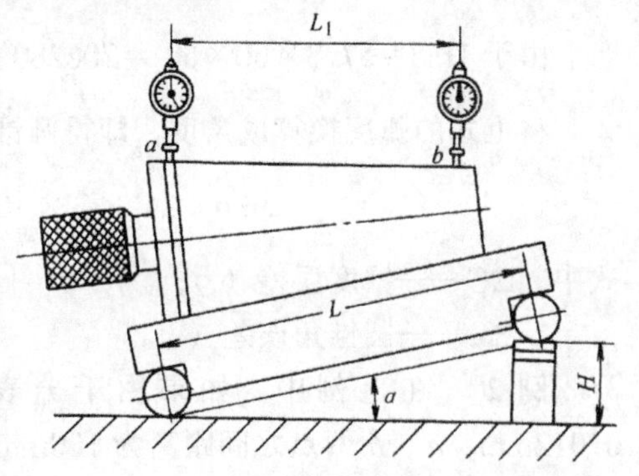

图 4-20 用千分表在正弦规上测量圆锥塞规

锥角大，若 b 点高于 a 点则表明工件锥角小。

使用正弦规测量的计算举例如下：

例 1 使用 $L=200$mm 的正弦规，测量莫氏 4 号锥度的塞规，求测量时应垫量块组的高度 H 是多少？

解 查表得莫氏 4 号锥度的圆锥角 $\alpha=2°58'30.4''$

则 $$\sin\alpha = \sin 2°58'30.4'' = 0.051905$$

代入式（4-7）中

$$H = L\sin\alpha = 200\text{mm} \times 0.051905 = 10.381\text{mm}$$

应垫进量块组高度 H 为 10.381mm。

用千分表测量在 a、b 两处读数不同，说明锥度有误差，锥度误差 ΔC 可按下面近似式计算（单位为 rad）

$$\Delta C = \frac{e}{L_1} \tag{4-8}$$

式中 e——a、b 两点读数之差（mm）；

L_1——a、b 两点之间的距离（mm）。

由于 $1\text{rad}=57.3\times60\times60''=206280''\approx2\times10^{5}{}''$

将上式的弧度换算成角度，即得圆锥角误差的计算式

$$\Delta\alpha = \Delta C \times 2 \times 10^{5} \tag{4-9}$$

式中 ΔC——锥度误差（″）；

$\Delta\alpha$——圆锥角误差（″）。

例 2 在上例中，如果用千分表测得 a 点比 b 点高 0.012mm，a、b 两点之间距离为 100mm，求锥度误差 ΔC 和圆锥角误差 $\Delta\alpha$。

解 已知 $e=0.012$mm，$L_1=100$mm，代入式（4-8）

$$\Delta C = \frac{e}{L_1} = \frac{0.012}{100} = 0.00012\text{rad}$$

根据式（4-9）

$$\Delta\alpha = \Delta C \times 2 \times 10^5 = 0.00012 \times 2 \times 10^5 = 24''$$

由于 a 点高于 b 点，即圆锥角大 $24''$。

根据式（4-7）计算垫量块组高度 H，需要查三角函数表，比较麻烦，为了节省计算和查表时间，现将常用圆锥用正弦规测量时需垫量块组的高度 H 值列于表中。表 4-5 是检验莫氏锥度垫量块组的尺寸，表 4-6 是检验常用锥度垫量块组的尺寸。

表 4-5　检验莫氏锥度量块组高度尺寸

莫氏锥度号数	锥　度 C	量块组高度 H/mm	
		正弦规中心距 $L = 100$mm	正弦规中心距 $L = 200$mm
No.0	0.05205	5.20145	10.4029
No.1	0.04988	4.98489	9.9697
No.2	0.04995	4.99188	9.9837
No.3	0.05020	5.01644	10.0328
No.4	0.05194	5.19023	10.3806
No.5	0.05263	5.25901	10.5180
No.6	0.05214	5.21026	10.4205

表 4-6　检验常用锥度的量块组高度尺寸

锥　度 C	$\tan\alpha$	量块组高度 H/mm	
		正弦规中心距 $L = 100$mm	正弦规中心距 $L = 200$mm
1:200	0.005	0.5000	1.0000
1:100	0.010	1.0000	2.0000
1:50	0.0199	1.9998	3.9996
1:30	0.0333	3.3324	6.6648
1:20	0.0499	4.9969	9.9938
1:15	0.0665	6.6593	13.3185
1:12	0.0831	8.3189	16.6378
1:10	0.0997	9.9751	19.9501
1:8	0.1245	12.4514	24.9027
1:7	0.1421	14.2132	28.4264
1:5	0.1980	19.8020	39.6040
1:3	0.3243	32.4324	64.8649

(2) 用电感测微仪测量　电感测微仪是一种精度高、稳定性好、能够准确地测出微小尺寸变化的精密测量仪器（见图 4-21）。它由主体和测头两部分组成，测量范围有 ± 3μm，± 10μm，± 30μm 和 ± 100μm 四档。相对应的每小格刻度值为 0.1μm、0.5μm、1μm 和 5μm 四档。它可用于测量传递基准塞规和其它较精密的外圆锥面。测量方法与千分表测量相同。可以用单个测头装在架子上进行 a、b 两点移动测量，也可用两个电感测微仪两只测头在 a、b 点固定位置进行测量。但固定测量必须有一个相当准确的基准塞规作标准校正，然后对其它加工件的锥面进行比较测量。

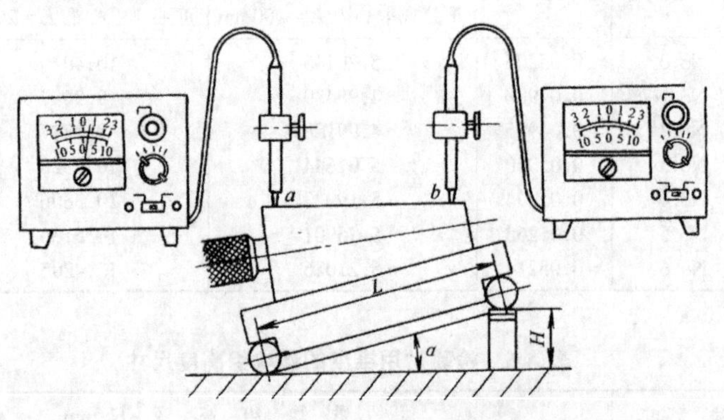

图 4-21　用电感测微仪测量圆锥塞规

用正弦规测量使用的量块是一种精密量具，两个工作面有极高的尺寸精度和极小的平行度误差，表面粗糙度在 R_a0.02μm 以下，如将两块量块工作面用软布或软纸擦净，把一块量块的工作表面沿着另一量块的工作表面滑动，用手稍加压力，就能粘合在一起。利用量块这一粘合性就能组合成量块组。但是每一块量块的公称尺寸总是有一点误差的，如 5mm 的量块，其实际尺寸是 4.996mm，误差值是 4μm，也叫它的修正量。组成量块组时，会产生累积修正量，在垫入正弦规圆柱下时，需扣除修正量才能得出正确的高度 H 值。为此，在粘合量块时，应该选用最少的量块数组成所需尺寸的量块组，一般不得超过 4～5 块。此外，第一块量块应当根据量块组尺寸的最后一位数或最后两位数选取。第二块以及以后的几块的选择方法依此类推。如用量块组成10.385mm的量块组时，选法如下：

第一块	1.005mm
第二块	1.08 mm
第三块	1.3 mm
第四块	7 mm
	10.385mm

二、圆锥尺寸的确认

在磨削圆锥时，除了要有正确的锥度（角）以外，还必须控制锥面的大端或小端直径尺寸，即通过对内外圆锥面的直接或间接测量，进行圆锥尺寸的确认。

1. 用锥度量规检验确认　锥度量规就是图4-15所示的圆锥量规。它除了有精确的圆锥形表面外，在锥度量规的锥面大端处有两圈刻线（图4-15b）；在锥度套规的小端处有一个台阶（图4-15a）。这些刻线和台阶就是检验工件圆锥大端和小端直径的公差范围。

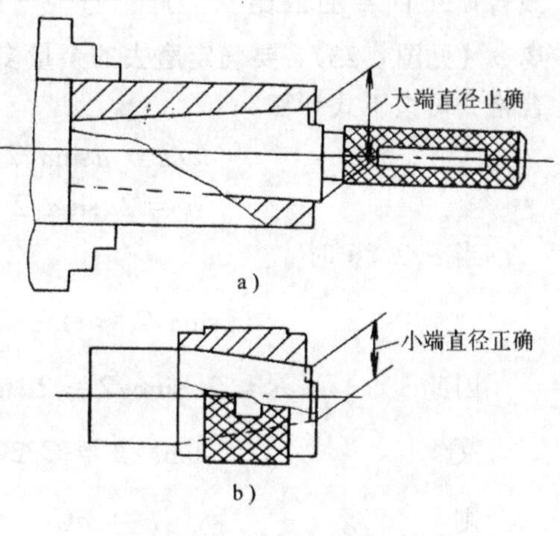

图4-22　用锥度量规测量

a）测量锥孔　b）测量外锥体

用圆锥塞规检验锥孔时，如果大端处的两条刻线都进入锥孔的大端，就表明锥孔大了。如果两条刻线都未进入锥孔的大端，则表明锥孔小了。如果工件锥孔大端在圆锥塞规大端两条刻线之间，则确认锥孔尺寸符合要求（图4-22a）。

用圆锥套规检验外锥体的方法与圆锥塞规相同，只是圆锥套规控制的是工件外锥体小端直径公差，由套规小端的台阶来测量。测量时工件外锥体小端直径应在套规台阶之间，才确认为合格（见图 4-22b）。

用上述方法检验，若大端或小端尚未达到尺寸要求时，必须要再进给磨削。圆锥的大小端直径用一般通用量具很难测量正确，用量规测量也只能量出工件端面到量规台阶中间平面的距离 a（见图 4-23）。要确定磨去的余量多少才能使大、小端尺寸合格，可按下式计算

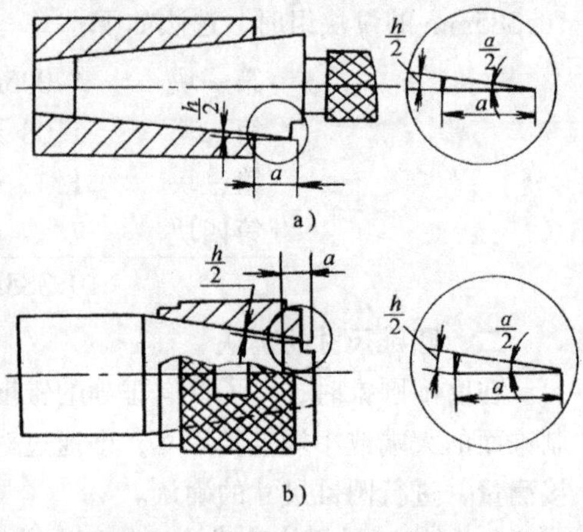

图 4-23 圆锥尺寸的余量确定

a）确定锥孔余量 b）确定外锥体余量

$$h/2 = a\sin\alpha/2$$

$$h = 2a\sin\alpha/2 \tag{4-10}$$

当 $\alpha/2<6°$时

$$\sin\alpha/2 \approx \tan\alpha/2$$

因此 $$h = 2a\sin\alpha/2 \approx 2a\tan\alpha/2$$

又 $$\tan\alpha/2 = C/2$$

则 $$h = aC \tag{4-11}$$

式中 h——需要磨去的余量（mm）；

a——工件端面到量规台阶平面的距离（mm）。

例 1 磨莫氏 3 号（$\alpha/2=1°26'16''$）外圆锥，用圆锥套规测量时，锥度已磨准确，工件小端离开套规台阶中间平面的距离 a

=2mm，问工件需磨去多少余量，小端直径尺寸才能合格？

解 据式（4-10）

$$h = 2a\sin\alpha/2 = 2\times 2\text{mm}\times 0.025092$$

$$= 0.100368\text{mm}\approx 0.1\text{mm}$$

需要磨去0.1mm，才能使工件圆锥小端合格。

例2 磨削锥度$C=1:20$的锥孔，锥度已磨准确，但锥孔端面大端离开锥度塞规台阶中间平面的距离$a=1.5$mm，问工件需要磨去多少余量，大端直径尺寸才能合格？

解 据式（4-11）

$$h = aC = 1.5\text{mm}\times\frac{1}{20} = 0.075\text{mm}$$

需磨去0.075mm时，才能使大端直径合格。

2. 内外锥体直径间接测量确认　由于内外锥体直径的直接测量比较困难，尤其是锥孔的测量难度更大。为此，可用圆柱量棒和钢球及综合法对内外锥体直径进行间接测量确认。

（1）用圆柱量棒测量外锥体　测量外锥体的圆锥角，可用两根直径相等的圆柱量棒，夹在外锥体的两侧（见图4-24），量得尺寸N，然后在这两根量棒下面，垫上同样高度h的量块组，再量得尺寸M。根据式（4-2）可得

$$C = \frac{M-N}{h} = 2\tan\alpha/2 \tag{4-12}$$

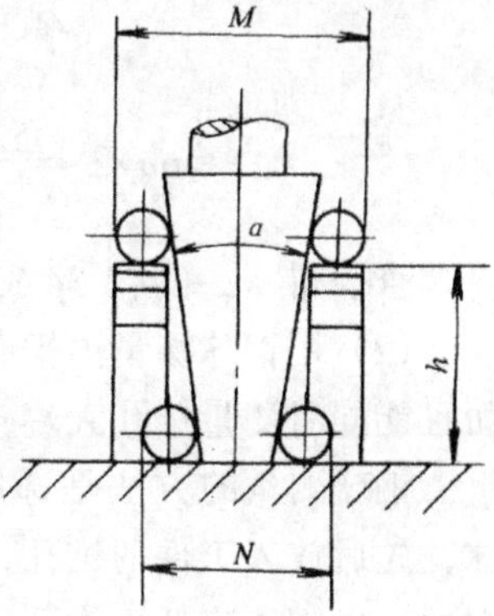

图4-24　用圆柱量棒测量外圆锥体锥度

测量时工件小端端面必须与工件轴心线保持垂直，并且应该放在精密平板上测量。

例 3 有一锥度为1:20的塞规，（圆锥半角 $\alpha/2=1°25'26''$），用两根等直径圆柱量棒测量，量块组高度 $h=80$mm，测得 $N=33.44$ mm，而 $M=37.44$ mm，试计算锥度是否正确?

解 据式（4-12）

$$C=\frac{M-N}{h}=\frac{37.44-33.44}{80}$$

$$=\frac{1}{20}=1:20$$

计算结果证明此工件锥度正确。

例 4 用圆柱量棒测量一外锥体，已知量块组高度 $h=100$mm，测得 $N=39.65$mm，$M=52.15$mm，该外锥体圆锥半角是多少?

解 据式（4-12）

$$2\tan\alpha/2=\frac{M-N}{h}$$

$$\tan\alpha/2=\frac{52.15-39.65}{2\times100}=0.0625$$

查表得 $\alpha/2=3°34'35''$

(2) 用钢球测量内锥孔 用钢球不仅可以测量锥孔的锥度，而且能同时测量锥孔大端直径。

钢球测量的方法是选用两个不同直径而圆度较好的标准钢球，先后放入工件的锥孔，使小端的钢球最低点略高于锥孔小端端面，大钢球略低于锥孔大端端面（图 4-25a)，然后测量出两钢球顶点至大端平面的距离 h 和 H，可用下式计算锥孔锥度

$$\sin\alpha/2=\frac{D_0-d_0}{2(H-h)+d_0-D_0} \tag{4-13}$$

锥孔大端直径计算式为

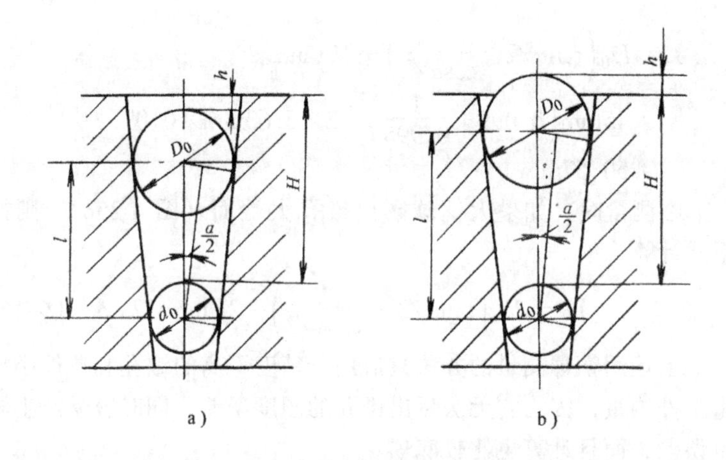

图 4-25 用钢球测量锥孔

$$D = D_0\left(\tan\alpha/2 + \frac{1}{\cos\alpha/2}\right) + 2h\tan\alpha/2 \qquad (4\text{-}14)$$

式中 D_0——大钢球直径（mm）；

d_0——小钢球直径（mm）；

H——小钢球顶点至锥孔大端平面距离（mm）；

h——大钢球顶点至锥孔大端平面距离（mm）；

D——工件锥孔大端直径（mm）。

例 5 用钢球测量锥孔，已知 $D_0=45\text{mm}$，$d_0=30\text{mm}$，测得 $h=5.63\text{mm}$，$H=88.5\text{mm}$，试计算锥孔圆锥半角和大端直径。

解 据式（4-13）

$$\sin\alpha/2 = \frac{D_0 - d_0}{2(H-h) + d_0 - D_0}$$

$$= \frac{45-30}{2(88.5-5.63)+30-45} = 0.0995$$

查表得 $\alpha/2 = 5°42'37.36''$

据式（4-14）

$$D = D_0\left(\tan\alpha/2 + \frac{1}{\cos\alpha/2}\right) + 2h\tan\alpha/2$$
$$= 45\text{mm}\left(0.095 + \frac{1}{0.995}\right) + 2 \times 5.63\text{mm} \times 0.095$$
$$= 50.57\text{mm}$$

在测量时，如果大钢球露出锥孔大端面（图 4-25b），则按下式计算

$$D = D_0\left(\tan\alpha/2 + \frac{1}{\cos\alpha/2}\right) - 2h\tan\alpha/2 \qquad (4\text{-}15)$$

上述用钢球测量的方法只适用于精度不高的锥孔和单件小批量工件测量，因为它无法量出锥孔的圆度误差，同时容易产生测量误差，而且计算也比较麻烦。

(3) 用综合法测量外圆锥体　在检验外圆锥体时，会碰到大端直径公差较小的情况，且锥体大端靠近轴肩，无法用外径千分尺测量其实际尺寸，这时可采用直接测量和间接测量相结合的确认办法，称之为综合法。

1）套规和卡规组合测量　如图 4-26 所示，工件大端直径宽

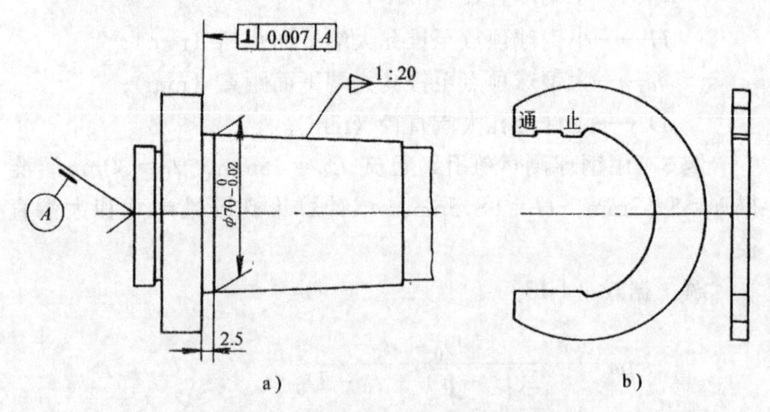

图 4-26　用圆锥套规和卡规组合测量

a）测量方法　b）专用卡规

度仅为 2.5mm，且轴肩较大，标准量具无法测量。为此，采用圆锥套规来检验外圆锥面，用专用卡规（图 4-26b）来测量大端

直径尺寸，其通端和止端分别是大端直径的最大极限尺寸和最小极限尺寸。

2）轴向尺寸的确认和控制　如图 4-27a 所示为磨床头架主轴的前端，锥度为1:4，大端锥径公差为0.008mm，其邻近还有一条槽，因此无法量出精确读数。如果采用控制轴向尺寸的方法就能达到精确测量。考虑到此轴有一个大的轴肩，且有较小的垂直度误差，就给轴向测量提供了一个可靠的基准面。测量时，将圆锥套规放置于平面度误差极小的平面环上，装夹好两只千分表并找正零位（图 4-27b），将套规与千分表一起套在工件锥面上即可进行轴向放大测量。所谓放大测量就是千分表轴向测量的读数值业已因锥度而放大，再乘上锥度值，就是锥径的增大量。在图 4-27c 中，两个千分表的读数都是 0.06mm，表明套规大端面与工件轴肩距离为 0.06mm，其锥径尺寸增大 0.06mm×1/4＝0.015mm。已知锥度套规大端尺寸为 ϕ62.99mm（此尺寸必须小于工件大端尺寸，否则无法测出正确数值）。此时，锥径尺寸为 62.99mm＋0.015mm＝63.005mm，已达图样要求。

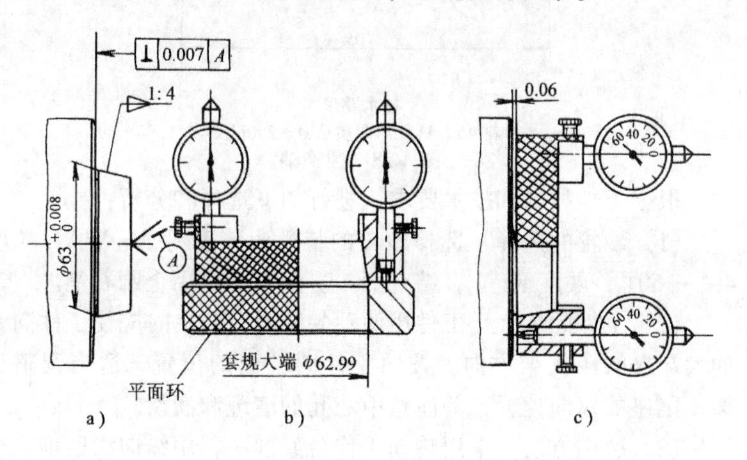

图 4-27　轴向尺寸的确认和控制

a）工件尺寸　b）用套规找正零位　c）轴向测量读数

用此法测量控制外锥体大端外径的轴向尺寸，必须在尚未磨至尺寸公差前用圆锥套规经涂色法检验合格后才能进行。经认真控制和仔细测量可得到非常精确的尺寸。

第五节　圆锥面磨削实例

一、外圆锥面磨削实例

例 1　磨简单圆锥工件

1. 图样和技术要求分析　图 4-28 所示为一简单圆锥工件，其外锥面为莫氏 3 号锥度，大端直径为 $\phi 23.825$mm，表面粗糙度为 $R_a 0.8\mu m$，材料为 45 钢，热处理调质 220～250HBS。

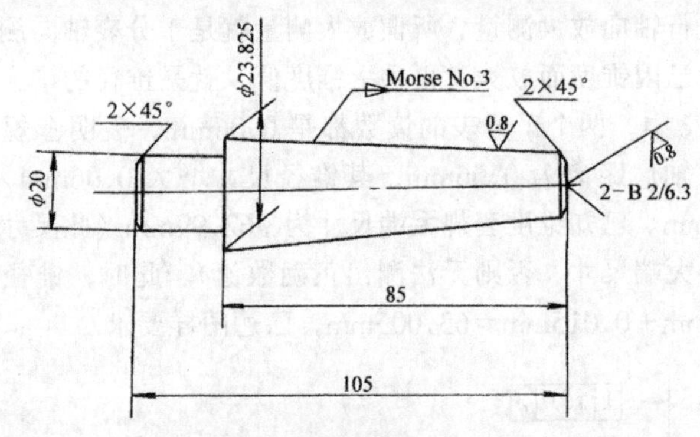

技术要求
材料 45，热处理调质 220～250HBS。

图 4-28　圆锥轴

根据工件材料和技术要求，进行如下选择和分析：

（1）砂轮的选择　选择砂轮的特性为：磨料 A～WA，粒度 $46^{\#}\sim60^{\#}$，硬度 K～L，结合剂 V。修整砂轮用金刚石笔。

（2）工件的装夹　工件用两顶尖装夹，装夹时应使工件圆锥的大端靠磨床头架方向。按照工件圆锥面的位置，适当调整头架、尾座的纵向位置，并注意中心孔的清理和润滑。

（3）磨削方法　采用转动工作台磨削法，用纵向法磨削。查出莫氏 3 号锥度对应的圆锥半角为 $\alpha/2 = 1°26'15.8''$，将工作台按逆时针方向转动 $\alpha/2$，并用试磨法调整工作台。磨削时，按加工余量和加工要求，划分粗磨和精磨。

(4) 检验方法　锥体用莫氏 3 号锥度圆锥套规涂色法检验，接触面应大于 75%。大端直径尺寸确认，直接用外径千分尺测量。

(5) 切削液的选择　选用乳化液切削液，磨削过程中注意充分冷却。

2. 操作步骤　在 M1432A 型万能外圆磨床上进行操作。

1) 操作前检查、准备。

① 用两顶尖装夹工件，锥面大端靠近机床头架。装夹前清理中心孔，并加润滑脂。

② 找正工作台，找正工件外圆径向圆跳动误差不大于 0.005mm。

③ 转动工作台，逆时针方向转 1°26′15.8″，锁紧。

④ 检查外锥面加工余量。

⑤ 修整砂轮。

2) 试磨外锥面，磨出即可，锥角用游标万能角度尺检查。

3) 粗磨外锥面，留精磨余量 0.07～0.10mm，用圆锥套规检查并确认，表面粗糙度 $R_a0.8\mu m$。

4) 精修整砂轮。

5) 精磨外锥面。用圆锥套规涂色法检验，接触面大于 75%。大端直径 $\phi23.825mm \pm 0.005mm$，表面粗糙度 $R_a0.8\mu m$ 以内。

例 2　磨两端有外锥面的锥轴

1. 图样和技术要求分析　图 4-29 为一锥轴工件，材料为 40Cr 钢，淬火硬度 48～52HRC，一端为莫氏 4 号锥度，大端直径 $\phi31.605mm$，另一端为 1∶20 锥体，大端直径 $\phi20^{+0.013}_{0}mm$，两锥体的表面粗糙度均为 $R_a0.4\mu m$，莫氏 4 号锥体的圆柱度公差为 0.004mm，对 1∶20 锥体轴线的径向圆跳动公差为 0.005mm。

根据以上情况，进行如下选择和分析：

(1) 砂轮的选择　所选砂轮的特性为：磨料 WA～PA，粒

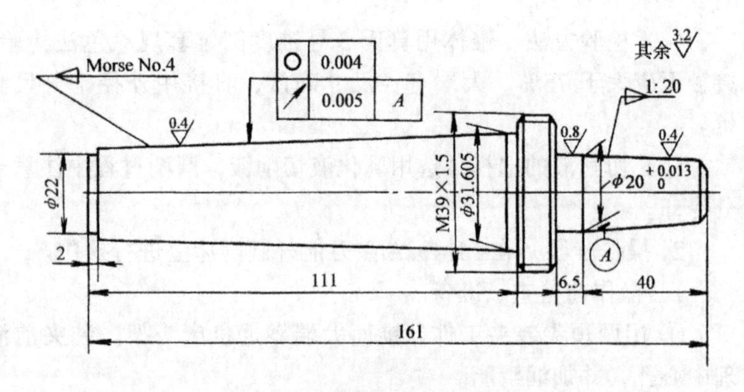

技术要求

1. 材料 45，热处理淬硬 50HRC；

2. 锥面用涂色法检验，接触面大于 75%。

图 4-29　锥轴

度 46# ～60# ，硬度 K～L 级，结合剂 V。修整砂轮用金刚石笔，因表面粗糙度值要求较低，精磨时要对砂轮作精细修整。

（2）装夹方法　由于工件两端有锥度，中间又有台阶，所以要反复调头装夹。工件用两顶尖装夹，为保证锥体圆柱度和径向圆跳动的精度要求，装夹前要清理和研磨工件中心孔，为避免因顶尖磨损而损伤中心孔，最好采用硬质合金顶尖，并要认真调整好顶尖的顶紧力。

（3）磨削方法　采用转动工作台纵向法磨削，磨削时需调整工作台行程挡铁，以防砂轮碰撞台阶端面。磨莫氏 4 号锥度时，工作台逆时针转动 1°29′16″；磨 1:20 锥度时，工作台逆时针转动 1°25′56″。工作台需在试磨后找正。

（4）检验方法　莫氏 4 号锥度用圆锥套规涂色法检验，1:20 锥体用正弦规检验，检验时要防止工件晃动。选用中心距 $L=200$mm 的正弦规，所垫量块组高度 $H=6.665$mm。

（5）切削液的选择　选用乳化液切削液，并注意工件的充分冷却。

2. 操作步骤　在 M1432A 型万能外圆磨床上按以下步骤操作。

1）磨削前检查、准备。

① 用两顶尖装夹工件，使莫氏 4 号锥端靠近机床头架。装夹前检查、清理、润滑中心孔。装夹后用百分表找正 ϕ20mm 外圆径向圆跳动，误差不大于 0.005mm。

② 调整工作台行程挡铁，控制砂轮至台阶端面位置。

③ 修整砂轮。

④ 检查各处磨余量。

2）粗磨 ϕ20mm 外圆，留余量 0.08～0.10mm。

3）转动工作台，逆时针方向转 1°25′56″。

4）粗磨 1∶20 外锥，留 0.08～0.10mm 精磨余量，大端接近 ϕ20mm 处磨出即可，径向圆跳动误差不大于 0.005mm，表面粗糙度 R_a0.8～0.4μm。磨时，用游标万能角度尺测量圆锥角度，粗磨后用中心距 $L=200$mm 的正弦规检验，所垫量块组高度 $H=6.665$mm。

5）调头装夹，找正工作台，以 ϕ20mm 外圆和 1∶20 锥面为基准，找正径向圆跳动误差不大于 0.005mm。

6）转动工作台，逆时针方向转 1°29′16″。

7）调整工作台行程挡铁，控制砂轮在轴肩端面位置。

8）粗磨莫氏 4 号外锥，留精磨余量 0.05～0.07mm，径向圆跳动误差不大于 0.005mm，表面粗糙度 R_a0.8～0.4μm。锥面用圆锥套规涂色法检验，并在套规上装夹两个千分表，用平面环找正零位后作轴向放大测量。

9）研磨两端中心孔。

10）精修整砂轮，最后光修 2～3 次。

11）精磨莫氏 4 号外锥至尺寸，圆柱度误差不大于 0.004mm，径向圆跳动误差不大于 0.005mm，表面精糙度 R_a0.4μm 以下。用圆锥套规涂色法检验，接触面大于 80%，且接触面靠近大端。

12）调头装夹，找正工作台，并找正 ϕ20mm 外圆与莫氏 4 号锥面径向圆跳动，误差不大于 0.005mm。

13）精磨 $\phi20^{+0.013}_{0}$mm 外圆至尺寸，径向圆跳动误差不大于 0.005mm，表面粗糙度 $R_a0.8\mu m$ 以下。

14）转动工作台，逆时针方向转 1°25′56″，并锁紧。

15）精磨 1∶20 锥度外锥面，大端直径与 $\phi20^{+0.013}_{0}$mm 外圆相接，距轴肩端面 6.5mm，表面粗糙度 $R_a0.4\mu m$ 以下。锥度用中心距 $L = 200$mm 的正弦规检验，所垫量块组高度 $H = 6.665$mm，锥角误差为 0～－40″。

二、内圆锥面磨削实例

例 1 磨削锥孔轴套

1. 图样和技术要求分析　图 4-30 所示为锥孔轴套，材料为 45 钢，调质 220～250HBS，内孔锥度为 1∶10，径向圆跳动公差为 0.005mm，表面粗糙度 $R_a0.8\mu m$。工件锥孔大端尺寸为 $\phi29.5^{+0.05}_{0}$ mm。

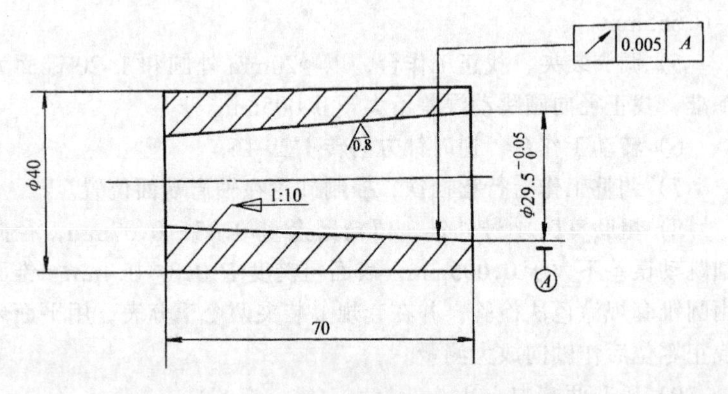

技术要求
材料 45，热处理调质 220～250HBS。

图 4-30　锥孔轴套

根据工件材料和技术要求，进行如下选择和分析。

(1) 砂轮的选择　所选砂轮的特性为：磨料 A～WA，粒度 46#～60#，硬度 K～L，结合剂 V。砂轮直径应小于锥孔小端直径（经计算为 $\phi22.5$mm），选用 $\phi20$mm，宽度为 40mm 的平形砂轮。修整砂轮用金刚石笔。

(2) 装夹方法　采用三爪自定心卡盘或四爪单动卡盘装夹，装夹后需找正外圆径向圆跳动量，误差不大于 0.005mm，并找正内圆磨具砂轮主轴轴线与工件回转轴线等高度，误差不大于 0.02mm。

(3) 磨削方法　用纵向法，转动工作台磨削内锥孔，1∶10 锥度的圆锥半角 $\alpha/2=2°51'45''$，工作台应顺时针转动同样的角度。磨削时应调整工作台行程挡铁位置，控制砂轮出口长度。磨削时划分粗、精加工阶段。

(4) 检验方法　用钢球测量内锥孔与大端直径。

(5) 切削液的选择　选用乳化液切削液，并注意充分冷却。

2. 操作步骤　在 M1432A 型万能外圆磨床上进行磨削操作

1) 操作前检查、准备。

① 用三爪自定心卡盘装夹工件左端。

② 找正外圆径向圆跳动误差不大于 0.005mm。

③ 找正内圆磨具主轴轴线与工件轴线等高度，误差不大于 0.02mm。

④ 将工作台顺时针方向转动 2°51′45″。

⑤ 调整工作台行程挡铁，使砂轮越出孔口长度为15～20mm。

⑥ 修整砂轮。

⑦ 检查锥孔磨削加工余量。

2) 粗磨内锥孔，留余量 0.08～0.10mm。磨时用游标万能角度尺检查圆锥半角。粗磨后用钢球测量锥孔锥度及大端直径尺寸。锥孔的径向圆跳动误差不大于 0.005mm，表面粗糙度 $R_a0.8\mu m$ 以内。

3) 精修整砂轮。

4) 精磨内锥孔，径向圆跳动误差不大于 0.005mm，表面粗糙度 $R_a0.8\mu m$ 以内。锥孔用钢球测量，圆锥半角误差为 0～30″，大端直径尺寸为 $\phi29.5^{+0.05}_{0}$ mm。

例 2　磨顶尖套

1. 图样和技术要求分析　如图 4-31 所示为一顶尖套工件，

材料为 45 钢，热处理淬硬 42～48HRC。工件需磨内、外圆锥面，内锥为莫氏 4 号锥度，外锥为莫氏 5 号锥度，同轴度公差为 $\phi0.01$mm，锥孔表面粗糙度为 $R_a0.8\mu$m，外锥表面粗糙度为 $R_a0.4\mu$m。要求内、外锥体用圆锥量规涂色检验，接触面大于 75%，且接触靠近大端。

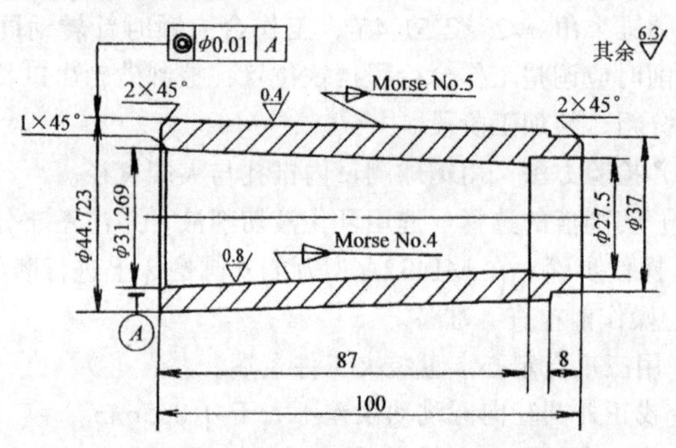

技术要求
1. 材料 45，热处理至 42～48HRC；
2. 内、外锥体接触着色检验应大于 75%，且接触靠近大端。

图 4-31　顶尖套

根据工件材料及技术要求，进行如下选择和分析。

(1) 砂轮的选择　所选砂轮特性为：磨料 WA～PA，粒度 46#～60#，硬度 K～L，结合剂 V。内圆砂轮选平形砂轮，直径 $\phi20$mm，宽度 40mm。修整砂轮用金刚石笔。

(2) 装夹方法　磨削内锥用卡盘装夹，磨外锥面用锥度心轴装夹。均需找正径向圆跳动误差。

(3) 磨削方法　采用 M1432A 型万能外圆磨床，回转工作台，纵向磨削法磨削。内锥用内圆磨具加工。磨内锥时，需找正内圆磨具主轴轴线与工件轴线等高度，误差在 0.02mm 以内，并控制砂轮越出孔口长度。

(4) 检验方法　内锥用圆锥塞规、外锥用圆锥套规，均用涂色法检验。

(5) 切削液的选择　选用乳化液切削液，切削液要充分，尤其在磨锥孔时，更要注意充分的冷却。

2. 操作步骤

1) 操作前检查、准备。此项基本内容与方法同例1中序号(1)，所不同的是：用三爪自定心卡盘装夹右端 ϕ37mm 处；工作台顺时针旋转 1°29′16″。

2) 粗磨锥孔。用莫氏4号圆锥塞规检验，留精磨余量 0.07～0.10mm。粗磨中可用游标万能角度尺测量圆锥半角以便找正锥度。

3) 精修整内圆砂轮。

4) 精磨莫氏4号内锥孔。用圆锥塞规涂色法检验，接触面大于75%，且接触靠近大端。以圆锥塞规上刻线检验大端直径，使之符合要求。用千分表测量锥孔径向圆跳动量，误差在 0.005mm 以内，表面粗糙度为 $R_a0.8\mu m$ 以内。

5) 将内圆磨具放回砂轮架。

6) 用专用锥度心轴装夹工件。装夹前找正工作台，找正心轴的径向圆跳动量，误差不大于 0.002mm。

7) 转动工作台，逆时针方向旋转 1°30′27″。

8) 修整外圆砂轮。

9) 粗磨莫氏5号外锥，留精磨余量 0.05～0.08mm。粗磨中用游标万能角度尺测量外锥圆锥半角，便于调整锥度，粗磨后用莫氏5号圆锥套规检验锥度，径向圆跳动误差不大于 0.005mm。

10) 精修整砂轮，最后光修 2～3 次。

11) 精磨莫氏5号外锥至要求。用圆锥套规涂色法检验锥度，接触面大于75%，且接触靠近大端，大端直径用外径千分尺测量。锥面径向圆跳动误差不大于 0.005mm，表面粗糙度 $R_a0.4\mu m$ 以内。

第六节　圆锥面磨削产生的缺陷分析

在磨圆锥面时，常见的磨削缺陷主要有圆锥度（或角度）不准确、素线不直和尺寸不准确等。这些缺陷会影响产品质量甚至会产生废品。为此，必须对各种缺陷进行具体分析，找出原因后采取预防措施加以解决。

一、圆锥度（或角度）不准确

圆锥面的圆锥度（或角度）不准确，主要有如下原因：

(1) 检验不准确　当用圆锥塞规和圆锥套规检验锥孔和外锥面时，由于清洁工作未做好，显示剂涂得太厚或不均匀；对研接触面时摇晃或转动角度太大、次数太多等，均可能造成测量误差，致使圆锥面的圆锥度（或角度）不准确。

(2) 工作台（或头架或砂轮架）转角调整不正确　转角有误差或转动后未锁紧，会直接影响工件的圆锥度（或角度）。

(3) 装夹不牢固　由于工件未被紧固（在用卡盘或夹具装夹时较为突出），虽然锥度已调整准确，但工件在磨削过程中因未夹牢而产生移动，仍不能得到准确的圆锥度（或角度）；用圆锥塞规检验锥孔时因用力过大也会造成工件位置变动，影响其圆锥度（或角度）。

(4) 磨削方法不正确　主要是磨削余量安排不合理，造成砂轮压力变化和局部磨损加剧，用磨钝的砂轮磨削时，因弹性变形使锥度（或角度）发生变动。磨削直径小而长的内圆锥时，由于砂轮接长轴细长、刚性差，再加上砂轮圆周速度低，使砂轮主轴产生弹性变形，使圆锥度（或角度）不准确，表面粗糙度值相应增加。

(5) 机床中有关因素　如工作台导轨润滑油太多，浮力过大，运行中产生摆动爬行，尾座锥孔与顶尖配合间隙太大及头架回转精度不好等均会使工件圆锥度（或角度）发生变化。

二、素线不直

在磨削圆锥面时，虽然经过多次调整工作台（或头架）的转角，但仍找不准锥度。当用圆锥套规检测外锥体时，往往发现两端将显示剂擦去，而中间不接触；当用圆锥塞规检测锥孔时，则发现中间显示剂擦去，而两端没有擦去。这两种情况的出现，一般是因为砂轮旋转轴线与工件的旋转轴线不等高而引起的，由此造成素线不直，形成双曲线误差（见图 4-32），特分析如下：

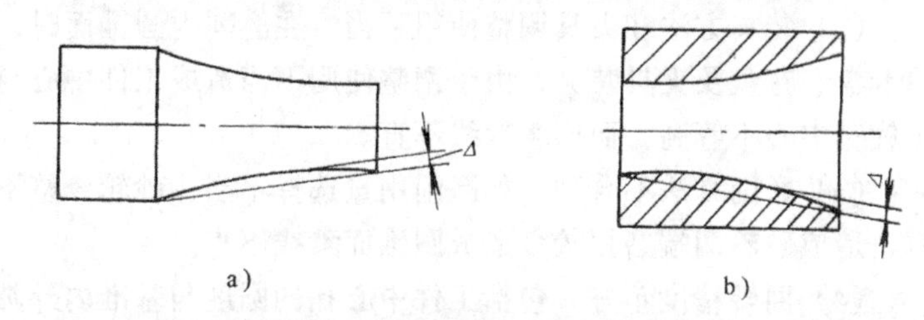

图 4-32　圆锥面的双曲线误差

a）外锥面双曲线误差　b）内锥面双曲线误差

从圆锥面形成的原理可知，圆锥素线是一条直线，如图4-33中 AB，如果把一个标准圆锥体从离开中心 Δh 处剖开，其交线

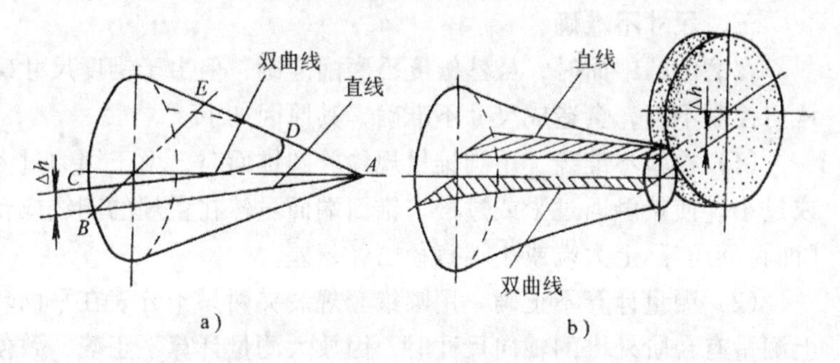

图 4-33　磨圆锥面时的双曲线误差的形成原理

a）圆锥体　b）双曲线误差

CDE 就是双曲线，也即砂轮旋转轴线高于或低于工件旋转轴线 Δh 时，并且作直线移动，就必然会产生双曲线误差。因此，磨削圆锥面时，对砂轮旋转轴线与工件旋转轴线的等高性要求非常严格。磨削外圆锥时，由于外圆砂轮直径大、接触弧长，等高要求较低，一般在 0.2mm 之内；而磨内锥孔时，由于砂轮直径小，

等高要求在0.02mm之内，并且由于头架热变形的影响，只允许头架低。

产生圆锥面素线不直具体原因如下：

(1) 机床几何精度不良　头架尾座中心连线的同轴度超差，造成与砂轮主轴等高度及轴线平行度超差。

(2) 装夹方法和夹具调整使用不当　在磨削内圆锥面时，多用卡盘、花盘及夹具装夹，由于调整使用不当造成工件中心与砂轮旋转中心不等高，而产生素线不直。

(3) 磨削方法不合理　如磨削用量选择不当，砂轮修整不及时，造成砂轮两端磨损较多造成圆锥面素线不直。

(4) 回转精度不好　包括工件中心孔的圆度与基准内外圆的圆度，头架主轴回转精度及砂轮主轴轴承的精度等都会使圆锥面素线产生误差。用卡盘和夹具装夹工件时，如果夹紧力太大或装夹过紧，会造成工件拆下时变形，产生圆度误差，使圆锥面素线不直。

三、尺寸不准确

在磨削圆锥面时，虽然锥度已磨削准确，但由于锥度尺寸确认与控制不当，会造成尺寸不准确，其原因如下。

(1) 检验不准确　用圆锥量规检验圆锥面时，由于用力过大或过小，使接触面过紧或过松，锥面端面虽然在量规的刻线或台阶间，但实际上大端或小端直径已经超差。

(2) 测量计算不正确　用圆锥套规装夹两只千分表在平面环上测量有台阶外锥的轴向尺寸时，因放大测量计算不正确，致使锥径超差；用钢球测量锥孔大端直径时，由于计算误差，以致锥孔尺寸不准确。

(3) 磨削方法不正确　如磨削用量过大，引起工件热变形和弹性变形，影响尺寸的变化。砂轮越出工件端面太多或太少，停留时间过长，也会使工件锥面两端尺寸较大或较小。

产生上述缺陷，可进行具体分析，找出具体的原因，采取防止和解决的措施。此外，在圆锥磨削时还会产生普通外圆磨削或内圆磨削常见的缺陷，如工件表面出现波纹、螺旋纹、振痕、喇叭口、烧伤及表面粗糙度值增高等，这些缺陷的产生原因和预防解决办法可参见本书第二章、第三章。

复 习 思 考 题

1. 圆锥面的配合有哪些特点?
2. 试述圆锥的各部分名称和计算方法。
3. 圆锥一般分为哪几类? 各有什么特点?
4. 圆锥公差包括哪些方面?
5. 外圆锥的磨削方法有哪几种? 各有什么特点?
6. 内圆锥的磨削方法有哪几种? 各有什么特点?
7. 锥度（或角度）的检验方法有哪几种? 具体如何检验测量?
8. 圆锥尺寸如何确认?
9. 如何控制和确认锥体的轴向尺寸?
10. 锥体用正弦规测量、用量棒测量、用钢球测量各是如何计算的?
11. 简述用正弦规和千分表测量锥体锥度误差的步骤和计算方法。
12. 简述磨削一般外锥体的操作步骤。
13. 简述磨削一般内锥孔的操作步骤。
14. 简述磨削内、外锥体工件的操作步骤及要领。
15. 磨圆锥面时常见的磨削缺陷有哪几种?
16. 圆锥面磨削时，产生圆锥度（或角度）不准确的原因有哪些?
17. 试述磨削圆锥面时双曲线误差的形成原因及预防解决办法。
18. 圆锥面磨削时尺寸不准确产生的原因有哪些?

第五章 平 面 磨 削

培训要求　了解平面磨削的形式、特点和方法及工件的装夹，掌握典型平面磨削实例的操作步骤、要领与平面精度的检验。

机器零件除了有圆柱、圆锥表面外，还经常由各种平面组成。这类工件主要技术要求是尺寸精度和形状位置精度，如平面度、平行度和垂直度等。平面磨削通常在平面磨床上进行。小型的平面工件也可在工具磨床上加工。

在平面磨床上磨削平面，精度一般可达公差等级 IT7～IT6 级，表面粗糙度为 $R_a0.63 \sim 0.16\mu m$。精密平面磨床，磨削表面粗糙度可达 $R_a0.1\mu m$，平行度误差在 1000mm 长度内为 0.01mm。

第一节　平面磨削的形式、特点和方法

一、平面磨削的形式

按照平面磨床磨头和工作台的结构特点，可将平面磨床分为五种类型，即卧轴矩台平面磨床、卧轴圆台平面磨床、立轴矩台平面磨床、立轴圆台平面磨床及双端面磨床等。图 5-1 为这五种平面磨床磨削的示意图。

1. 平面磨床的类型简介

(1) 卧轴矩台平面磨床　砂轮的主轴轴线与工作台台面平行 (图 5-1a)，工件安装在矩形电磁吸盘上，并随工作台作纵向往复直线运动。砂轮在高速旋转的同时作间歇的横向移动，在工件表面磨去一层后，砂轮反向移动，同时作一次垂向进给，直至将工件磨削到所需的尺寸。图 5-2 为常用的 M7120A 型卧轴矩台平面磨床。

(2) 卧轴圆台平面磨床　砂轮的主轴是卧式的，工作台是圆

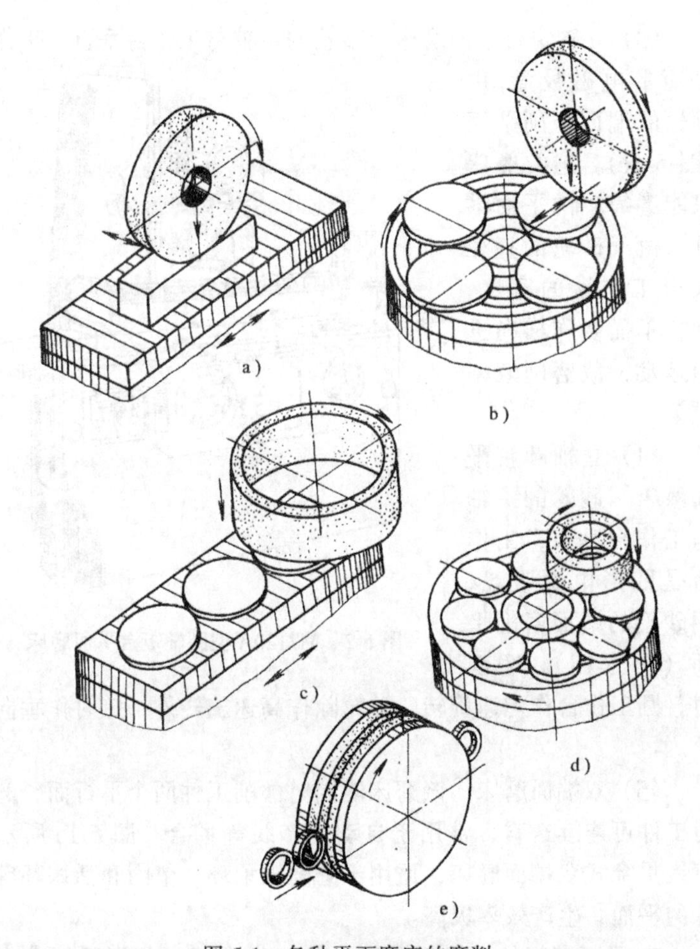

图 5-1　各种平面磨床的磨削

a）卧轴矩台平面磨床磨削　b）卧轴圆台平面磨床磨削　c）立轴矩台平面磨床磨削　d）立轴圆台平面磨床磨削　e）双端面磨床磨削

形电磁吸盘，用砂轮的圆周面磨削平面（图 5-1b)。磨削时，圆台电磁吸盘将工件吸在一起作单向匀速旋转，砂轮除高速旋转外，还在圆台外缘和中心之间作往复运动，以完成磨削进给，每往复一次或每次换向后，砂轮向工件垂向进给，直至将工件磨削到所需要的尺寸。由于工作台是连续旋转的，所以磨削效率较高，但不能磨削台阶面等复杂的平面。

(3) 立轴矩台平面磨床　砂轮的主轴与工作台垂直，工作台是矩形电磁吸盘，用砂轮的端面磨削平面（图 5-1c）。这类磨床只能磨简单的平面零件。由于砂轮的直径大于工作台的宽度，砂轮不需要作横向进给运动，故磨削效率较高。

(4) 立轴圆台平面磨床　砂轮的主轴与工作台垂直，工作台是圆形电磁吸盘，用砂轮的端面磨削平面（图 5-1d）。磨削时，圆工作台作匀速旋转，砂轮除作高速旋转外，定时作垂向进给。

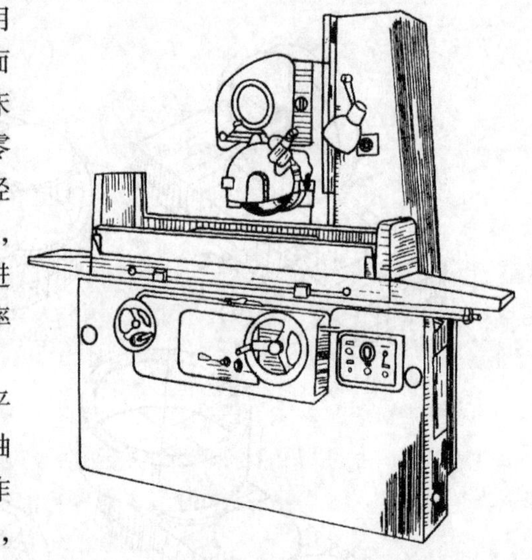

图 5-2　M7120A 型卧轴矩台平面磨床

(5) 双端面磨床　该磨床能同时磨削工件两个平行面，磨削时工件可连续送料，常用于自动生产线等场合。图 5-1e 所示为直线贯穿式双端面磨床，适用于磨削轴承环、垫圈和活塞环等工件的平面，生产效率极高。

2. 平面磨削的形式　若以砂轮工作表面来分则可划分为周边磨削、端面磨削及周边—端面磨削三种平面磨削的形式。

(1) 周边磨削　又称圆周磨削，是用砂轮的圆周面进行磨削。卧轴的平面磨床均属于这种形式（如图 5-1a、b）。在刀具磨床上磨削小平面或沟槽底平面，也是周边磨削。

(2) 端面磨削　用砂轮的端面进行磨削。立轴的平面磨床均属于这种形式（如图 5-1c、d）。在磨削台阶轴或台阶孔端面时，采用的也是端面磨削。在刀具磨床上磨削槽侧，也用端面磨削。

大尺寸圆盘的端面，亦可在万能外圆磨床上用转动头架的方法进行端面磨削。

(3) 周边—端面磨削　同时用砂轮的圆周面和端面进行磨削(见图 5-1e)。磨削台阶面时，若台阶不深，可在卧轴矩台平面磨床上，用砂轮进行周边—端面磨削。小尺寸的台阶面或沟槽，其底面和侧面，亦可在刀具磨床上进行周边—端面磨削。

二、平面磨削的特点

平面磨削的形式不同，其特点也各不相同。

1. 周边磨削的特点　用砂轮圆周面磨削平面时，砂轮与工件的接触面较小，磨削时的冷却和排屑条件较好，产生的磨削力和磨削热也较小，因此能减少工件受热所发生的变形，有利于提高工件的磨削精度。适用于精磨各种工件的平面，平面度误差能控制在 0.01～0.02mm/1000mm，表面粗糙度可达 R_a0.8～0.2μm。但由于磨削时要用间断的横向进给来完成整个工件表面的磨削，所以生产效率较低。

2. 端面磨削的特点　在立轴平面磨床上，用筒形砂轮端面磨削时，机床的功率较大，砂轮主轴主要承受轴向力，因此弯曲变形小，刚性好，可选用较大的磨削用量。另由于砂轮与工件接触面积大，同时参加切削的磨粒多，所以生产效率较高。但磨削过程中发热量较大，切削液不易直接浇注到磨削区，排屑较困难，因而工件容易产生热变形和烧伤。只适用于磨削精度不高且形状简单的工件。

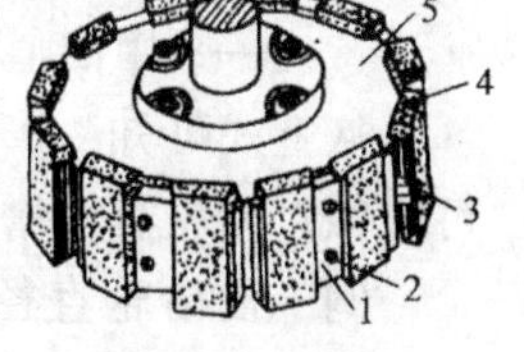

图 5-3　镶块砂轮

1—楔块　2—螺钉

3—平衡块　4—砂瓦

5—法兰盘

为了改善端面磨削加工的质量，通常可采用以下措施：

1）选用粒度较大、硬度较低的树脂结合剂砂轮。

2）磨削时供应充分的切削液。

3）采用镶块砂轮磨削。镶块砂轮（见图 5-3）由几块扇形砂瓦，用螺钉、楔块等固定在金属法兰盘上构成。磨削时，砂轮与工件的接触面减少，改善了排屑与冷却条件，砂轮不易堵塞，且可更换砂瓦，砂轮使用寿命长。但是镶块砂轮是间断磨削，磨削时易产生振动，因此加工表面的粗糙度值较高。

4）将砂轮端面修成内锥面或者使磨头倾斜一微小的角度 α，以减少砂轮与工件的接触面积，改善散热条件（见图 5-4）。但磨头倾斜后磨出的平面略呈凹形，其凹值 A 可按下式计算

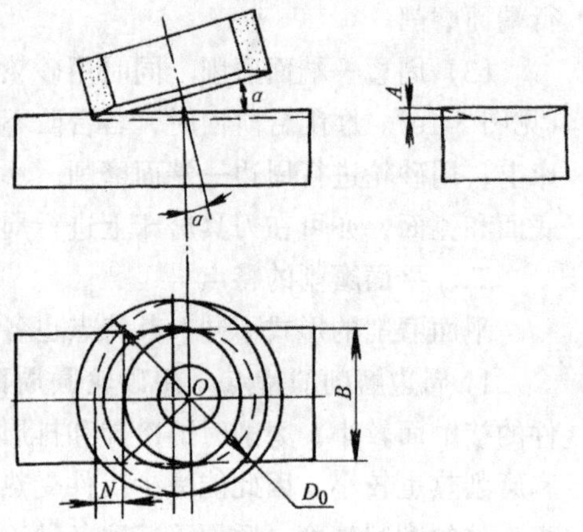

图 5-4 磨头偏斜对加工精度的影响

$$A = N \cdot \tan\alpha = \frac{1}{2}(D_0 - \sqrt{D_0^2 - B^2})\tan\alpha \qquad (5\text{-}1)$$

式中 N——砂轮与工件在 x—x 方向接触长度（mm）；

D_0——砂轮直径（mm）；

B——磨削表面宽度（mm）；

α——磨头倾斜角度（°）；

A——中凹值（mm）。

从上式可知，磨头偏斜角 α、磨削宽度 B 增大时，中凹值可增加；砂轮直径增大时，中凹值减小。

例 设砂轮直径 $D = 350\text{mm}$，磨削宽度 $B = 150\text{mm}$，磨头偏斜角 $\alpha = 30'$，求中凹值 A 是多少？

解 据式（5-1）

$$A = \frac{1}{2}(D - \sqrt{D^2 - B^2})\tan\alpha$$

$$= \frac{1}{2}(350\text{mm} - \sqrt{350^2 - 150^2}\text{mm})\tan30'$$

$$= 0.15\text{mm}$$

由此可见，磨头偏斜对磨削平面的平面度误差影响很大，所以精磨时必须使磨头轴线与工作台面相互垂直，以保证加工面的平面度要求；粗磨时，磨头的倾斜角一般不要超过30′。

磨头与工作台面是否垂直一般可用两种方法检查。一种方法是用千分表测量，将千分表座吸附在磨头砂轮架上，工作台上放一块垂直度误差极小的平垫铁，将千分表量头压在平垫铁侧面，磨头垂直升降，看千分表读数的变化，即可知磨头与工作台的垂直度误差。若工作台上放一块平行度误差极小的平垫铁，先移动工作台，用千分表测量一下工作台的水平，再用千分表测量一下平垫铁上平面的两端高低，将检测平垫铁的读数误差值与工作台的读数误差值相比较，也可换算出磨头与工作台面的垂直度误差。第二种方法是直接通过观察加工面的磨削痕迹来判断。若磨头与工作台面相互垂直，则磨痕为正反相交叉的双纹或称双刀花，若磨头倾斜，则磨痕是不相交的单纹或称单刀花（见图5-5）。

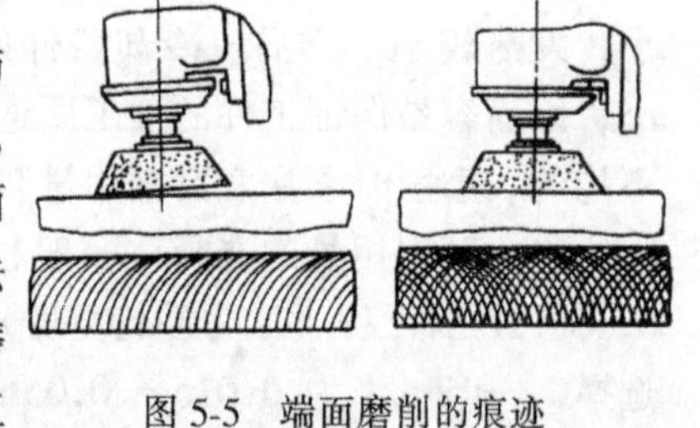

图5-5　端面磨削的痕迹

3．周边—端面磨削的特点　周边—端面磨削最终须使砂轮的圆周面与端面同时与工件表面接触，磨削条件较差，产生的磨削热较大，所以磨削用量不宜过大。在卧轴矩台平面磨床上磨台阶面时，通常先用周边磨削磨出水平面，在接近台阶侧面处调整控制好工作台行程挡铁，使砂轮不与台阶端面碰撞，同时需将砂轮端面修成内凹形，用手摇工作台纵向进给手轮，缓慢均匀地进给，观察端面磨削的火花，控制磨削进给量。在精磨时，适当增加光磨时间，以保证周边—端面磨削的精度，磨削时并注意供应充足的切削液进行冷却。如果工件有一定批量，可选用粒度较大、硬度较软的树脂结合剂砂轮。在刀具磨床上进行周边—端面磨削时，因为多用干磨，所以应选用弹性较好的树脂结合剂砂轮或橡胶结合剂砂轮，可避免烧伤工件。

三、平面磨削的方法

以卧轴矩台平面磨床为例，平面磨削的常用方法有以下几种。

1. 横向磨削法　横向磨削法是最常用的一种磨削方法。磨削时，当工作台纵向行程终了时，砂轮主轴或工作台作一次横向进给，这时砂轮所磨削的金属层厚度就是实际背吃刀量。磨削宽度等于横向进给量，待工件上第一层金属磨去后，砂轮重新作垂向进给，直至切除全部余量为止，这种方法称为横向磨削法（图5-6a）。

横向磨削法适用于磨削长而宽的工件，因其磨削接触面积小，发热较小，排屑、冷却条件好、砂轮不易堵塞，工件变形小，因而容易保证工件的加工质量。但生产效率较低，砂轮磨损不均匀，磨削时须注意磨削用量和砂轮的正确选择。

(1) 磨削用量的选择　一般粗磨时，横向进给量为（0.1～0.48）B/双行程（B 为砂轮宽度），垂向进给量根据横向进给量选择，一般 a_p 为 0.015～0.05mm。精磨时，横向进给量为(0.05～0.1) B/双行程，a_p=0.005～0.01mm。

(2) 砂轮的选择　一般用平形砂轮，陶瓷结合剂。由于平面磨削时砂轮与工件的接触弧比外圆磨削大，所以砂轮的硬度应比外圆磨削时稍低些，粒度更大些。常用砂轮的特性可参见表5-1。

表 5-1　平面磨削砂轮的选择

工件材料		非淬火的碳素钢	调质的合金钢	淬火的碳素钢、合金钢	铸铁
砂轮的特性	磨料	A	A	WA	C
	粒度	36～46	36～46	36～46	36～46
	硬度	L～N	K～M	J～K	K～M
	组织	5～6	5～6	5～6	5～6
	结合剂	V	V	V	V

2. 深度磨削法　又称切入磨削法（见图5-6b）。它是在横向磨削法的基础上发展的。其磨削特点是，纵向进给速度低，砂轮

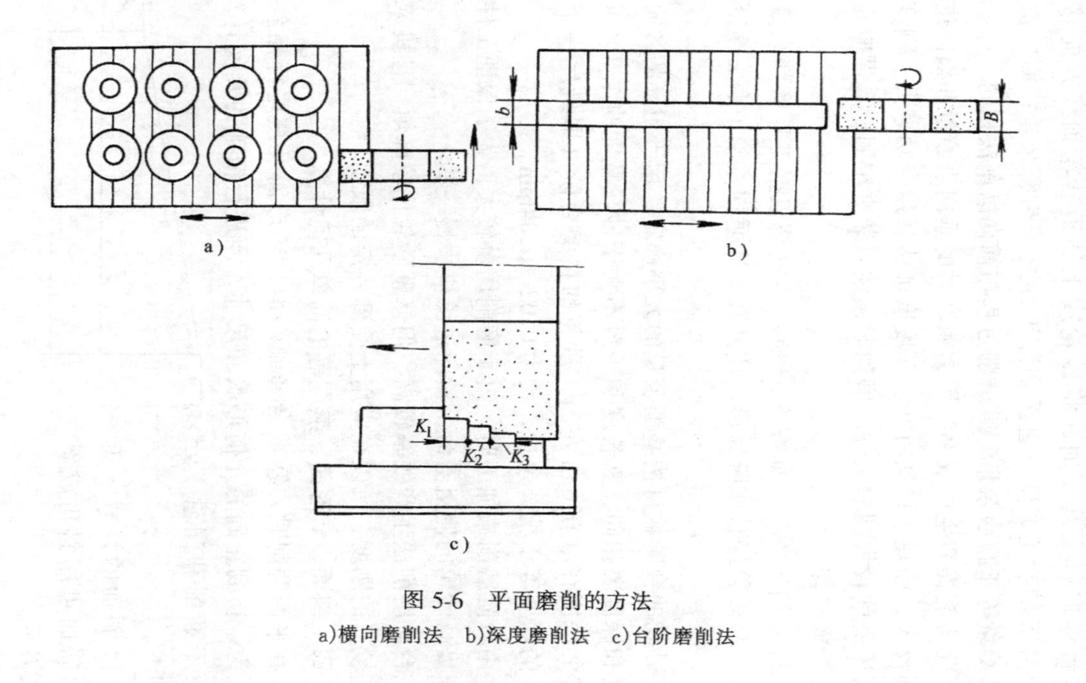

图 5-6　平面磨削的方法

a)横向磨削法　b)深度磨削法　c)台阶磨削法

只作两次垂向进给。第一次垂向进给量等于粗磨的全部余量，当工作台纵向行程终了时，将砂轮或工件沿砂轮轴线方向移动3/4～4/5的砂轮宽度，直至切除工件全部粗磨余量；第二次垂向进给量等于精磨余量，其磨削过程与横向磨削法相同。

此法能提高生产效率，因为粗磨时的垂向进给量和横向进给量都较大，缩短了机动时间。深度磨削法适用于功率大、刚度好的磨床磨削较大型的工件。磨削时须注意装夹牢固，且供应充足的切削液冷却。

3. 台阶磨削法　如图5-6c所示，它是根据工件磨削余量的大小，将砂轮修整成阶梯形，使其在一次垂向进给中磨去全部余量。

砂轮的台阶数目按磨削余量的大小确定，用于粗磨的各阶梯长度和深度要相同，其长度和一般不大于砂轮宽度的1/2，每个阶梯的深度在0.05mm左右，砂轮的精磨台阶（即最后一个台阶）的深度等于精磨余量，约为0.02～0.04mm。

用台阶磨削法加工时，由于磨削用量较大，为了保证工件质量和提高砂轮的使用寿命，横向进给应缓慢一些。

台阶磨削法生产效率较高，但修整砂轮比较麻烦，且机床须具有较高的刚度，所以在应用上受到一定的限制。

四、斜面、V形面、燕尾等的简单几何计算

在平面磨削时，经常会遇到斜面、V形面及燕尾等倾斜平面，为了得到正确的几何形状和尺寸，须进行精确的几何计算，以便于磨削和测量，分述如下。

1. 斜面的计算　工件的斜面可用斜角或斜度来表示。

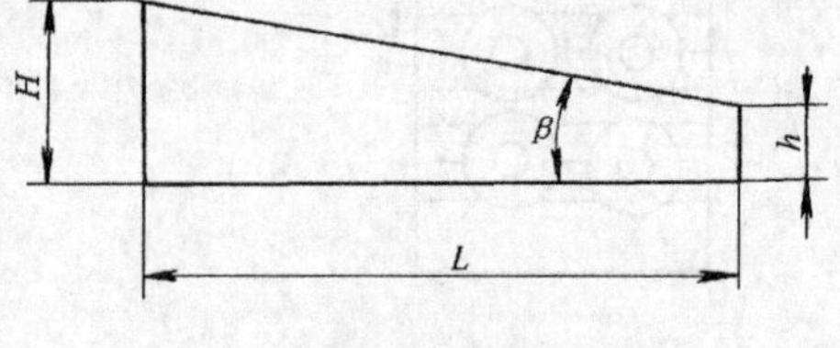

图5-7　斜度与角度的关系

斜度（S）是表示棱体斜面大、小端高度之差与棱体长度的比（图5-7），即

$$S = \frac{H - h}{L} \tag{5-2}$$

式中　H——斜面大端高度（mm）;

h——斜面小端高度（mm）;

L——长度（mm）;

S——斜度（比或比值）。

斜度与斜角的关系

$$S = \tan\beta \tag{5-3}$$

式中　β——斜角（°）。

例1　已知工件大端的高度 $H = 40$mm，小端高度 $h = 25$mm，长度 $L = 150$mm，求工件的斜度 S 和斜角 β。

解　据式（5-2）

$$S = \frac{H - h}{L} = \frac{40 - 25}{150} = \frac{1}{10}$$

又据式（5-3）

$$S = \tan\beta$$

$$\tan\beta = \frac{1}{10}$$

查三角函数表得

$$\beta = 5°42'38''$$

例2　上例中，若用中心距为 200mm 的正弦规测量，试求应垫量块组的高度为多少？

解　据式（4-5）

$$H = L\sin\beta$$

查三角函数表得

$$\sin\beta = \sin 5°42'38'' = 0.0995$$

所以　　$H = 200\text{mm} \times 0.0995 = 19.90\text{mm}$

斜面中有四个基本参数 S（或 β）、H、h 和 L，只要知道任意三个，其它一个就可以计算出来。

2. V形面的计算　V形面通常称为V形槽，两斜面夹角一般为90°，槽中心要求与底面平行，两斜面与槽中心对称（见图

5-8)。V形面的外口尺寸 L 或槽深尺寸 $L/2$ 不易直接测量，需用一根直径为 D 的标准圆柱进行间接测量计算。

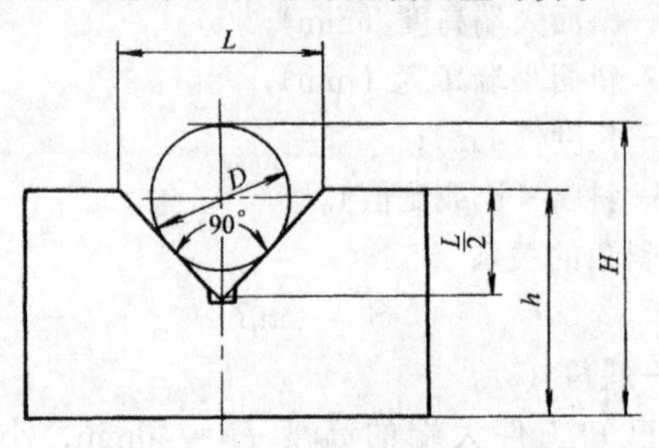

图 5-8 V形面的测量计算

当V形槽夹角为90°时

$$H = h - \frac{L}{2} + \frac{1}{2}(1+\sqrt{2})D \tag{5-4}$$

或

$$\frac{L}{2} = h + \frac{1}{2}(1+\sqrt{2})D - H \tag{5-4-1}$$

式中 H——圆柱顶端至V形工件底面高度（mm）；

h——V形工件高度（mm）；

$\frac{L}{2}$——V形槽深尺寸（mm）；

L——V形槽外口尺寸（mm）。

例 3 用 ϕ20mm 的圆柱测量V形槽，已知V形槽的夹角是90°，工件高度是40mm，V形槽外口尺寸为36mm，圆柱顶端至工件底面的高度应是多少？

解 据式（5-4）

$$\begin{aligned} H &= h - \frac{L}{2} + \frac{1}{2}(1+\sqrt{2})D \\ &= 40\text{mm} - \frac{36}{2}\text{mm} + \frac{1}{2} \times 2.414 \times 20\text{mm} \\ &= 46.14\text{mm} \end{aligned}$$

例 4 用 ϕ30mm 的圆柱测量V形槽夹角为90°的V形面，

测得圆柱顶端至工件底面高度为 61.21mm，而工件的高度是 50mm，求 V 形槽的深度。

解 据式（5-4-1）

$$\frac{L}{2}=h+\frac{1}{2}(1+\sqrt{2})D-H$$

$$=50\text{mm}+\frac{1}{2}\times 2.414\times 30\text{mm}-61.21\text{mm}$$

$$=25\text{mm}$$

3. 燕尾的计算　燕尾有内、外两种，两侧斜面与底面或顶面有一个夹角（燕尾角）α，且左右与燕尾中心对称（见图 5-9）。燕尾角的两顶点间距离（即燕尾槽的大端尺寸或燕尾的小端尺寸）因无法直接测量，故需采用两标准圆柱进行间接测量计算。

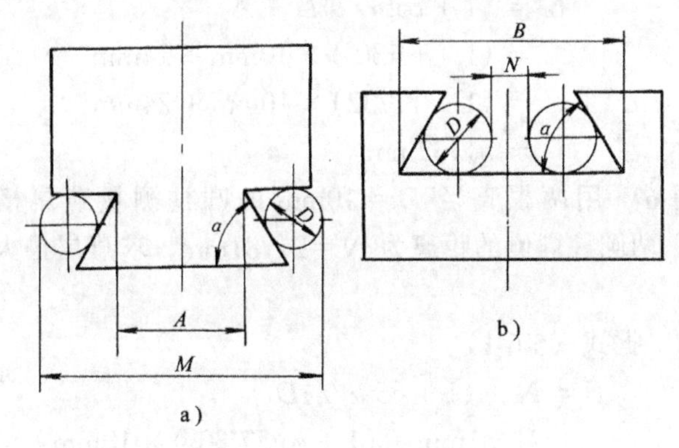

图 5-9　燕尾的测量计算

a）用圆柱测量计算小端尺寸　b）用圆柱测量计算大端尺寸

用圆柱测量计算燕尾小端尺寸（图 5-9a）公式为

$$M=(1+\cot\alpha/2)D+A \tag{5-5}$$

或

$$A=M-(1+\cot\alpha/2)D \tag{5-5-1}$$

式中　M——两圆柱外端的距离（mm）；

D——圆柱直径（mm）；

α——燕尾角（°）；

A——燕尾的小端尺寸（mm）。

用圆柱测量计算燕尾槽大端尺寸（图 5-9b）式为

$$N = B - (1 + \cot\alpha/2)D \qquad (5\text{-}6)$$

或

$$B = N + (1 + \cot\alpha/2)D \qquad (5\text{-}6\text{-}1)$$

式中 N——两圆柱内侧的距离（mm）；

D——圆柱直径（mm）；

α——燕尾角（°）；

B——燕尾槽大端尺寸（mm）。

通常的燕尾角多为 60°或 55°。

例 5 用两根直径 $D=10$mm 的圆柱测量 $\alpha=60°$的燕尾，已知燕尾小端尺寸为 24mm，两圆柱外侧距离是多少？

解 据式（5-5）

$$\begin{aligned} M &= (1 + \cot\alpha/2)D + A \\ &= (1 + \cot 30°) \times 10\text{mm} + 24\text{mm} \\ &= (1 + 1.732) \times 10\text{mm} + 24\text{mm} \\ &= 51.32\text{mm} \end{aligned}$$

例 6 用两根直径 $D=10$mm 的圆柱测量燕尾槽，已知 $\alpha=55°$，两圆柱内侧的距离为 $N=21.81$mm，求燕尾槽大端的尺寸。

解 据式（5-6-1）

$$\begin{aligned} B &= N + (1 + \cot\alpha/2)D \\ &= 21.81\text{mm} + (1 + \cot 27°30') \times 10\text{mm} \\ &= 21.81\text{mm} + (1 + 1.921) \times 10\text{mm} \\ &= 21.81\text{mm} + 29.21\text{mm} \\ &= 51.02\text{mm} \end{aligned}$$

第二节 工件的装夹

平面磨削的装夹方法应根据工件的形状、尺寸和材料而定，可用电磁吸盘装夹、相邻面夹持及粘附装夹。

一、电磁吸盘及其使用

电磁吸盘是最常用的夹具之一，凡是由钢、铸铁等材料制成的有平面的工件，都可用它装夹。

1. 电磁吸盘的结构原理　电磁吸盘是根据电的磁效应原理制成的。在由硅钢片叠成的铁心上绕有线圈，当电流通过线圈，铁心即被磁化，成为带磁性的电磁铁，这时若把铁块引向铁心，立即会被铁心吸住。当切断电流时，铁心磁性中断，铁块就不再被吸住。电磁吸盘的工作原理见图5-10。图中1为钢制吸盘体，在它的中部凸起的心体5上绕有线圈2，钢制盖板3被绝缘层4隔成一些小块。当线圈2通过直流电时，心体5就被磁化，磁力线由心体经过工作台盖板、工件再经工作台板、吸盘体、心体而闭合（图5-10中虚线所示），工件被吸住。绝缘层由铅、铜或巴氏合金等非磁性材料制成，它的作用是使绝大部分磁力线都能通过工件回到吸盘体，而不致通过盖板回去，以构成完整的磁路。

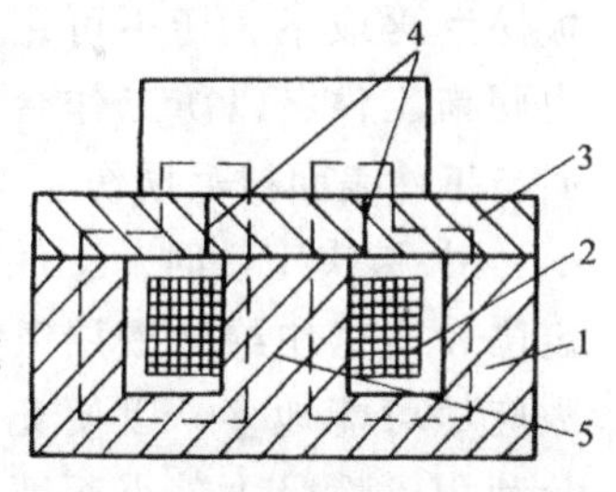

图 5-10　电磁吸盘工作原理
1—吸盘体　2—线圈　3—盖板
4—绝缘层　5—心体

电磁吸盘的外形有矩形和圆形两种，分别用于矩形工作台平面磨床和圆形工作台平面磨床。

2. 使用电磁吸盘装夹工件的特点　使用电磁吸盘装夹工件有以下特点：

1）工件装卸迅速方便，并可以同时装夹多个工件。

2）工件的定位基准面被均匀地吸紧在台面上，能很好地保证平行平面的平行度公差。

3）装夹稳固可靠。

3. 使用电磁吸盘时的注意事项　使用电磁吸盘时应注意以下事项：

1）关掉电磁吸盘的电源后，有时工件不容易取下，这是因为工件和电磁吸盘上仍会保留一部分磁性（剩磁），这时需将开关转到退磁位置，多次改变线圈中的电流方向，把剩磁去掉，工件就容易取下。

2）从电磁吸盘上取底面积较大的工件时，由于剩磁以及光滑表面间粘附力较大，不容易取下，这时可根据工件形状用木棒或铜棒将工件板松后再取下，切不可用力硬拖工件，以防工作台面与工件表面拉毛损伤。

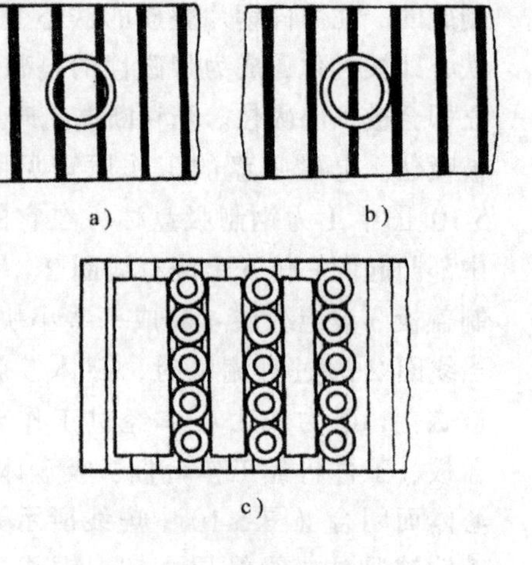

图 5-11　小工件的装夹

3）装夹工件时，工件定位表面盖住绝缘磁层条数应尽可能地多，以便充分利用磁性吸力。小而薄的工件应放在绝缘磁层中间（图 5-11b），要避免放成图 5-11a 所示位置，并在其左右放置挡板，以防止工件松动（图 5-11c）。装夹高度较高而定位面积较小的工件时，应在工件的四周放上面积较大的挡板，其高度略低于工件，这样可避免因吸力不够而造成工件翻倒（图 5-12）。

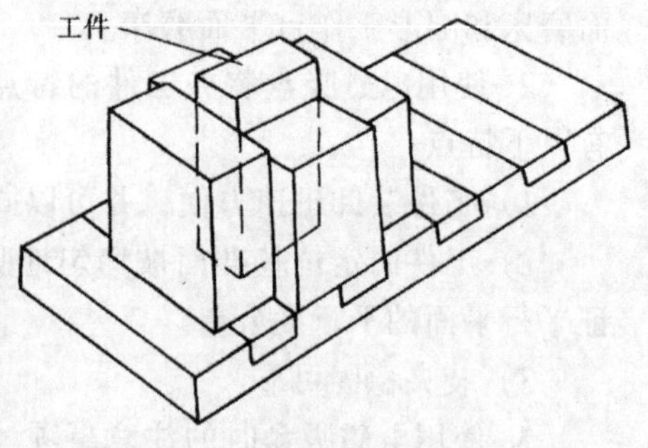

图 5-12　狭高工件的装夹

4）电磁吸盘的台面要经常保持平整光洁，如果台面上出现拉毛，可用三角油石或细砂纸修光，再用金相砂纸抛光。如果台面使用时间较长，表面上划纹和细麻点较多，或者有某些变形时，可以对电磁吸盘台面作一次修磨。修磨时，电磁吸盘应接通电源，使它处于工作状态。磨削量和进刀量要小，冷却要充分，待磨光至无火花出现时即可，应尽量减少修磨次数，以延长其使用寿命。

5）工作结束后，应将吸盘台面擦净。

二、相邻面夹持

磨削工件平面不能直接以定位基准面在电磁吸盘上装夹时（主要是定位基准面太小，或底面倾斜，或底面为不规则表面等），可采用相邻面夹持。

1. 相邻面中有与被磨平面垂直表面的工件的夹持　若被磨平面有与其垂直的相邻面，可用下列方法夹持。

（1）用侧面有吸力的电磁吸盘装夹　有一种电磁吸盘不仅工作台板的上平面能吸住工件，而且其侧面也能吸住工件。若被磨平面有与其垂直的相邻面，且工件体积又不大时，用此装夹比较方便可靠。

（2）用导磁直角铁装夹　导磁直角铁（图5-13）由纯铁1和黄铜片2制成，它的四个工作面是相互垂直的。黄铜片间隔分布，距离与电磁吸盘上的绝磁层距离相等，由铜螺栓3装配成整体。使用时使导磁直角铁的黄铜片与电磁吸盘的绝磁层对齐，电磁吸盘上的磁力线就会延伸到导磁直角铁上。因而当电磁吸盘通电时，工件的邻近侧面就被吸在导磁直角铁的侧面上。

（3）用精密平口钳装夹　图5-14为精密平口钳，精密的固定钳口1，凸台3和平口钳体5为整体结构。凸台3内装有螺母，转动螺杆4，活动钳口2即可夹紧工件。精密平口的平面对侧面有较小的垂直度公差，角度偏差为30°±30″。精密平口钳适用于装夹小型或非磁性材料的工件。被磨平面的相邻面为垂直平面装夹效果较好。

（4）用精密角铁装夹　精密角铁具有两个相互垂直的工作平面，其垂直度公差为0.005mm，磨削平面时，相邻的垂直表面在角铁上定位，并用螺钉压板夹紧（见图5-15）。

（5）用精密V形块装夹　磨削圆柱形工件端面，可用精密V形块装夹（见图5-16）。此法可保证端面对圆柱轴线的垂直度公差，适用于加工较大的圆柱端面工件。

2.相邻面为不规则表面的工件的装夹　若工件被磨平面的

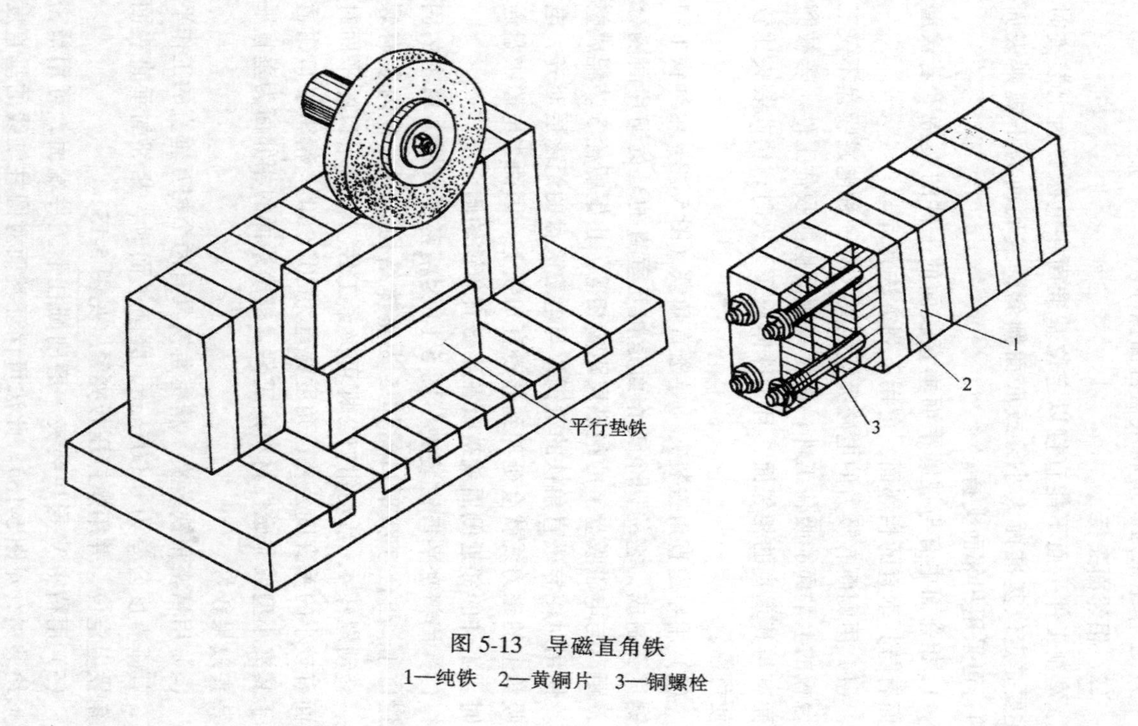

图 5-13 导磁直角铁

1—纯铁 2—黄铜片 3—铜螺栓

相邻面为不规则表面，可用下列方法装夹。

（1）用精密平口钳装夹　当工件尺寸不大时，可用精密平口钳加垫块、圆棒等将工件装夹在精密平口钳上，使所磨平面与工作台平行，即可进行平面磨削。

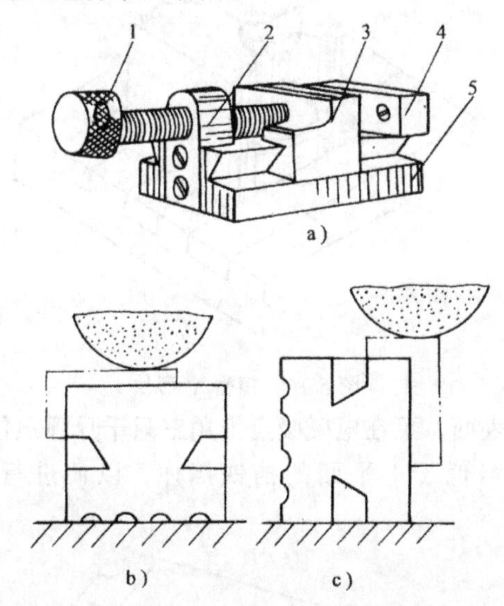

图 5-14　精密平口钳

a）结构　b、c）装夹方法

1—螺杆　2—凸台　3—活动钳口　4—固定钳口　5—底座

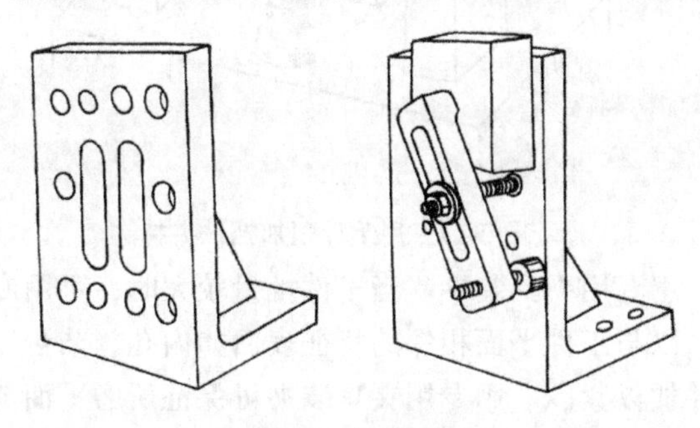

图 5-15　精密角铁

（2）用千斤顶加挡铁夹持　若工件被磨平面的相邻面与底部

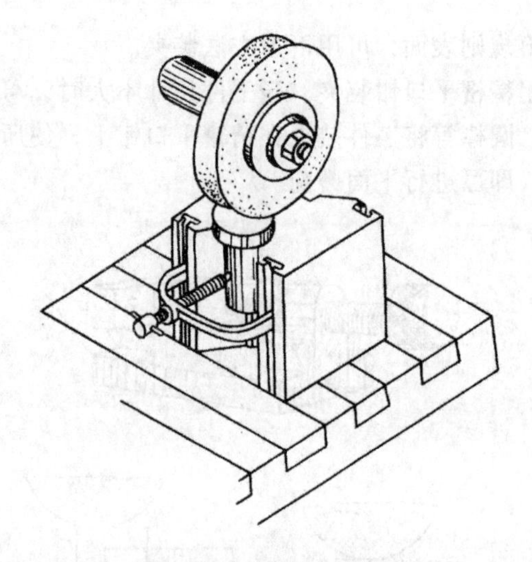

图 5-16　精密 V 形块

均为不规则表面，可在电磁吸盘上用三只千斤顶顶住并校平上平面，四周用略低于上平面的挡铁挡住，以便进行磨削（见图 5-17）。

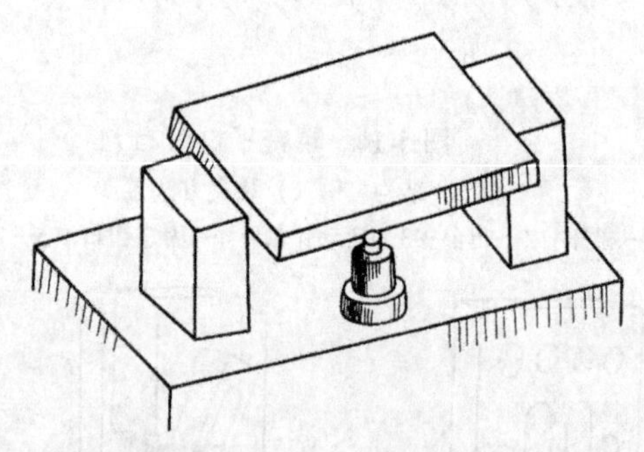

图 5-17　用千斤顶加挡铁夹持

（3）用专用夹具装夹　当工件批量较大时，可用专用夹具进行装夹。以与工件平面相邻的特征表面如内孔、凸台、沟槽等处定位，并加以紧固。用专用夹具装夹可保证所磨平面与相邻面之间的位置精度。图 5-18 为磨削叶片叶顶平面的专用磨夹具。

（4）用组合夹具装夹　对单件小批量工件，磨削平面时，可用

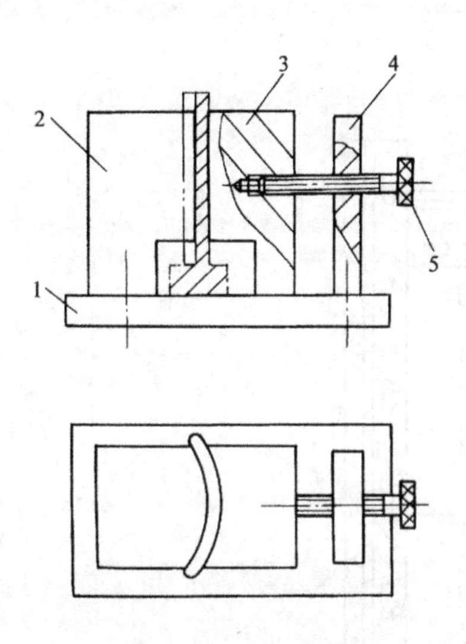

图 5-18　磨叶片叶顶夹具

1—底板　2—固定型面垫块　3—活动型面压块

4—支板　5—紧固螺钉

组合夹具装夹。组合夹具可根据平面相邻面的形状和加工条件进行组装,定位可靠,使用方便。图 5-19 为磨连接轴平面的组合夹具。

用相邻面夹持要注意工件的平稳，对所磨平面需经找正，并能够方便测量。

三、粘附装夹

磨削薄片工件平面，易发生翘曲变形，其中的主要原因是由于磨削力、磨削热而引起的，为减少变形，可采用粘附装夹。

粘附装夹是采用低熔点材料如石蜡（熔点 52℃）、松香及低熔点合金（熔点 150～170℃）等粘结剂将工件粘附在特制的底座上，这些粘结剂都有一定的粘结力，工件被粘附后，磨削时几乎不发生变形（见图 5-20）。

低熔点合金粘接力较大，成本较高，粘结前底座需预热到 150～200℃，加工后需加热才能清除净，但可以多次使用，松香的粘结力次于低熔点合金，石蜡更次之。松香性脆，加工完毕易于清除，也可以和石蜡混合使用。粘结剂的粘结力与所粘面积成

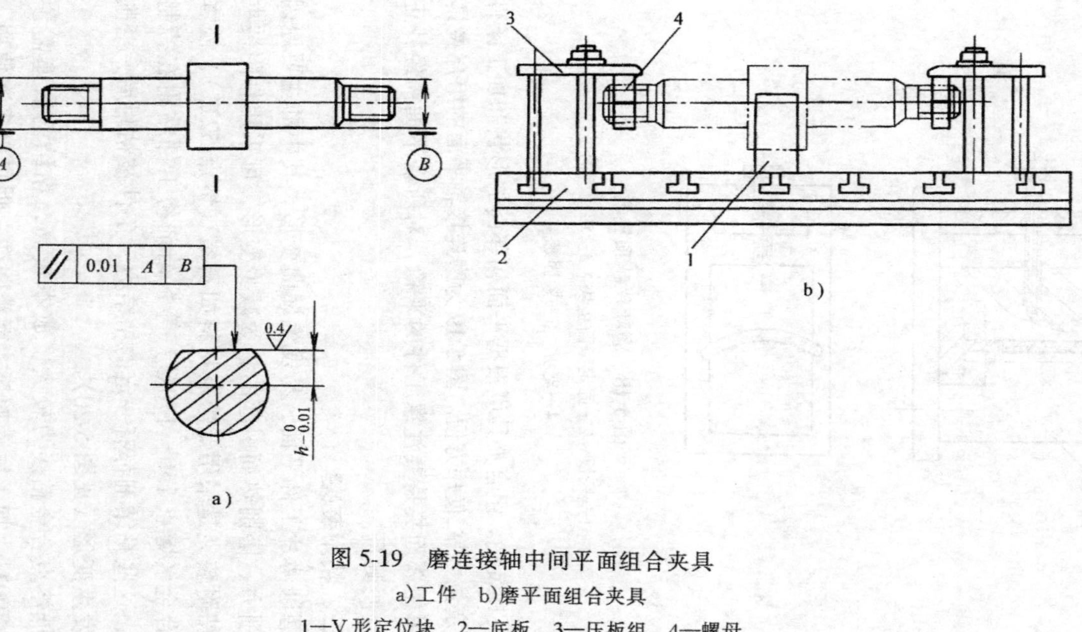

图 5-19　磨连接轴中间平面组合夹具

a)工件　b)磨平面组合夹具

1—V 形定位块　2—底板　3—压板组　4—螺母

正比，粘附时，熔液应一次浇满，粘固前应将工件和底座清洗干净，磨削时需充分冷却，以减少磨削热引起的变形。

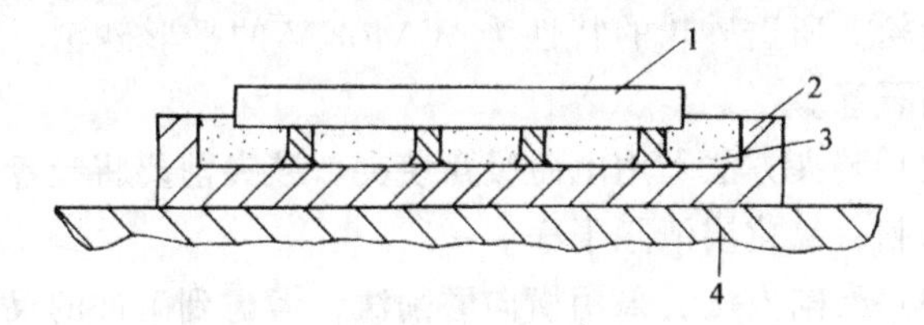

图 5-20　薄片工件的粘附装夹

1—工件　2—夹具　3—粘结剂　4—磁性工作台

第三节　平面磨削实例

一、平行面磨削实例

例 1　磨垫板平面

1. 图样和技术要求分析　图 5-21 为垫板工件,材料 45 钢,热处理淬火硬度 40～45HRC,厚度尺寸为 30mm±0.01mm,两平面平行度公差为 0.005mm,表面粗糙度均为 $R_a0.8\mu m$。

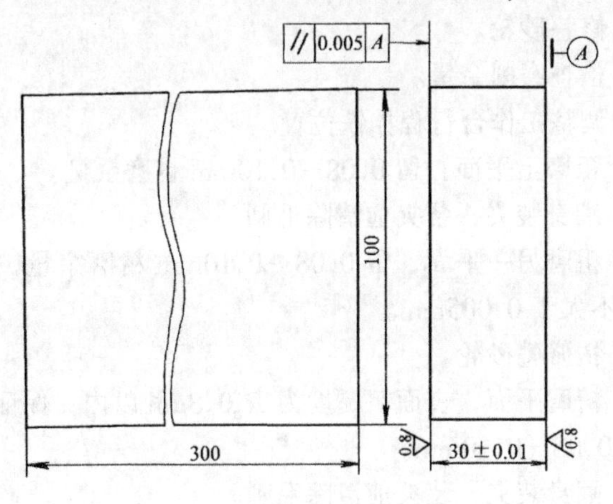

技术要求

材料 45，热处理淬硬 40～45HRC。

图 5-21　垫板

根据工件材料和加工技术要求，进行如下选择和分析。

（1）砂轮的选择　平面磨削应采用硬度低、粒度粗、组织疏松的砂轮。所选砂轮的特性为 WA46KV 的平形砂轮。修整砂轮用金刚石笔。

（2）装夹方法　用电磁吸盘装夹，装夹前要将吸盘台面和工件的毛刺、氧化层清除干净。

（3）磨削方法　采用横向磨削法，考虑到工件的尺寸精度和平行度的要求较高，应划分粗、精磨，分配好两面的磨削余量，并选择合适的磨削用量。

（4）切削液的选择　采用乳化液切削液，为防止磨削热的影响，切削液要充分。

2. 操作步骤　在 M7120A 型卧轴矩台平面磨床上进行磨削操作。

1）操作前检查、准备。

① 擦净电磁吸盘台面，清除工件毛刺、氧化皮。

② 将工件装夹在电磁吸盘上。

③ 修整砂轮。

④ 检查磨削余量。

⑤ 调整工作台行程挡铁位置。

2）粗磨上平面，留 0.08～0.10mm 精磨余量。

3）翻身装夹，装夹前清除毛刺。

4）粗磨另一平面，留 0.08～0.10mm 精磨余量，保证平行度误差不大于 0.005mm。

5）精修整砂轮。

6）精磨平面，表面粗糙度为 $R_a 0.8\mu m$ 以内，保证另一面磨余量为 0.08～0.10mm。

7）翻身装夹，装夹前清除毛刺。

8）精磨另一平面。厚度尺寸为 30mm±0.01mm，平行度误差不大于 0.005mm，表面粗糙度为 $R_a 0.8\mu m$ 以内。

例 2　磨六面体

1. 图样和技术要求分析　如图 5-22 所示为六面体工件，材料为 HT200，40mm ± 0.01mm 两面平行度公差为 0.01mm，70mm ± 0.01mm 右侧对左侧平行度公差为 0.01mm，50mm ± 0.01mm 两面平行度公差为 0.01mm，对左侧基准面 A 的垂直度公差为 0.01mm，且上平面对基准面 A 的垂直度公差也为 0.01mm。六面的表面粗糙度均为 $R_a0.8\mu m$。

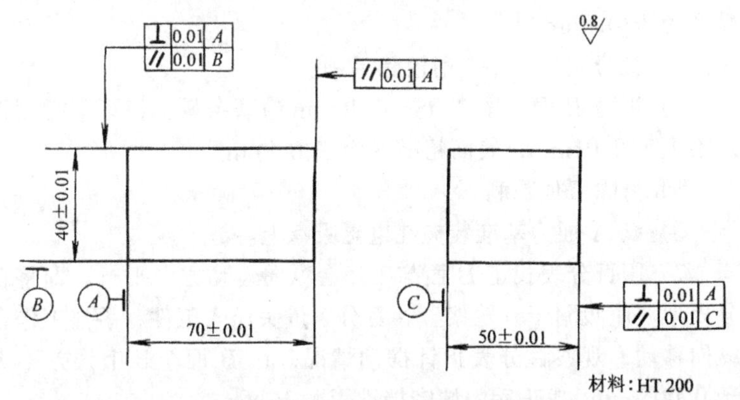

图 5-22　六面体

根据工件材料和加工技术要求，进行如下选择和分析。

(1) 砂轮的选择　所选砂轮特性为 C36MV 的平形砂轮，修整砂轮用金刚石笔。

(2) 装夹方法　用电磁吸盘装夹。在平行面磨好后，准备磨削垂直面时，应清除毛刺，以保证定位精度，在磨削 70mm 两平面时，由于高度较高，要放置挡铁，以保证磨削的安全。

(3) 磨削方法　采用横向磨削法，由于工件尺寸精度和位置精度有较高的要求，需反复装夹与找正，并需划分粗、精加工。

(4) 切削液的选择　选用乳化液切削液，由于铸铁磨屑易与切削液混合成糊状，所以切削液流量要大，以利排屑和散热。

2. 操作步骤　在 M7120A 型卧轴矩台平面磨床上进行磨削操作。

1) 操作前检查、准备。

① 擦净电磁吸盘台面，清除工件毛刺、氧化皮，检查磨削加工余量。

② 工件以 B 面为基准，装夹在电磁吸盘上。

③ 修整砂轮。

④ 调整工作台行程挡铁位置。

2）粗磨 B 面上平面，留 0.08～0.10mm 精磨余量，表面粗糙度为 $R_a0.8\mu m$。

3）翻身装夹，装夹前清除毛刺。

4）粗磨 B 面，留 0.08～0.10mm 精磨余量，保证平行度误差不大于 0.01mm，表面粗糙度为 $R_a0.8\mu m$。

5）清除工件毛刺。

6）以 A 面为基准装夹在电磁吸盘上。

7）用百分表找正 B 面与工作台纵向运动方向平行。即将百分表架底座吸附于砂轮架上，百分表量头压入工件，手摇工作台纵向移动，观察百分表指针摆动情况，在 B 面全长上误差不大于 0.005mm。找正后用精密挡铁紧贴 B 面。

8）粗磨 A 面上平面，留 0.08～0.10mm 余量。

9）去毛刺，翻身装夹，仍以 B 面紧贴挡铁。

10）粗磨 A 面，留 0.08～0.10mm 精磨余量，保证平行度误差不大于 0.01mm，对 B 面的垂直度误差不大于 0.01mm，表面粗糙度 $R_a0.8\mu m$。

11）清除工件毛刺，以 C 面为基准装夹在电磁吸盘上。

12）找正 B 面，方法同步骤 7）。

13）粗磨 C 面上平面，留 0.08～0.10mm 余量。

14）清除毛刺，翻身装夹，仍以 B 面紧贴挡铁。

15）粗磨 C 面，留 0.08～0.10mm 精磨余量，保证平行度误差不大于 0.01mm，对 A、B 面的垂直度误差不大于 0.01mm，表面粗糙度 $R_a0.8\mu m$。

16）精修整砂轮。

17）擦净电磁吸盘工作台面，清除工件毛刺。

18）装夹 B 面，装夹时找正 C 面或 A 面，方法同步骤 17)。

19）精磨 B 面上平面，表面粗糙度为 $R_a0.8\mu m$，并保证 B 面精磨余量。

20）翻身，去毛刺，装夹，找正。

21）精磨 B 面，磨至尺寸 40mm ± 0.01mm，保证平行度误差不大于 0.01mm，表面粗糙度 $R_a0.8\mu m$。

22）去毛刺。装夹 A 面，找正 B 面。

23）精磨 A 面上平面，表面粗糙度 $R_a0.8\mu m$，并保证 A 面有余量。

24）翻身，去毛刺，装夹，找正。

25）精磨 A 面，磨至尺寸 70mm ± 0.01mm，表面粗糙度为 $R_a0.8\mu m$，保证平行度误差不大于 0.01mm。

26）去毛刺装夹 C 面，找正 B 面或 A 面。

27）精磨 C 面上平面，表面粗糙度 $R_a0.8\mu m$，并保证 C 面有余量。

28）翻身，去毛刺，装夹，找正。

29）精磨 C 面，磨至尺寸 50mm ± 0.01mm，表面粗糙度 $R_a0.8\mu m$，保证平行度、垂直度误差不大于 0.01mm。

二、垂直面磨削实例

例 1　磨薄板垂直面

1. 图样和技术要求分析　图 5-23 为一薄衬板工件，材料 T10A，热处理淬硬 58～62HRC，厚为 10mm ± 0.01mm，宽为 50mm ± 0.01mm，厚和宽的平行度公差均为 0.01mm。长为 150mm ± 0.01mm，两端面及厚度两面对基准 A 面的垂直度公差均为 0.01mm，所有加工面的表面粗糙度均为 $R_a0.8\mu m$。

根据工件材料和技术要求，进行如下分析和选择。

(1) 选择机床　选用 M7120A 型卧轴矩台平面磨床。

(2) 砂轮的选择　所选砂轮的特性为 WA46KV 的平形砂轮，修整砂轮用金刚石笔。

(3) 装夹方法　由于工件较薄，磨削厚度两面时，用电磁吸

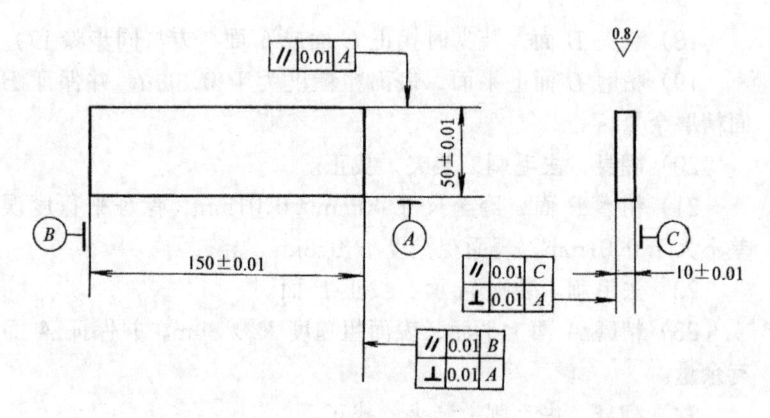

技术要求

材料 T10A，热处理淬硬至 58～62HRC。

图 5-23 薄板

盘装夹。而磨削宽度两面和长度两面的垂直面时，则可用精密平口钳装夹，如图 5-14b、c 所示。装夹时，用百分表找正，转动平口钳，可分别磨削这四个垂直面。

(4) 磨削方法 磨削厚度两面用横向磨削法，磨削宽度和长度端面时，采用深度磨削法。由于尺寸精度和位置精度要求较高，故需划分粗、精加工。

(5) 切削液的选择 选用乳化液切削液，并需充分冷却。

2. 操作步骤

1) 操作前检查、准备。

① 清理工作台和工件表面，检查磨削余量。

② 将工件装夹在电磁吸盘上。

③ 调整工作台行程挡铁。

④ 修整砂轮。

2) 粗磨厚度两面，留 0.15～0.20mm 精磨余量。

3) 精修整砂轮。

4) 精磨厚度至尺寸 10mm±0.01mm，平行度误差不大于 0.01mm，表面粗糙度 $R_a0.8\mu m$ 以内。

5) 清理工作台和精密平口钳，用平口钳装夹（见图 5-14），宽度 50mm 的上平面成水平位置。

6）找正 50mm 上平面对 10mm 两面的垂直度，误差小于 0.01mm。

7）粗磨 50mm 两平面，留 0.15～0.20mm 精磨余量。

8）精修整砂轮。

9）精磨宽度两平面至尺寸 50mm±0.01mm，平行度误差小于 0.01mm，对厚 10mm 两平面垂直度误差小于 0.01mm，表面粗糙度 $R_a0.8\mu m$ 以内。

10）将精密平口钳转 90°找正。长 150mm 顶面与基准面 A 垂直，垂直度误差不大于 0.01mm。

11）粗磨 150mm 两平面，留 0.15～0.20mm 精磨余量。

12）精修整砂轮。

13）精磨长度两平面至尺寸 150mm±0.01mm，对基准面 A 的垂直度误差小于 0.01mm，表面粗糙度在 $R_a0.8\mu m$ 以内。

例 2 磨底座凹槽

1.图样和技术要求分析 图 5-24 为一底座工件，材料为 45 钢，长 120mm ± 0.01mm，右侧对底面的垂直度公差为 0.01mm，凹槽宽度为 $100^{+0.04}_{0}$mm，槽右侧对底面的垂直度公差为 0.01mm，高度为 50mm±0.01mm，平行度公差 0.01mm，凹槽深 $12^{+0.02}_{0}$mm，槽两侧与中心的对称度公差为 0.02mm，槽底对底面的平行度公差为 0.01mm。加工面的表面粗糙度均为 $R_a0.8\mu m$。

根据工件材料与加工技术要求，进行如下分析和选择。

（1）选择机床 选用 M7120A 型卧轴矩台平面磨床。

（2）砂轮的选择 所选砂轮的特性为 A46LV 的平形砂轮，修整砂轮用金刚石笔。

（3）装夹方法 磨削 50mm 两平面用电磁吸盘装夹，磨削长 120mm 两侧面，用导磁直角铁装夹，磨凹槽仍用电磁吸盘装夹，装夹时应进行找正。

（4）磨削方法 磨 50mm 及 120mm 两面用横向磨削法，磨

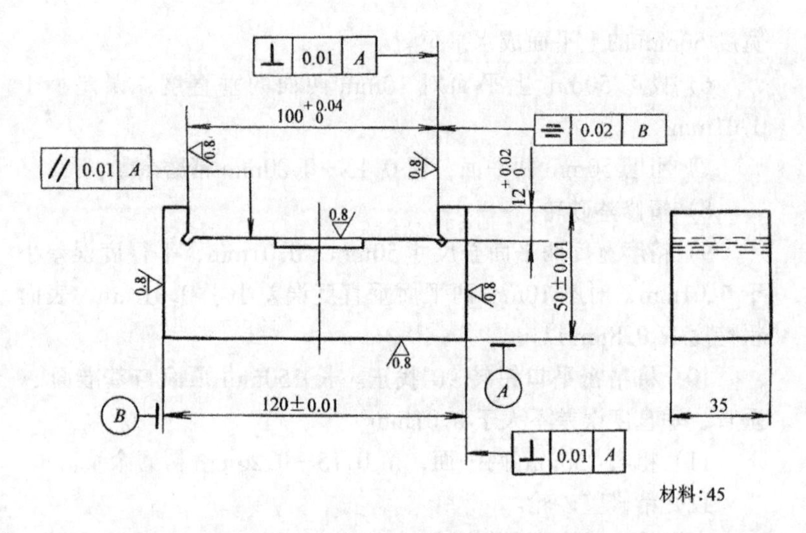

图 5-24　底座

凹槽用深度磨削法。磨削时，砂轮的两端面必须修成内凹形，以保证侧面垂直度公差。

(5) 切削液的选择　选用乳化液切削液，并注意充分的冷却。

2. 操作步骤

1) 操作前检查、准备。同例 1。

2) 粗磨 50mm 底面，留 0.08～0.10mm 精磨余量。

3) 翻身粗磨 50mm 上平面，留 0.08～0.10mm 精磨余量。

4) 精修整砂轮。

5) 清除工件毛刺，清理工作台。

6) 精磨 50mm 底面，表面粗糙度 $R_a0.8\mu m$。

7) 精磨 50mm 上平面，保证尺寸 50mm±0.01mm，平行度误差小于 0.01mm，表面粗糙度 $R_a0.8\mu m$。

8) 清理导磁直角铁和工件毛刺，用导磁直角铁装夹 120mm 端面，并找正对 A 面的垂直度，误差不大于 0.01mm。

9) 粗磨 120mm 两面，留 0.15～0.20mm 余量。

10) 精修整砂轮。

11）精磨120mm两面至尺寸120mm±0.01mm，右侧面对底面A的垂直度误差小于0.01mm，表面粗糙度$R_a0.8\mu m$以内。

12）清理电磁吸盘台面和工件表面，将底面A装夹在电磁吸盘上。

13）修整砂轮周边和端面，将两端面修成内凹形，端面外缘修成3mm左右宽的圆环。

14）找正。用百分表找正工件120mm外侧基准面，使之与工作台纵向进给方向平行（见图5-25）。

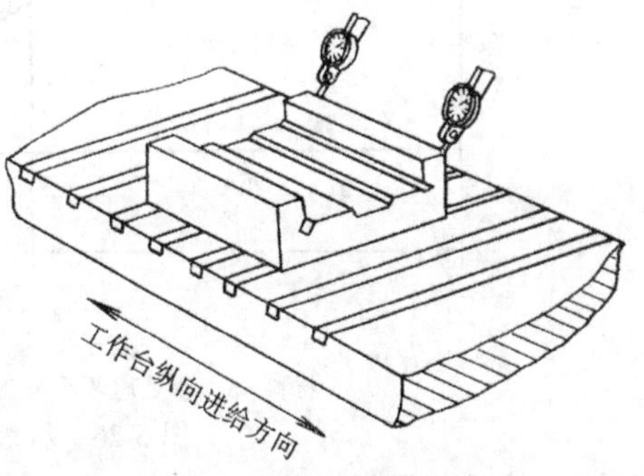

图5-25　工件外侧基准面的找正

15）移动砂轮架，调整工作台行程距离。

16）将砂轮紧靠凹槽侧面，作垂向进给，用切入法磨削凹槽底面，留精磨余量0.05～0.07mm。

17）分段磨削其它几段槽底平面，当砂轮靠近凹槽另一侧面时，注意观察接触火花状况。

18）精修整砂轮。

19）将砂轮紧靠凹槽侧面，用横向法精磨凹槽底面至顶面尺寸为$12^{+0.02}_{0}$mm，表面粗糙度$R_a0.8\mu m$以内。

20）砂轮架在垂直方向退出0.05～0.10mm，使砂轮与槽底平面保持一定距离。

21）转动砂轮架横向进给手柄，使砂轮作横向进给，用砂轮端面磨削凹槽右侧面，至120mm右端面$10^{0}_{-0.015}$mm，表面粗糙度为$R_a0.8\mu m$以内。

22）砂轮作反向横向进给，磨凹槽另一侧面，保证槽宽为$100^{+0.04}_{0}$mm，对中心的对称度误差小于0.02mm，右侧面对底面A的垂直度误差小于0.01mm，表面粗糙度为$R_a0.8\mu m$以内。

三、斜面磨削实例

例 1 磨斜垫块

1. 图样和技术要求分析　图 5-26 为斜垫块工件，材料 45

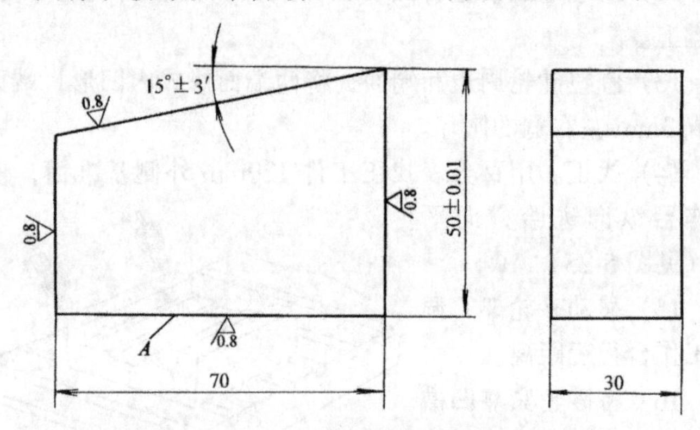

技术要求

材料 45，热处理调质至 220～250HBS。

图 5-26　斜垫块

钢，热处理调质至 220～250HBS，底面 A 为基准平面，顶面为斜面，斜角为 15°±3′，左侧面为测量基准面，斜面大端高度为 50mm±0.01mm，加工面表面粗糙度均为 $R_a0.8\mu m$。

根据工件材料和加工技术要求，进行如下分析和选择。

(1) 砂轮的选择　所选砂轮的特性为 A46KV 的平形砂轮，修整砂轮用金刚石笔。

(2) 装夹方法　磨削底面 A 和左侧面用电磁吸盘装夹，装夹磨 A 面时，由于下面是斜面，须用斜垫铁或千斤顶支撑，四周用略低于平面的挡铁挡住，并须找正平面与工作台平行。

磨削斜面时，用正弦电磁吸盘（见图 5-27）装夹，装夹时侧面与定位挡板靠平。因加工斜面长度大于工件厚度，正弦电磁吸盘应与工作台运动方向平行放置。为使斜面与工作台平行，须在电磁吸盘的圆柱体下垫入量块组，量块组的高度 $H=L\sin\beta$

其中　H——量块组高度（mm）；

L——正弦圆柱的中心距（mm）；

β——工件斜角（°）。

（3）磨削方法　采用横向法磨削，由于斜面高度有公差要求，所以底面与斜面须划分粗精加工。

（4）检验方法　粗磨斜面后，用游标万能角度尺检测斜面；精磨斜面时，用正弦量规测量。

（5）切削液的选择　选用乳化液切削液。

2. 操作步骤　在M7120型平面磨床上进行。

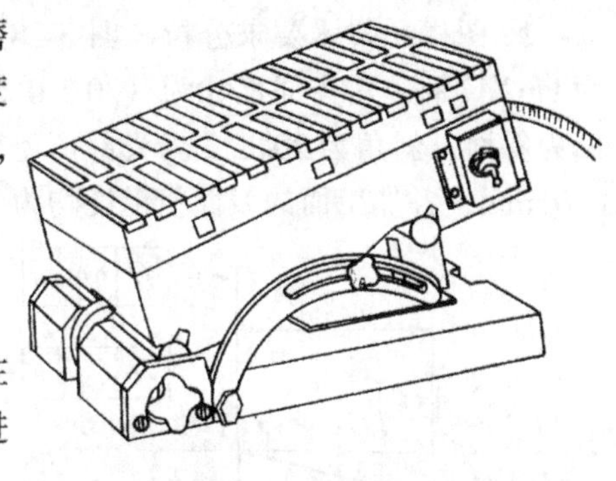

图 5-27　正弦电磁吸盘

1）磨削前检查、准备。

① 清理电磁吸盘和工件表面，检查余量。

② 斜面朝下，用相邻面装夹，找正 A 面为水平位置。

③ 调整工作台行程挡铁。

④ 修整砂轮。

2）粗磨 A 面，留 0.05～0.07mm 精磨余量。

3）精磨 A 面，保证斜面的磨余量不少于 0.3mm，表面粗糙度为 $R_a0.8\mu m$ 以内。

4）清理工件毛刺，将工件右端面装夹在电磁吸盘上，以 A 面为基准，找正左端面，垂直度误差不大于 0.01mm。

5）粗、精磨左、右端面，对 A 面的垂直度误差不大于 0.01mm，表面粗糙度为 $R_a0.8\mu m$ 以内。

6）清理工作台和正弦电磁吸盘及工件表面。

7）将工件装夹在正弦电磁吸盘上，垫入经计算后的量块组。用百分表找正工件端面，使其与工作台运动方向平行。

8）粗磨斜面，留精磨余量 0.05～0.07mm，斜角用游标万能角度尺检测。

9）精修整砂轮。

10）精磨斜面至尺寸，大端高度 50mm ± 0.01mm，斜角 15°±3′，表面粗糙度为 $R_a0.8\mu m$ 以内。

例 2 磨顶杆

1. 图样和技术要求分析 图 5-28 所示为一顶杆零件，材料为 H62 黄铜，其头部尺寸为（30±0.02）mm×$30_{-0.02}^{\ 0}$mm，顶面为斜面，斜角为 20°±3′。头部两组对边平面的平行度公差为 0.01mm，各加工面的表面粗糙度均为 $R_a0.8\mu m$。

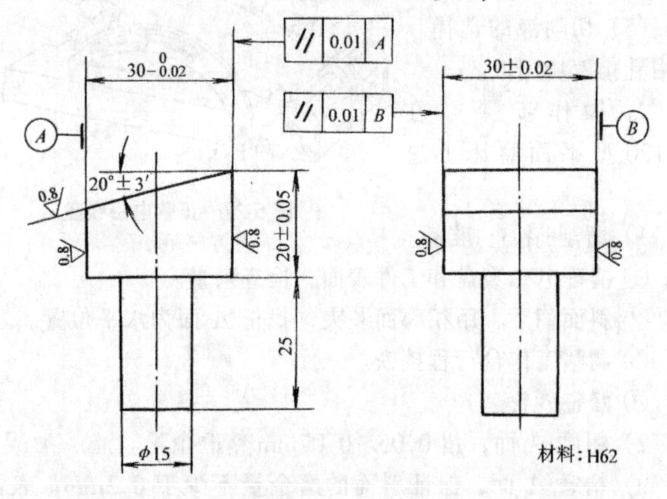

图 5-28 顶杆

根据工件材料和加工技术要求，进行如下分析和选择。

（1）选择机床 选用 M7120A 型卧轴矩台平面磨床。

（2）砂轮的选择 所选砂轮特性为 WA46LV 平形砂轮，修整砂轮用金刚石笔。

（3）装夹方法 由于工件为非磁性材料，且工件尺寸不大，可采用正弦精密平口钳装夹。正弦精密平口钳如图 5-29 所示。使用时，按工件角度在正弦规圆柱下垫入量块组，磨削时需用锁紧装置将正弦规紧固。

（4）磨削方法 头部四侧面与顶部斜面均用横向法磨削，由于尺寸精度和位置精度要求较高，需划分粗、精加工。

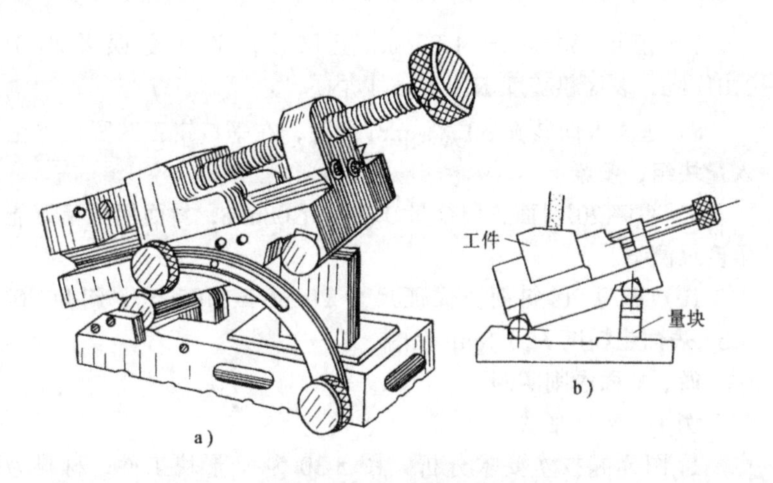

图 5-29 正弦精密平口钳
a) 外形图 b) 装夹工件

(5) 切削液的选择 选用乳化液切削液，由于工件为黄铜材料，散热性较好，切削液含量可稍低一些。

2. 操作步骤

1) 操作前检查、准备工作。

① 清理电磁吸盘工作台，将正弦精密平口钳放在台面上，找正钳口，然后通磁吸住。

② 夹持 30mm±0.02mm 两面，找正、校平。

③ 修整砂轮。

④ 检查加工面余量。

2) 粗磨 $30_{-0.02}^{\ 0}$mm 两面，每面留 0.03～0.05mm 精磨余量。

3) 精磨 $30_{-0.02}^{\ 0}$mm 至尺寸，平行度误差小于 0.01mm，表面粗糙度 $R_a0.8\mu m$ 以内。

4) 装夹 $30_{-0.02}^{\ 0}$mm 两面，找正、校平。

5) 粗磨 30mm±0.02mm 两面，每面留 0.03～0.05mm 精磨余量。

6) 精修整砂轮。

7）精磨 30mm ± 0.02mm 至尺寸，平行度误差小于 0.01mm，表面粗糙度 $R_a0.8\mu m$ 以内。

8）垂直方向装夹 $30_{-0.02}^{0}$mm 两面，在平口钳正弦圆柱下垫入量块组，锁紧。

9）粗磨 20°斜面，留余量 0.06～0.08mm，斜面用游标万能角度尺测量。

10）精磨 20°斜面，保证尺寸 20mm ± 0.05mm，斜角 20° ± 3′，表面粗糙度 $R_a0.8\mu m$ 以内。

四、V 面磨削实例

例 1 磨 V 形块

1. 图样和技术要求分析 图 5-30 为 V 形块工件，材料为 HT200，高 20mm ± 0.01mm，平行度公差 0.01mm，V 形槽夹角 90° ± 10′，外端宽 24mm ± 0.05mm，加工面表面粗糙度均为 $R_a0.8\mu m$。

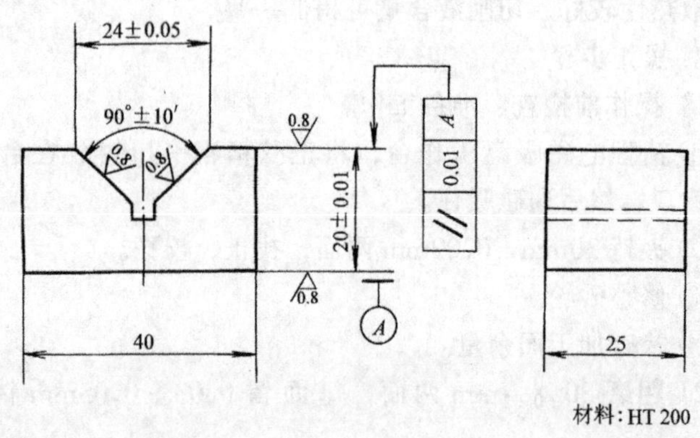

图 5-30 V 形块

根据工件材料和加工技术要求，进行如下选择和分析。

（1）砂轮的选择 选择砂轮特性为 C46KV 的平形砂轮，修整砂轮用金刚石笔。

（2）装夹方法 用正弦精密平口钳装夹磨 V 形面，磨高、长四面平面则用电磁吸盘直接装夹。

(3) 磨削方法　磨四面中平行面、垂直面均用横向磨削法，磨 V 形面用切入磨削法。

(4) 检验方法　V 形面夹角用游标万能角度尺检测，外端尺寸可用标准圆柱测量计算。

(5) 切削液的选择　选用乳化液切削液，由于是磨削铸铁件，切削液流量要充足，乳化剂含量要小。

2. 操作步骤　在 M7120A 型机床上进行。

1）操作前检查、准备。清理电磁吸盘工作台及工件表面，检查磨余量，修整砂轮，调整工作台行程挡铁。

2）粗、精磨 40mm 长两面，平行度误差不大于 0.02mm。

3）粗、精磨高 20mm 至 20mm ± 0.01mm，平行度误差不大于 0.01mm，表面粗糙度 $R_a0.8\mu m$ 以内（磨前需找正对 40mm 两侧的垂直度，误差不大于 0.01mm）。

4）用正弦精密平口钳装夹 40mm 两面，在圆柱下垫入量块组，使一侧 V 形面与工作台平面平行（量块组高度经计算得出）。

5）磨 V 形面一侧，粗磨后用游标万能角度尺测量与水平面斜角，留精磨余量 0.04～0.06mm。

6）精磨 V 形面此侧，与水平面成 45° ± 5′，表面粗糙度 $R_a0.8\mu m$ 以内。

7）粗、精磨 V 形面另一侧，保证 V 形角偏差 90° ± 10′，及外端尺寸 24mm ± 0.05mm，表面粗糙度 $R_a0.8\mu m$ 以内。

以上各工序，粗磨后、精磨前均需修整砂轮。

例 2　磨 V 形定位块

1. 图样和技术要求分析　图 5-31 为 V 形定位块工件，材料 40Cr 钢，热处理淬硬 42～46HRC，底面为定位用凹槽 $50^{+0.03}_{0}$mm × $10^{+0.05}_{0}$mm，槽两侧对中心的对称度公差为 0.04mm，工件外形长×高尺寸为(70 ± 0.02)mm × (40 ± 0.01)mm，70mm 和 40mm 两面平行度公差为 0.01mm，V 形槽夹角为 90° ± 5′，V 形槽两侧对中心的对称度公差为 0.04mm，外端尺寸为 $40^{+0.04}_{0}$mm，所有磨削加工面的表面粗糙度均为 $R_a0.8\mu m$。

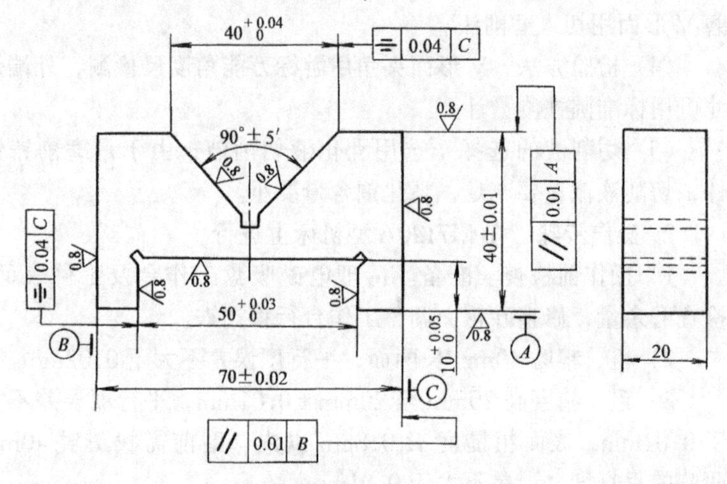

技术要求

材料 40Cr，热处理淬硬 42～46HRC。

图 5-31　V 形定位块

根据工件材料和加工技术要求，进行如下分析和选择。

(1) 砂轮的选择　所选砂轮的特性为 WA46KV 的平形砂轮，修整砂轮用金刚石笔。

(2) 装夹方法　磨削直平面和凹槽用电磁吸盘装夹，磨削 V 形槽用正弦电磁吸盘装夹。

(3) 磨削方法　磨削直平面用横向法，磨削凹槽和 V 形槽用切入法。磨削凹槽时，须将砂轮两侧修成内凹形。由于尺寸精度和位置精度要求较高，须划分粗、精加工。

(4) 检验方法　外形尺寸用外径千分尺测量，50mm 槽宽用内径千分尺或量块测量，50mm 槽对称度用外径千分尺通过壁厚测量换算测得，或用百分表比较测量测得。V 形槽外端尺寸 $40^{+0.04}_{0}$mm，可用标准圆柱测量计算。V 形角在粗磨时用游标万能角度尺测量；精磨时用正弦规检测。V 形槽的对称度用量棒和百分表测量（见图 5-32），测出两侧的读数差即为对称度误差。

(5) 切削液的选择　选用乳化液切削液。

2. 操作步骤

1）擦净电磁吸盘工作台，清理工件毛刺，以40mm底面为基准，装夹在电磁吸盘上。

2）修整砂轮。

3）粗磨40mm两面，留0.1～0.15mm加工余量。

4）粗磨70mm两面，磨削时，找正与40mm侧面的垂直度，误差不大于0.01mm。留0.15～0.20mm加工余量。

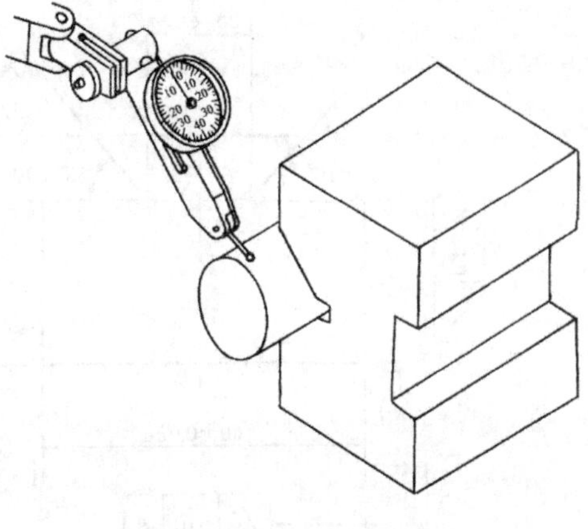

图5-32　测量对称度

5）精修整砂轮。

6）精磨40mm两面，磨至40mm±0.01mm，平行度误差不大于0.01mm，表面粗糙度$R_a0.8\mu m$以内。

7）精磨70mm两面，磨至70mm±0.02mm，平行度误差不大于0.01mm，表面粗糙度$R_a0.8\mu m$以内。

8）以40mm顶面为基准装夹工件，找正与70mm±0.02mm的平行度误差不大于0.01mm，用切入法粗、精磨凹槽$50^{+0.03}_{0}$mm×$10^{+0.05}_{0}$mm至尺寸，保证对称度误差不大于0.04mm，表面粗糙度$R_a0.8\mu m$。

9）用正弦电磁吸盘装夹工件，以70mm侧面找正，粗、精磨V形槽两侧，保证90°±5′外端$40^{+0.04}_{0}$mm，对称度公差不大于0.04mm，表面粗糙度$R_a0.8\mu m$。

五、其它平面磨削实例

例1　磨燕尾块

1. 图样和技术要求分析　图5-33所示为燕尾块，材料HT200，长×宽为（60±0.02）mm×（40±0.02）mm，燕尾角55°±10′，高$10_{-0.10}^{0}$mm，小端尺寸$20_{-0.05}^{0}$mm，燕尾底对底

面及 60mm 两面平行度公差均为 0.01mm，所有加工面表面粗糙度均为 $R_a0.8\mu m$。

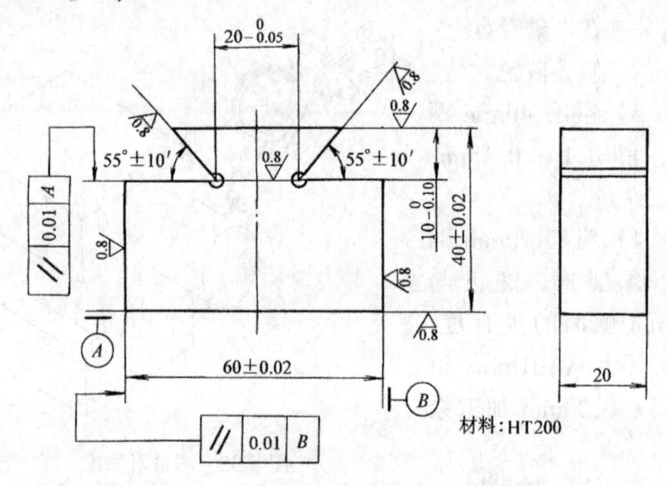

图 5-33 燕尾块

根据工件材料和加工技术要求，进行如下选择和分析。

（1）砂轮的选择 所选砂轮的特性为：C46KV 的平形砂轮，修整砂轮用金刚石笔。

（2）装夹方法 用电磁吸盘装夹，装夹时需进行找正。

（3）磨削方法 磨削四面用横向法，磨削燕尾用切入磨削法磨削，均需划分粗、精加工。

（4）检验方法 燕尾角用游标万能角度尺检测，燕尾小端尺寸用两根标准圆柱测量计算。

（5）切削液的选择 采用乳化液切削液，由于工件材料是铸铁，故切削液流量要充分。

2．操作步骤

1）粗、精磨削高 40mm 至尺寸 40mm±0.02mm。

2）粗、精磨长 60mm 两面至尺寸，60mm±0.02mm，平行度误差不大于 0.01mm。

3）以 60mm 一侧为基准，装夹工件在电磁吸盘上，并找正。

4）修整砂轮一侧成55°角，砂轮两侧边缘修成内凹形，留3mm左右狭圆环。

5）粗、精磨一侧燕尾槽。粗磨时，检查并修正燕尾角，按计算的大端尺寸，留精磨余量0.05～0.08mm；然后精磨，并保证尺寸$10_{-0.10}^{0}$mm及燕尾底面对底面的平行度公差0.01mm。

6）调头磨另一侧燕尾槽至要求，具体步骤同工序5)，并保证燕尾小端尺寸$20_{-0.05}^{0}$mm（用两根标准圆柱测量计算）。

以上加工过程中，粗磨后精磨前均需精修整砂轮，所有加工面表面粗糙度均为$R_a0.8\mu m$以内。

例2 磨卡板

1. 图样和技术要求分析 如图5-34所示为卡板工件，材料为T8A，热处理淬硬56～60HRC，厚5mm±0.01mm，平行度公差0.01mm，左端槽$30_{0}^{+0.021}$mm，右端槽$28_{0}^{+0.021}$mm，加工面表面粗糙度均为$R_a0.8\mu m$。

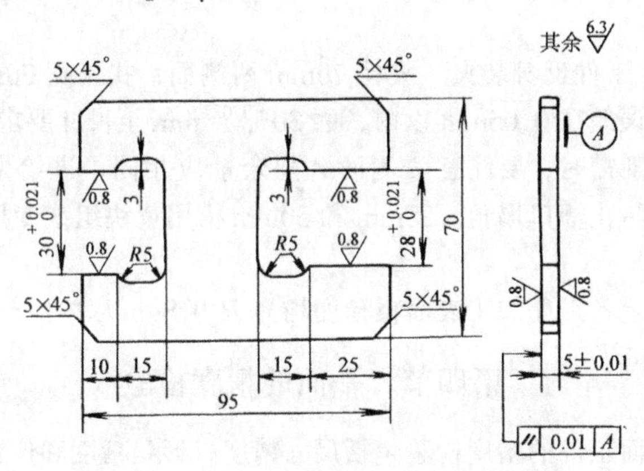

技术要求

1. 材料T8A，热处理调质250HBS，淬硬56～60HRC；
2. 槽宽30mm和28mm用标准塞规检验。

图5-34 卡板

根据工件材料和加工技术要求，进行如下选择和分析。

（1）磨削方法 该工件需在两种磨床上加工，厚5mm两平面在平面磨床上磨削，而28mm槽和30mm槽则在工具磨床上进行磨削。前者用横向法，后者用切入法磨削，均划分粗精加工。

（2）装夹方法　磨 5mm 两平面在电磁吸盘上装夹，磨 28mm 和 30mm 槽用精密平口钳装夹，并需进行认真找正。

（3）砂轮的选择　所选砂轮的特性为 WA46KV 的砂轮，平面磨床上用平形砂轮，工具磨床上用双面凹砂轮，修磨砂轮用金刚石笔。

（4）切削液的选择　平面磨床上用乳化液切削液，为防止工件发热弯曲变形，冷却要充分；工具磨床上不用切削液。

2. 操作步骤

1）在 M7120A 型平面磨床上粗、精磨 5mm ± 0.01mm 至尺寸，平行度误差不大于 0.01mm，磨削过程中要多次翻身，冷却要充分，砂轮要保持锋利。

2）在工具磨床上用精密平口钳装夹，夹持 70mm 两侧面，找正 28mm 槽两侧面，误差在 0.05mm 以内，磨 $28^{+0.021}_{0}$mm 至要求。

3）工件反身装夹　夹持 70mm 两侧面，找正宽 30mm 槽两侧面，误差在 0.05mm 以内，磨 $30^{+0.021}_{0}$mm 至尺寸要求。

磨削槽时，要注意两侧面磨削余量应相同，进给量不宜太大，以防止槽口塌角。28mm 和 30mm 槽用量块组或专用塞规检验。

以上各工序加工表面粗糙度均为 $R_a 0.8\mu m$ 以内。

第四节　平面的精度检验

平面工件的精度检验包括尺寸精度、形状精度和位置精度三种。尺寸精度的检验可用游标卡尺、内、外径千分尺、量块等通用长度量具直接测量，而形状、位置精度的检验则可有多种方法。

一、直线度误差的检验

平面工件通常只在两个相交平面（平面和平面或斜面）的棱边或指定的直线段有直线度的要求，其误差可用百分表检测，方法如下：

将工件底面放在磨床工作台面或电磁吸盘上，把百分表架磁性底盘吸附在砂轮架上，用百分表找正与所测棱边或直线段平行的平面。将百分表的测量头顶在所测棱边或直线段上，然后移动工件（随工作台移动），得出百分表读数的变动量。再将百分表测量头水平方向顶住所测棱边或直线段，移动工件，得出百分表读数的变动量。由于直线度的公差带是一个圆柱，这两个方向测得的变动量就是直线度误差。

二、平面度误差的检验

平面度误差的检测一般有下面几种方法。

1. 涂色法检验平面度　在工件的平面上涂上一层极薄的显示剂（红丹粉或蓝油）。然后将工件放在精密平板上，前后左右平稳地移动几下，再取下工件仔细地观察摩擦痕迹分布情况，就可以确定工件平面度的误差大小。

2. 用透光法检验平面度　工件的平面度也可用样板平尺测量，样板平尺有刀刃式、宽面式和楔式等几种，其中以刀刃式最为准确，应用最广，这种尺也叫做直刃尺（图5-35）。

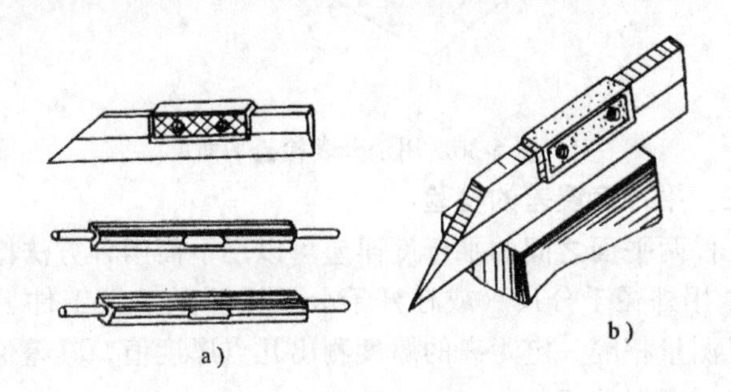

图5-35　样板平尺
a）样板平尺形式　b）直刃尺的使用

测量时将样板平尺刃口放在被检验平面上并且对着光源，观察刃口与工件平面之间缝隙透光是否均匀。若各处都不透光，表明工件平面度误差很小；若有个别段透光，则可凭操作者的经验，估计出平面度误差的大小。

3. 用千分表检验平面度　如图 5-36 所示，在精密平板上用三只千斤顶顶住工件，并且用千分表把工件表面 A、B、C、D 四点调至高度相等，误差不大于 0.005mm。然后再用千分表测量整个平面，其读数的变动量就是平面度误差值。测量时，平板和千分表底座要清洁，移动千分表时要平稳。这种方法测量精度较正确，而且可以得到平面度误差值，但测量时需有一定的技能。

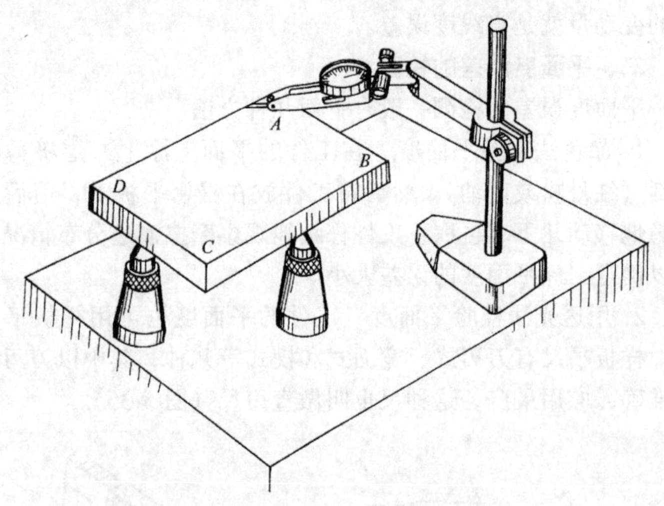

图 5-36　用千分表检验平面度

三、平行度误差的检验

工件两平面之间的平行度误差可以用下面两种方法检验。

1. 用外径千分尺（或杠杆千分尺）测量　在工件上用外径千分尺测量相隔一定距离的厚度测出几点厚度值，其差值即为平面的平行度误差值。

2. 用千分表（或百分表）测量　将工件和千分表支架都放在平板上，把千分表的测量头顶在平面上，然后移动工件，让工件整个平面均匀地通过千分表测量头，其读数的差值即为工件平行度的误差值（见图 5-37）。测量时，应将工件、平板擦拭干净，以免拉毛工件平面或影响平行度误差测量的准确性。

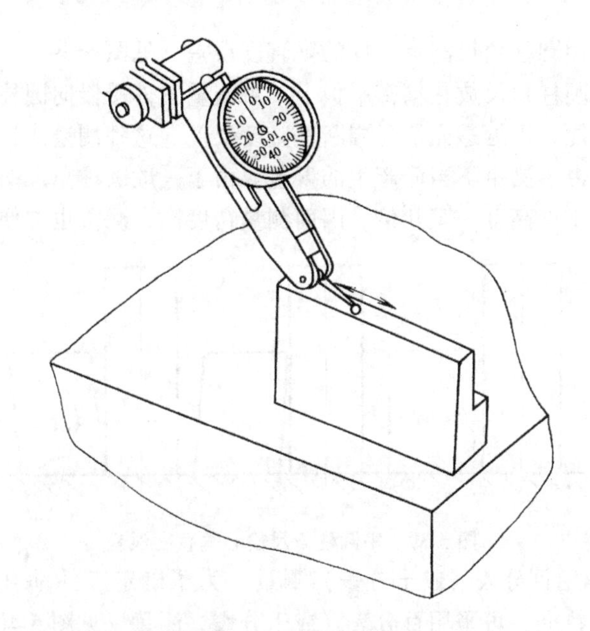

图 5-37　工件平行度测量

四、垂直度误差的检验

工件平面间垂直度误差的检验有以下几种方法。

1. 用角尺测量　检验小型工件两平面的垂直度误差时，可以把角尺的两个尺边接触工件的垂直平面。测量时，可以把角尺的一个尺边贴紧工件一个面，然后移动角尺，让另一个尺边逐渐接近并靠上工件另一个面，根据透光情况来判断其垂直度误差（见图 5-38）。

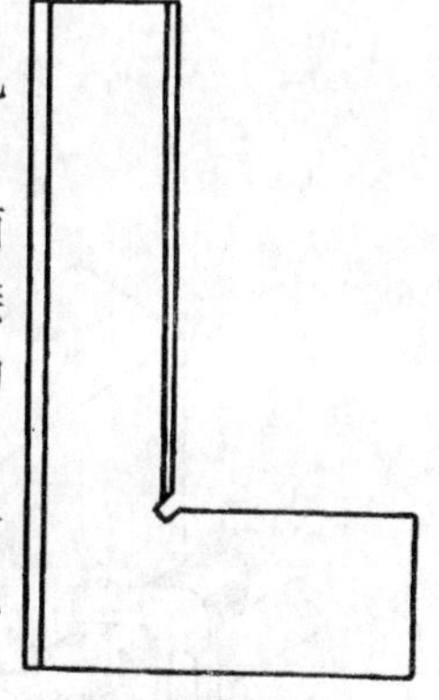

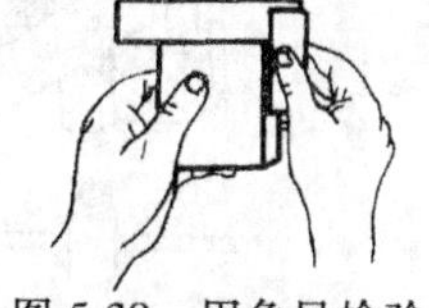

图 5-38　用角尺检验垂直度误差

工件尺寸较大时，可以将工件和角尺放在平板上，角尺的一边紧靠在工件的垂直平面上，根据尺边与工件表面间的透光情况判断垂直度误差。

2. 用圆柱角尺测量　在实际生产中，

广泛采用圆柱角尺测量工件的垂直度误差（见图 5-39）。

将圆柱角尺放在精密平板上，被测量工件慢慢向圆柱角尺的素线靠拢，根据透光情况判断垂直度误差。这种测量法，基本上消除了由于测量不当而产生的误差。由于一般圆柱角尺的高度都要超过工件高度一至几倍，因而测量精度高，测量也方便。

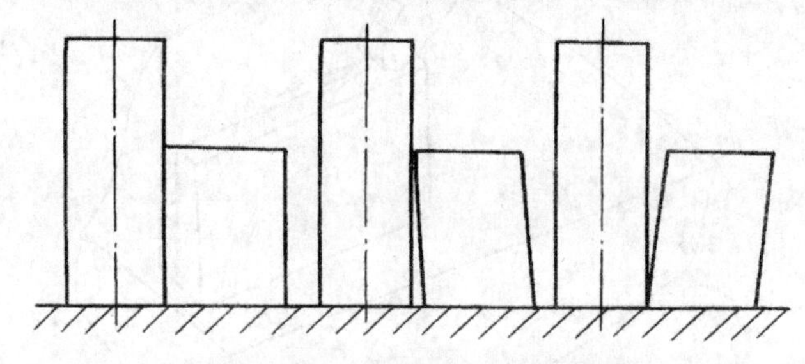

图 5-39 用圆柱角尺检验垂直度误差

3. 用百分表（或千分表）测量　为了确定工件垂直度误差的具体数据，可采用百分表（或千分表）测量（见图 5-40a）。测

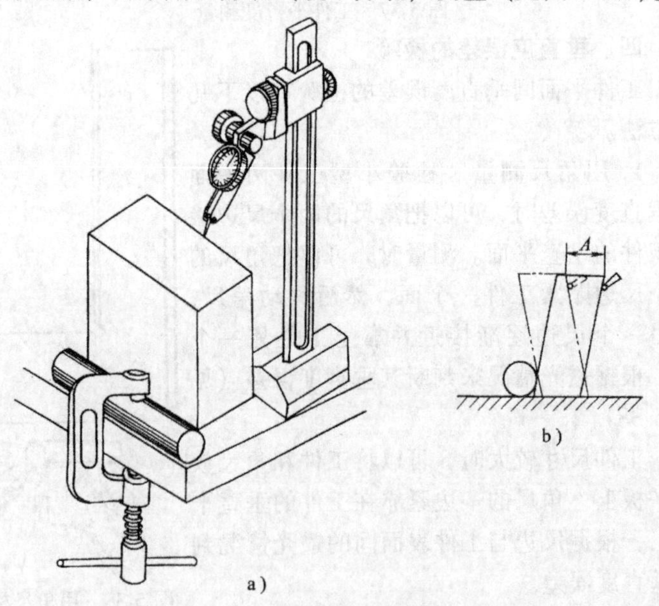

图 5-40 用百分表测量垂直度误差

量时，应事先将工件的平行度误差测量好，将工件的平面轻轻向圆柱测量棒靠紧，此时，可从百分表上读出数值。将工件转动180°，将另一平面也轻轻靠上圆柱量棒，从百分表上又可读出数值（工件转向测量时，要保证百分表、圆柱的位置固定不变）。两个读数差值的1/2，即为底面与测量平面的垂直度误差（见图5-40b）。

两平面的垂直度误差也可以用百分表和精密角铁在平板上进行检验。测量时，将工件的一面紧贴精密角铁的垂直平面上，然后使百分表测量头沿着工件的一边向另一边移动，百分表在全长两点上的读数差，就等于工件在该距离上的垂直度误差值（见图5-41）。

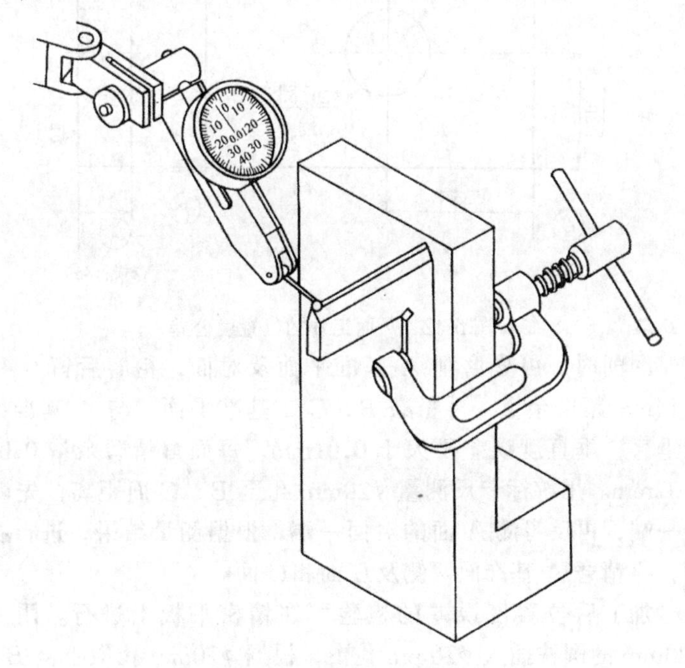

图 5-41　用精密角铁测量垂直度误差

检验垂直度误差时，应注意清除工件的毛刺，擦拭测量平板及有关测量工具，以免影响测量精度。

五、位置度误差的检验

在平面工件中，工件上的某些要素（如孔的轴线）对基准平面常有位置度公差的要求。而这些基准平面往往是在孔加工后进行精磨的，这就需要进行位置度误差的检验。

如图 5-42 所示，$\phi20^{+0.016}_{0}$mm 孔的轴线对基准平面 A、B、C 的位置度公差为 $\phi0.1$mm，在磨削平面时和磨削后均需检验位置度误差。

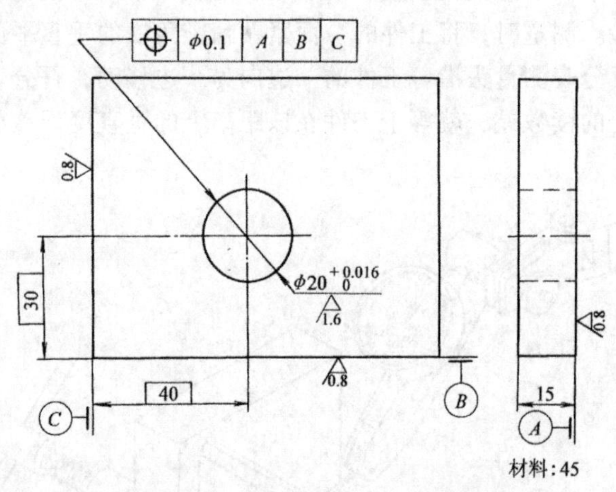

图 5-42　平面工件的位置度公差

磨削时，可先磨削 A 基准平面及对面，粗磨后留 0.10～0.14mm 精磨余量，再粗磨 B、C 二基准平面，与 A 基准面相互垂直，垂直度误差不大于 0.01mm，每面留精磨余量 0.05～0.07mm。用游标卡尺测量 $\phi20$mm 孔至 B、C 面距离，先测 A 面一端，再反身测 A 面的对面一端，根据测量结果，进行找正后，再精磨 A 基准面两侧及 B 面和 C 面。

加工后位置度误差的检验可在精密平板上进行。用一根 $\phi20$mm 的圆柱插入 $\phi20$mm 孔中，根据 $\phi20$mm 孔中心至 B、C 面的理论正确尺寸 30mm 和 40mm 组成两组量块 40mm 和 50mm。测量时，将 B 面和 C 面轮流放在平板上，用百分表量头压在量块组上，调整表针至零位，再用百分表量头测量圆柱最上面素线，先测量 A 面一侧，再测量 A 面对面一侧，根据百分表读数的变化，可计算出位置度误差值。

复 习 思 考 题

1. 平面磨床有哪几种类型？各有什么特点？

2. 平面磨削有哪几种形式？各有什么特点？

3. 平面磨削常用的方法有哪几种（以卧轴矩台平面磨床为例）？各有什么特点？每种磨削方法适用于什么范围？

4. 斜面、V形面及燕尾面各有哪些基本参数？如何计算？

5. 平面磨削的装夹方法有哪几种？各适用于什么场合？

6. 在电磁吸盘上如何装夹较薄的零件？如何装夹狭而高的零件？

7. 磨削外形不规则的平面如何装夹？

8. 简述磨削平行平面的操作步骤。

9. 简述磨削垂直平面的操作步骤。

10. 磨削斜面有哪些装夹方法？各有什么特点？

11. 简述磨削V形面的操作步骤。

12. 磨削凹槽零件时，如何找正外侧基准面？

13. 磨削V形面时，如何测量对称度？

14. 简述磨削卡板的操作步骤。

15. 平面工件的精度检验包括哪些内容？

16. 如何检验工件的直线度误差？

17. 如何检验工件的平面度误差？

18. 如何检验工件的平行度误差？

19. 如何检验工件的垂直度误差？

20. 如何检验工件的位置度误差？

第六章　简单刀具和简单成形面磨削

培训要求　了解刃磨和成形磨的基本知识，包括砂轮的选用和修整、磨削方法及有关典型零件磨削操作步骤。

第一节　刃磨的基本知识

一、刃磨机床简介

刀具的刃磨通常可在机床上进行。刃磨机床的种类很多，这里主要介绍最常用的 M6025 型万能工具磨床，它装上附件后，可以刃磨铰刀、铣刀、丝锥、拉刀、插齿刀等，同时也可用来磨削内、外圆柱面、圆锥面及平面等。

1.M6025 型万能工具磨床的结构　如图 6-1 所示，该机床主要由床身 1、横向滑板 12、纵向滑板 8、立柱 5、磨头架 6 等组成。

工作台 7 装在纵向滑板 8 上面，工作台的纵向运动由手轮 11 或手轮 3 操纵，转动手轮 3 能使工作台随纵向滑板轻便、均匀地移动。当需要慢速移动时，则将减速手柄 10 推入，并转动手轮 11，经差动齿轮减速后带动纵向滑板即可；不用慢速时，可拔出手柄 10。转动手轮 4，由丝杠、螺母带动横向滑板 12 移动，在刃磨时可以控制横向进给。转动手柄 9，工作台 7 相对于纵向滑板 8 可偏转一个角度，偏转的角度较小时，可从纵向滑板右端的刻度板上读出角度值；偏转的角度较大时，则可从工作台中间部位的刻度盘上读出角度值。工作台的最大回转角度为 ±60°。工作台上可装顶尖座、万能夹头、齿托架等，以适应刃磨各种刀具及其它加工的需要。

磨头架 6 装在立柱 5 的顶面上，可绕立柱轴线在 360°范围内任意回转角度。转动手轮 2，磨头可上下移动，以调整砂轮的高低位置。

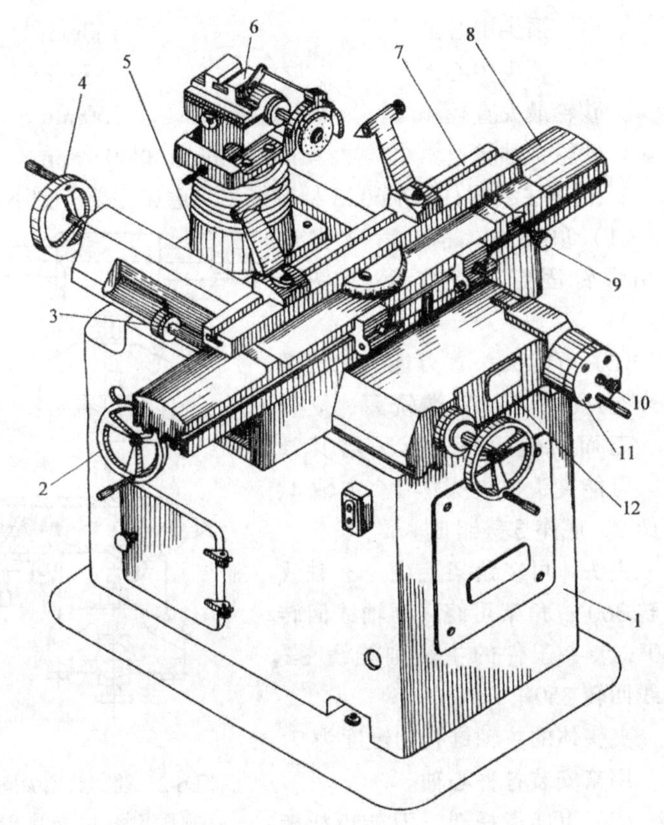

图 6-1 M6025 型万能工具磨床

1—床身 2、3、4、11—手轮 5—立柱 6—磨头架
7—工作台 8—纵向滑板 9—手柄 10—减速手柄 12—横向滑板

机床的主要技术规格：

顶尖中心高	125mm
前后顶尖距离	600mm
工作台最大移动量	
纵向	400mm
横向	250mm

砂轮架垂直移动量

顶尖中心上	130mm
顶尖中心下	55mm
砂轮最大直径	150mm
砂轮主轴转速	5700r/min，3800r/min

2. 机床主要附件　M6025型万能工具磨床主要有如下附件。

(1) 顶尖座　前、后顶尖座可用螺钉固定在工作台上(图6-2)。

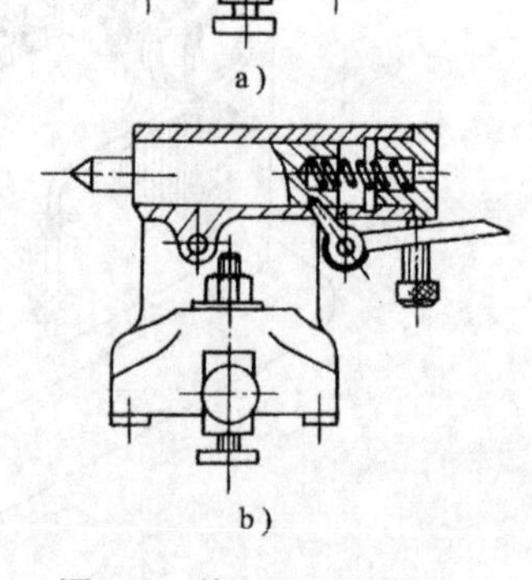

图6-2　前、后顶尖座
a) 前顶尖座　b) 后顶尖座

(2) 万能夹头　万能夹头（图6-3）主要用来装夹端铣刀、立铣刀、三面刃铣刀等，以刃磨其端齿。万能夹头由夹头体1、主轴4、角架2、底座3等组成。

夹头体可在角架上绕 x-x 轴线回转360°；角架可绕 y-y 轴线回转360°；装夹工件的主轴则能绕 z-z 轴线回转360°。

夹头体的主轴锥孔的锥度为7:24，用来安装各种心轴。

(3) 万能齿托架　万能齿托架（图6-4）的用途是使刀具刀齿相对于砂轮处于正确的位置上，以刃磨出正确的角度。

支架6可由螺钉将齿托架安装在机床适当的位置上。调节捏手1和螺杆3，可调节齿托片4的高低位置。齿托片可绕杆2和支架5的轴线回转一定的角度，以保证齿托片与刀具的刀齿接触良好。

齿托片的形状很多，供刃磨各种尖齿刀具时选用（见图6-5）。图6-5a、b为直齿齿托片，适合刃磨直槽尖齿刀具，如锯片铣刀、角度铣刀等。图6-5c为斜齿齿托片，适合刃磨各种交错

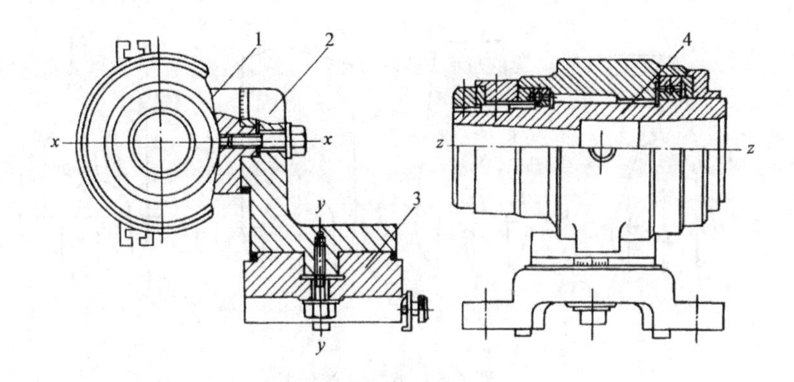

图 6-3　万能夹头

1—夹头体　2—角架　3—底座　4—主轴

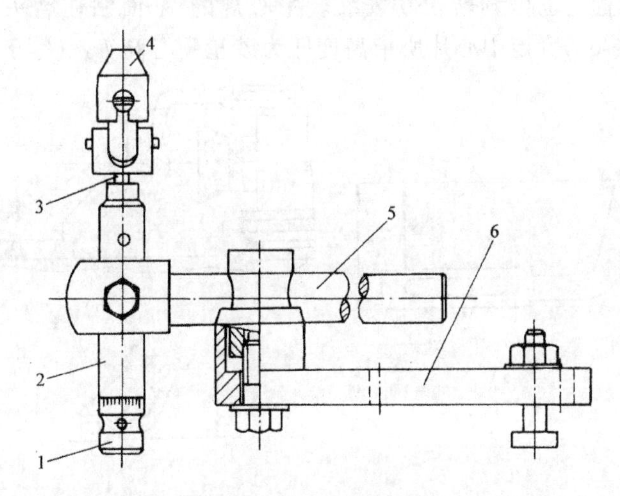

图 6-4　万能齿托架

1—捏手　2—杆　3—螺杆　4—齿托片　5、6—支架

齿三面刃铣刀等。图 6-5d 为圆弧齿托片，适用于刃磨各种螺旋槽刀具，如柱面铣刀、锥柄立铣刀等。

（4）中心规　中心规（见图 6-6）是用来确定砂轮或顶尖中心高度的工具，由体 2、定中心片 1 组成。体 2 的 *A*、*B* 两个平面经过精加工，平行度误差很小，定中心片 1 可装成图 6-6a 所

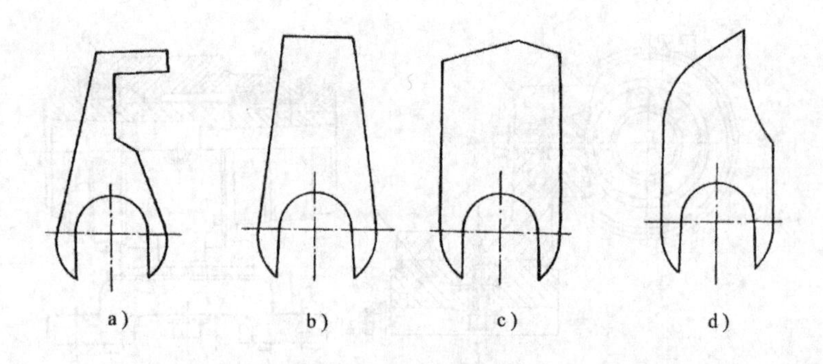

图 6-5　齿托片的形状

a)、b) 直齿齿托片　c) 斜齿齿托片　d) 圆弧齿托片

示位置，也可调转 180°安装。中心规的 A 面贴住磨头顶面时(图 6-6b)，定中心片所指高度即为砂轮中心高 h_A（等于头架顶

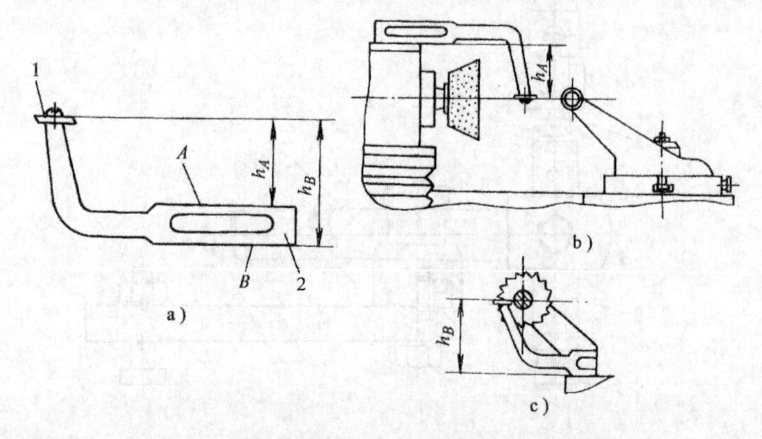

图 6-6　中心规及其使用

a) 中心规　b) 校正砂轮顶尖中心　c) 校正切削刃中心

1—定中心片　2—体

面至砂轮轴线的距离)，升降磨头把定中心片对准顶尖的尖端时，即可将砂轮中心与工件中心调整到同一高度上。如果将中心规的 B 面放在磨床工作台上时（见图 6-6c)，定中心片所指高度 h_B 即为前、后顶尖的中心高度，将它与钢直尺配合，就可以调整齿

托架齿托片的高度。

(5) 可倾虎钳　可倾虎钳（见图 6-7）由虎钳 1，转体 2、3 和底盘 4 组成，常用来装夹车刀等。虎钳安装在转体 3 和 2 上，分别可以绕 x-x 轴、y-y 轴、z-z 轴旋转，以刃磨所需要的角度。

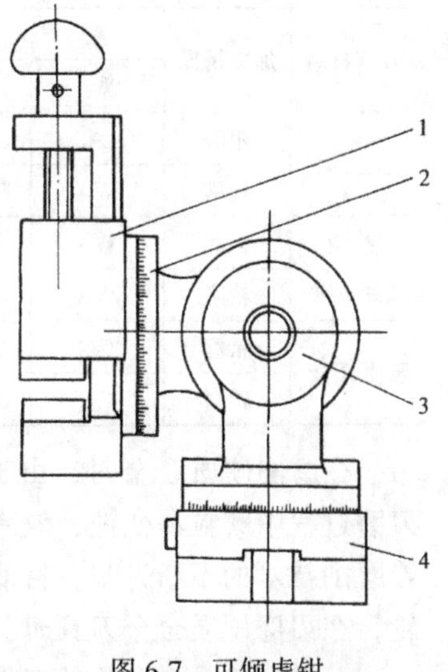

图 6-7　可倾虎钳
1—虎钳　2、3—转体　4—底盘

二、刃磨砂轮的选用

刃磨刀具的砂轮要选择合适，以使刀具刃磨后具有锋利的切削刃，且有较低的表面粗糙度值，刀面无退火、烧伤等现象。砂轮的选用主要根据刀具材料性能、磨削性质、图样技术要求等，重点是砂轮特性和砂轮形状的正确选择。

1. 砂轮特性的选择　刃磨砂轮的特性通常包括磨料、粒度、硬度、组织和结合剂等。砂轮粒度常用 $46^{\#}\sim100^{\#}$。当磨削面积大、余量多时，宜采用粗粒度；若磨削余量少及刀具尺寸小、粗糙度值要求低时，则采用细粒度。砂轮的硬度常用 H～K 之间的等级，刃磨高速钢刀具时，当磨削面积大、余量多时，一般用 H；磨削面积小、余量少时，则用 J；刃磨成形刀具及精密的刀具时，宜用 K；刃磨硬质合金刀具时，用 H；而刃磨硬质合金成形刀具或小刀具时，砂轮的硬度选 J。砂轮特性的具体选择见表 6-1。

2. 砂轮形状的选择　通常情况下，刃磨刀具的前刀面用碟形砂轮；刃磨后刀面用碗形或杯形砂轮。杯形砂轮在刃磨过程中直径不变，对无变速装置的磨床更为适用。目前，碗形或杯形砂轮的直径较小，砂轮的圆周速度低，磨粒易变钝，刀具表面粗糙度值较大。因此，有些厂为了提高砂轮的圆周速度，选用直径较大的平形砂轮，经适当调整，用来刃磨刀具的后刀面。

表 6-1 砂轮特性的选择

刀具材料	加工情况	砂轮特性				
		磨料	粒度	硬度	组织	结合剂
工具钢	粗磨	A	40～60	K～L	5	V
	精磨	WA	80～120	K～L	5	V
高速钢及合金钢	粗磨	WA	46～60	J～K	5	V
	精磨	WA	80～120	J～K	5	V
硬质合金	粗磨	GC	60～80	G～J	5	V
	精磨	GC	120～150	H～J	5	V

在磨削硬质合金时，由于其硬度极高，且热导率小，性脆，刃磨过程中磨粒易变钝，效率低，并由于热应力会造成裂纹。随着磨削技术的不断进步，目前已逐渐采用金刚石砂轮和开槽的砂轮，在刃磨硬质合金刀具时，已取得一定的效果。

开槽砂轮是在砂轮的工作部位沿径向开有一定宽度、深度和数量的沟槽（见图 6-8），使砂轮的磨削过程变为间断磨削。与普通磨削相比较，间断磨削的刃磨效率可提高 1 倍以上，刃磨硬

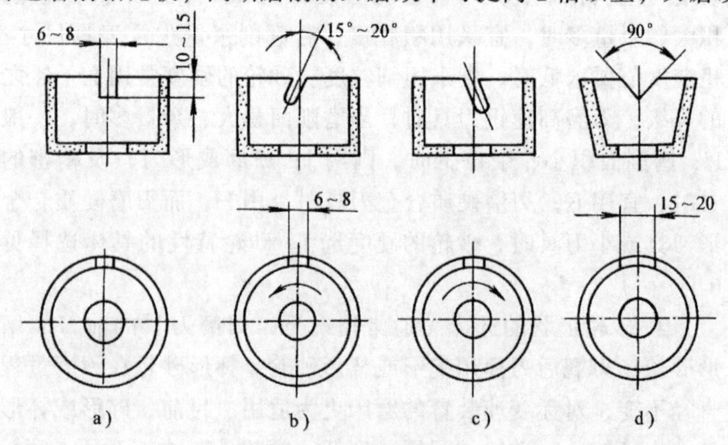

图 6-8 开槽的砂轮

a）开矩形槽砂轮 b)、c）开倾斜矩形槽砂轮 d）开 90°槽砂轮

质合金时磨削热降低，刀具散热条件得到改善，刀具表面粗糙度值减小，并可减少磨削裂纹。

砂轮上开槽一般用废锯条以手工进行。当需要开槽的砂轮数量较多时，可在专用设备上进行。

三、刃磨的方法和步骤

简单刀具的种类很多，刃磨的部位主要是前、后刀面，其刃磨的方法和步骤基本相同，现简述如下。

1. 选择和修整砂轮　根据刀具的材料和技术要求，选择砂轮的特性和形状，并根据加工需要修整砂轮。

砂轮修整分两步，第一步先用砂条粗修砂轮端面。对碟形砂轮，端面修成边缘高、内侧低的锥面（图 6-9a）；对碗形或杯形砂轮，端面修成内凹形（图 6-9b）。第二步再用金刚石笔精修砂轮端面至要求。

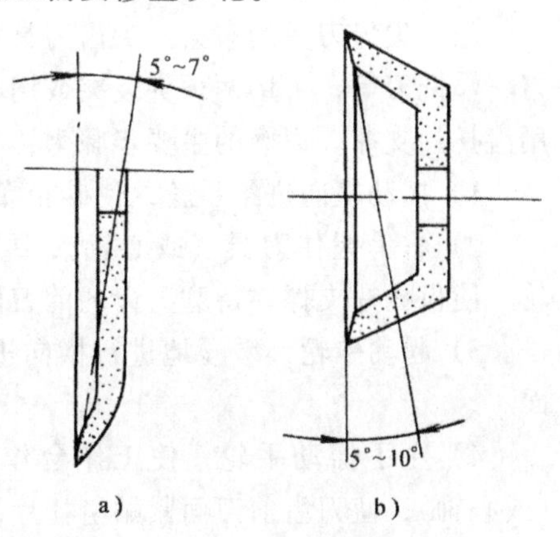

图 6-9　刃磨砂轮的修整
a）碟形砂轮的修整
b）碗（杯）形砂轮的修整

2. 调整砂轮架位置　刃磨刀面时，应根据刀具的角度，将砂轮架在水平面内转动一定角度，使砂轮边缘参加磨削。磨前可用中心规来找正砂轮与所磨刀面的相对位置。

3. 装夹工件　不同的刀具刃磨，可用不同的装夹方法。磨车刀、刨刀、刀片可在可倾虎钳上装夹，以刃磨所需要的角度；磨铰刀、圆柱铣刀、铲齿铣刀等可用两顶尖装夹，并安装调整好齿托片；磨端铣刀、立铣刀、三面刃铣刀等可在万能夹头上装夹，并用齿托片支撑。装夹圆柱铣刀、铲齿铣刀、端铣刀及三面刃铣刀时，均需用心轴紧固。

4.刃磨 平面刀具（车刀、刨刀、刀片）和尖齿刀具（铰刀、铣刀等）的刃磨方法有所不同，现分述如下：

（1）平面刀具的刃磨 平面刀具如车刀、刨刀、刀片等，直接装夹在可倾虎钳上，不需加设任何辅助装置即可调整所需位置刃磨各种角度，装夹时必须用百分表找正刀具的基准面。

这类刀具主要刃磨前角、后角、主、副偏角，有的刀片（如机夹可转位车刀）还需磨削周边、断屑槽。刃磨刀片的副偏角可用专用夹具，磨断屑槽则可将刀片立夹在钳口上，再将钳体调成所需角度，用碗形砂轮刃磨。

（2）尖齿刀具的刃磨 尖齿刀具如铰刀、圆柱铣刀、铲齿铣刀、端铣刀等，可用两顶尖装夹或用心轴装夹在万能夹头上，并用齿托片支撑。刃磨的主要步骤为：

1）摇动横向进给手轮，使砂轮靠近刀具的前（后）刀面。

2）右手握住刀具（或心轴），左手摇动工作台纵向进给手轮，使齿托片支撑在待磨刀齿的前刀面上。

3）起动砂轮，缓慢地进行横向进给，使砂轮磨到刀齿的刀面。

4）左手摇动手轮，使工作台作纵向进给，右手扶住刀具（或心轴），使刀齿前刀面紧贴齿托片，并作螺旋运动。

5）磨好一齿后，将刀齿退出齿托片。

6）将刀具转过一齿，继续刃磨另一齿刀面，逐齿刃磨。

7）磨完一周齿后，砂轮作一次横向进给，继续刃磨，直至符合图样要求。

四、刃磨中注意事项

为做好刀具刃磨工作，必须注意如下几点：

1）操作前看清所刃磨刀具的技术要求，如刀具几何角度参数等，特别是角度的方向。

2）根据刀具材料、磨削方法、磨削余量等合理选用砂轮，正确修整好砂轮。

3）做好刀具的装夹。刀具在两顶尖之间装夹时，顶紧力大小要适当，以免转动不灵活或者窜动，影响刃磨质量。心轴的定位外圆与刀具基准孔需正确配合，并将刀具紧固。平面刀具装夹后要找正基面；圆柱形刀具装夹后要找正外圆的径向圆跳动。

4）正确安排刃磨步骤。尖齿刀具刃磨前刀面（或前刀面和后刀面均刃磨），铲齿刀具刃磨后刀面，均需调整好齿托片（刀具）与砂轮的相对位置，要使刀齿始终紧贴在齿托片顶端，防止齿托片在分度时发生位移。

5）刃磨时手握刀具（心轴）的力度要适当且均匀，使刀具上的刃带（弧边）在全长上宽度一致。刃磨过程中手不能离开刀具（心轴），以防刀具转动，磨坏刀齿。

6）刃磨时，要适当调整砂轮架偏移角度和磨头高度，以免使砂轮刃磨点偏移，或碰到其它齿。

7）磨削用量要适当，工作台移动速度要均匀，要避免磨削中途突然停顿，以防止刀面局部烧伤及停留处产生凹痕。

8）刃磨时，要注意安全。

9）刃磨时一般不加切削液，需安装使用吸尘器，以吸进大部分铁屑和磨粒。

五、刃磨实例

例1 刃磨铰刀

1.图样和技术要求分析　如图6-10所示为一机用铰刀，工作部分材料W18Cr4V2，工作部分淬硬60～63HRC，直径为$\phi 15^{+0.042}_{+0.036}$mm，切削锥角$2\kappa_r=20^\circ$，刀齿前角$\gamma_o=3^\circ$，切削齿后角$\alpha_o=10^\circ$，校准齿后角$\alpha'_o=8^\circ$，圆弧刃带宽$f=0.25$mm，齿数$z=6$，刀齿表面粗糙度$R_a\,0.63\mu$m，工作部分和柄部径向圆跳动公差为0.03mm。

根据工件材料和加工要求，进行如下选择和分析。

（1）砂轮的选择　所选砂轮的特性为：磨料WA，粒度46#～80#，硬度K，组织号5，结合剂V。刃磨前刀面用碟形砂轮，将砂轮修成内锥面；刃磨后刀面用碗形或杯形砂轮，端面修成内凹形（见图6-9）。修整砂轮用金刚石笔。

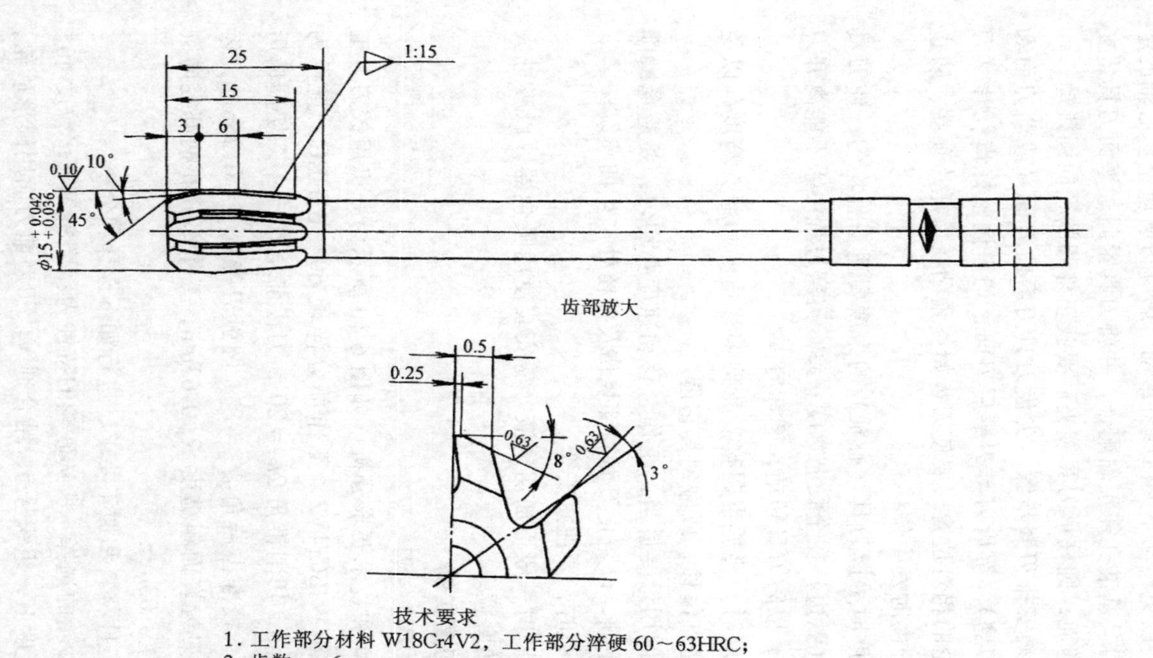

技术要求

1. 工作部分材料 W18Cr4V2，工作部分淬硬 60～63HRC；
2. 齿数 $z=6$；
3. 切削齿后角 $\alpha_o=10°$，标准齿后角 $\alpha'_o=8°$，圆弧刃带宽 $f=0.25$mm；
4. 工作部分和柄部径向圆跳动公差 0.03mm；
5. 刀齿表面粗糙度 $R_a 0.63\mu m$。

图 6-10　铰刀

（2）装夹方法　将铰刀装夹在前后顶尖间，装夹前检查中心孔，顶尖的顶紧力大小要适当。

（3）磨削方法　先刃磨前刀面，再磨校准部分的外圆、倒锥及切削部分锥面，再刃磨后刀面。

1）磨前刀面

① 装夹后，将磨头转过2°，使砂轮在齿槽间刃磨时只单边接触。

② 调整铰刀与砂轮的相对位置，将砂轮引进齿槽内，由于前角 $\gamma_o=3°$，故砂轮端面相对铰刀中心要偏移一个距离 H（图6-11），H 值的计算式为

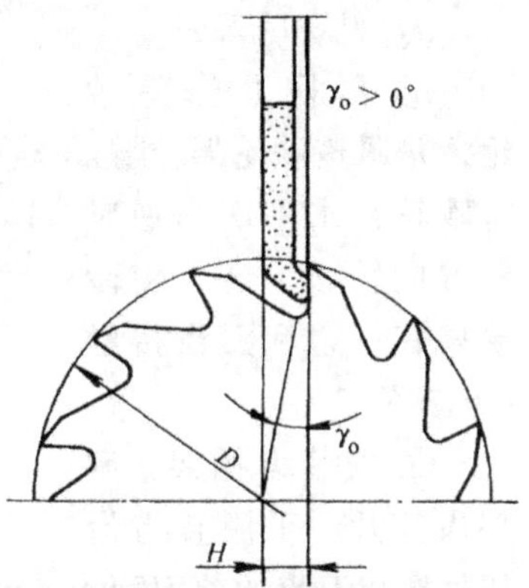

图6-11　砂轮端面偏移量的计算

$$H=D\sin\gamma_o/2 \tag{6-1}$$

式中　H——砂轮端面对铰刀中心的偏移量（mm）；

D——铰刀直径（mm）；

γ_o——铰刀前角（°）。

据此式计算得出砂轮端面偏移量 $H=0.39$mm。

③ 刃磨方法。右手扶住铰刀，使刀齿前刀面靠在砂轮端面上，左手转动手轮，使工作台作纵向运动，起动砂轮，手给铰刀一个横向作用力，使砂轮刃磨前刀面。磨完一齿再磨另一齿，直至磨完全部刀齿为止（见图6-12）。

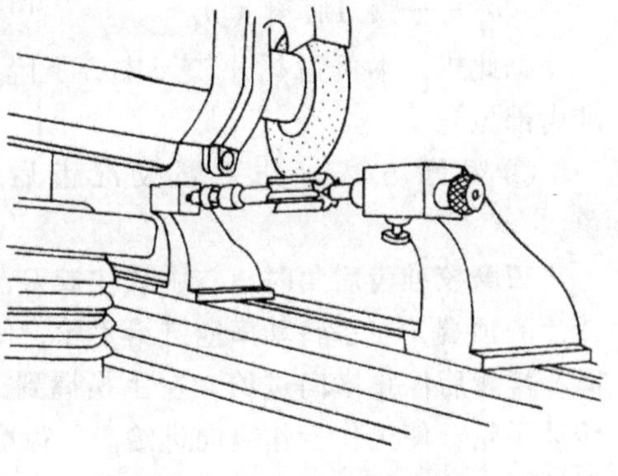

图6-12　铰刀前刀面的刃磨

2）磨校准部分外圆、倒锥和切削锥　这些部位均在外圆磨

床上进行，此处从略。

3）刃磨后刀面

① 更换并修整砂轮，并调整砂轮架位置。将砂轮在水平面内逆时针方向转 1°～3°，使砂轮只有一边和刀齿接触（见图 6-13）。

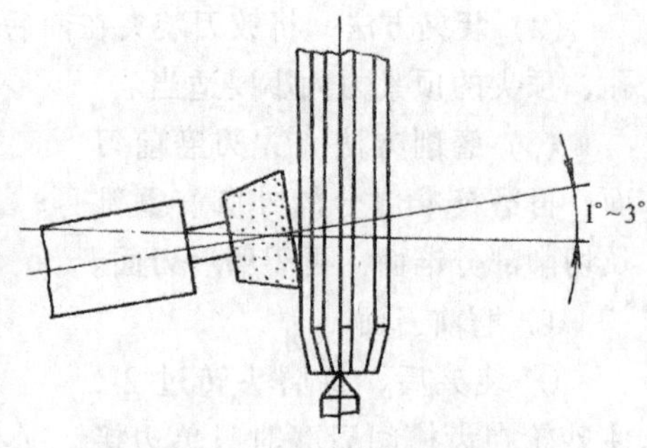

图 6-13　刃磨铰刀后刀面时砂轮架的位置调整

② 安装齿托架，调整齿托片。采用直齿齿托片撑在刀齿的前刀面上，利用中心规调整齿托片高度，使被磨切削刃比刀具中心低一个 H 值（见图 6-14），H 值的计算式为

$$H = D\sin\alpha_o/2 \qquad (6\text{-}2)$$

式中　H——齿托片比铰刀中心下降值（mm）；

D——铰刀直径（mm）；

α_o——铰刀后角（°）。

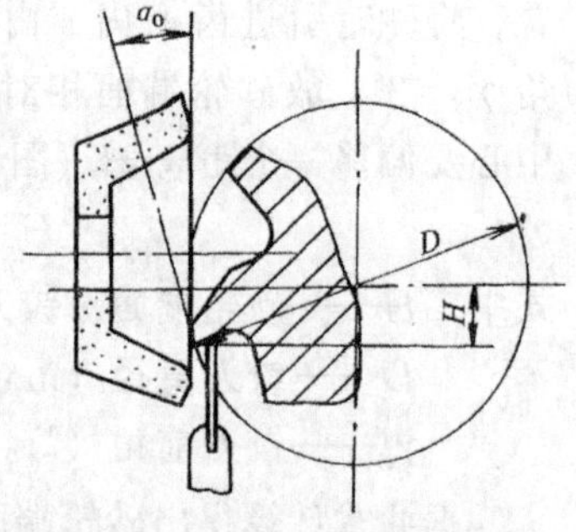

图 6-14　齿托片的安装位置

据此式，本例齿托片铰刀中心下降值为 $H = 1.043$mm（校准齿部位）。

③ 刃磨方法。先刃磨校准齿后角，再刃磨切削齿后角。

刃磨校准齿后角时，右手扶住铰刀，使刀齿的前刀面紧贴齿托片的顶端，左手转动横向进给手轮，使砂轮逐渐接近刀齿后刀面，接触后停止横向进给。左手换握到工作台纵向进给手轮上，转动手轮，使工作台作纵向进给。一齿磨好后，铰刀向顺时针方向转动，使齿托片撑到第二个齿的前刀面上，移动工作台刃磨第二个齿的后刀面，逐齿刃磨。磨完一圈后砂轮作一次横向进给，再逐齿磨削，直至符合要求（见图 6-15）。

刃磨校准齿后刀面时，应保证刀齿上圆弧刃带宽 $f=0.25\text{mm}$。

校准齿磨好后，将工作台顺时针方向转过一个 κ_r 角，即 $10°$，并调整齿托片比刀具中心低 $H=15/2\text{mm}\times\sin10°=1.303\text{mm}$，然后用同样的方法磨削切削部分的后刀面。

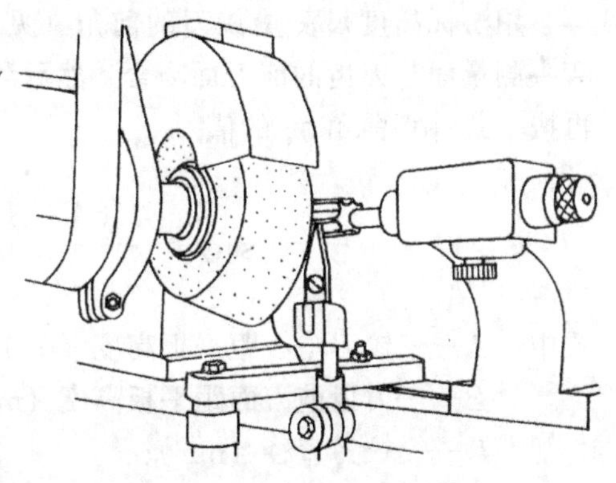

图 6-15　铰刀后刀面的刃磨

（4）检查方法　刃磨铰刀的前、后刀面是为了形成前角和后角。铰刀的前角和后角的检查方法分述如下：

1）铰刀前角的检查　前角可用多刃角尺（图 6-16a）检测或用游标高度尺测量计算得出角度值。

多刃角尺类似于游标万能角度尺，把测块 1 和靠尺 5 放在铰

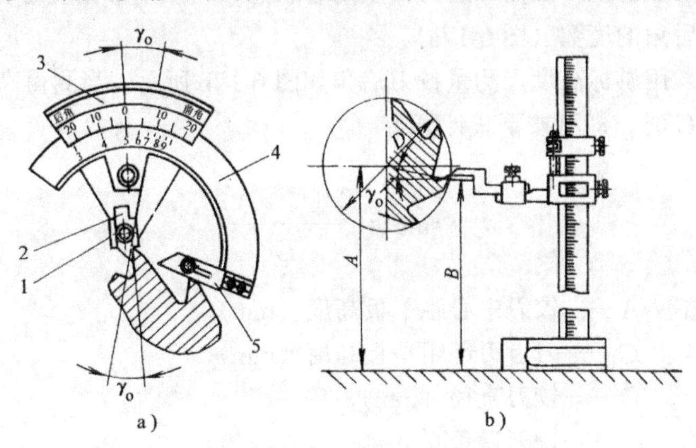

图 6-16　铰刀前角的测量

a）用多刃角尺检测　b）用游标高度尺测量

1—测块　2—量尺　3—游标　4—半圆尺　5—靠尺

刀相邻的两齿上，量块与铰刀的轴线垂直，转动扇形刻度游标3，使量尺2的测量面与刀齿的前刀面全部接触，即可从刻度游标上读出铰刀前角的度数。

用游标高度尺测量铰刀的前角（见图6-16b），是将卡尺的弯头测量面与刀齿的前刀面吻合，然后测出高度A和B的尺寸，再按下式计算前角γ_o的值

$$\sin\gamma_o=\frac{2(A-B)}{D} \tag{6-3}$$

式中　A——铰刀中心距平板高度（mm）；

B——刀齿前刀面距平板高度（mm）；

D——铰刀直径（mm）；

γ_o——铰刀前角（°）。

2）铰刀后角的检查　后角也可用多刃角尺或游标高度尺检查测量（见图6-17）。

用多刃角尺测量铰刀后角与测量前角的方法基本相同，只是测块1的工作面需和后刀面呈吻合状态，再从扇形刻度游标上读出后角的度数（图6-17a）。

用游标高度尺测量铰刀后角如图6-17b所示。当测得高度A和C时，即可按下式计算

$$\sin\alpha_o=\frac{2(C-A)}{D} \tag{6-4}$$

式中　A——铰刀中心距平板高度（mm）；

C——刀齿刃部距平板高度（mm）；

D——铰刀直径（mm）；

α_o——铰刀后角（°）。

2. 操作步骤　详见表6-2铰刀刃磨工艺。

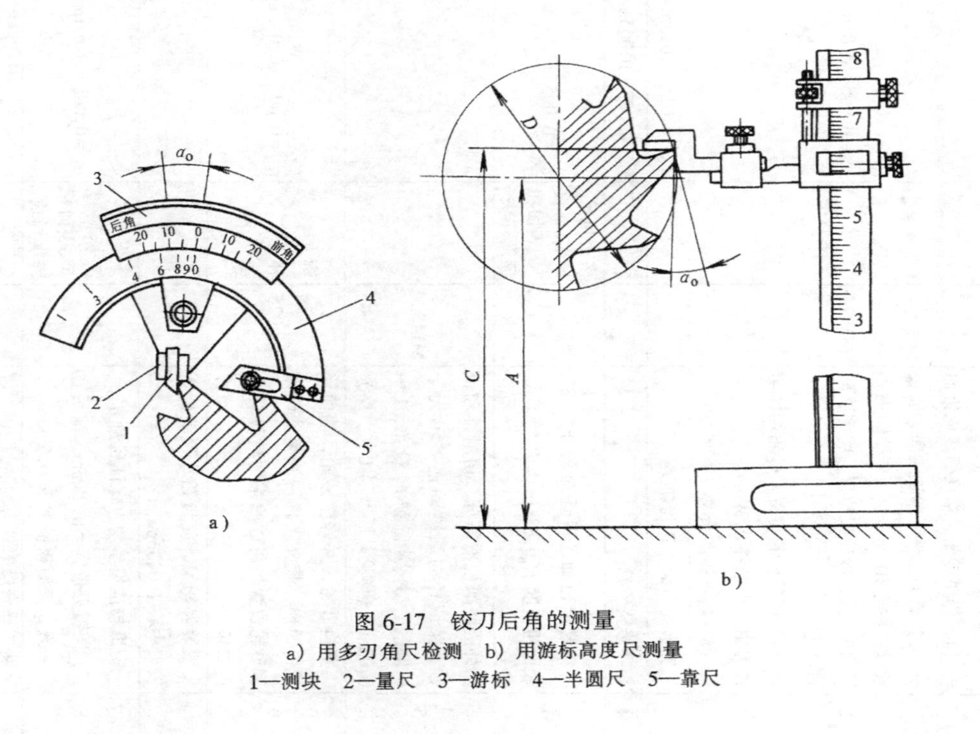

图 6-17　铰刀后角的测量

a）用多刃角尺检测　b）用游标高度尺测量

1—测块　2—量尺　3—游标　4—半圆尺　5—靠尺

表 6-2 铰刀刃磨工艺

序号	内容及要求	机床	装备	切削用量
1	操作前检查、准备 (1) 修整砂轮，端面修成内锥面 (2) 装夹工件于两顶尖间，装夹前检查中心孔 (3) 调整砂轮架位置，将磨头转过2°左右 (4) 调整砂轮位置，砂轮端面与铰刀中心线偏移0.39mm (5) 检查刃磨余量	M6025	碟形砂轮、金刚石笔	a_p=0.005~0.01mm
2	刃磨前刀面，逐齿粗磨			a_p=0.01~0.015mm
3	精修整砂轮			a_p=0.003~0.005mm
4	精磨前刀面，保证前角 γ_o=3°，表面粗糙度 R_a0.63μm以内		多刃角尺、游标高度尺、表面粗糙度样块	a_p=0.005~0.01mm
5	外圆磨削校准部分、切削锥和倒锥，保证径向圆跳动误差不大于0.03mm，外圆留研磨量0.01~0.02mm（详见外圆磨削工艺，略）	M1432A		
6	更换砂轮，并修整砂轮，端面修成内凹形，装夹工件，调整砂轮架和砂轮位置，将砂轮端面转过约2°的斜角	M6025	碗形（或杯形）砂轮	a_p=0.005~0.01mm
7	安装齿托架，使齿托片顶端低于铰刀中心1.043mm		中心规	
8	刃磨校准齿后角，保证后角 α'_o=8°，圆弧刃带宽=0.25mm，前后宽窄一致，表面粗糙度 R_a0.63μm		多刃角尺、游标高度尺、表面粗糙度样块	a_p=0.005~0.01mm
9	将工作台顺时针方向转过10°，调整齿托片低于刀具中心1.303mm			
10	刃磨切削部分后角，保证后角 α_o=10°，表面粗糙度 R_a0.63μm以内		多刃角尺、游标高度尺、表面粗糙度样块	a_p=0.005~0.01mm

例 2 刃磨圆柱铣刀

1. 图样和技术要求分析　如图 6-18 所示为一圆柱形铣刀，因磨损需刃磨后刀面，材料为 W18Cr4V2，热处理淬硬 63～66HRC，铣刀外径 $\phi63_{-0.05}^{\ 0}$mm，螺旋角 $\beta=40°$，端面前角 $\gamma_p=15°$，端面后角 $\alpha_p=12°$，齿数 $z=8$，切削刃对中心线的径向圆跳动公差：相邻为 0.03mm，一周为 0.06mm。刃磨面的表面粗糙度 $R_a0.63\mu m$。

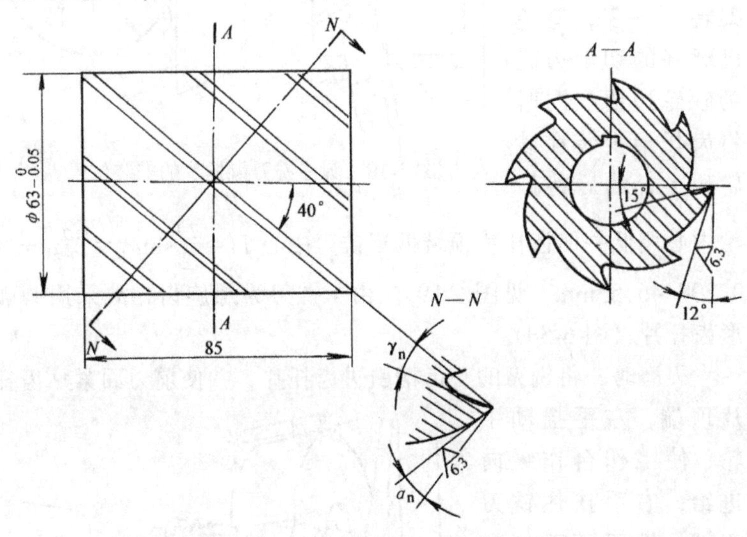

技术要求

1. 材料 W18Cr4V2，热处理 63～66HRC；

2. 齿数 $z=8$；

3. 切削刃对中心线的径向圆跳动公差：相邻 0.03mm，一周 0.06mm。

图 6-18　圆柱铣刀

根据工件材料和加工要求，进行如下选择和分析。

(1) 砂轮的选择　所选砂轮为 WA60K5V 的杯形砂轮，并将砂轮端面修整成内凹形。修整砂轮用金刚石笔。

(2) 装夹方法　选用端面夹紧、内孔定位的心轴进行装夹，铣刀在心轴上紧固后装在前、后顶尖之间。装夹前需检查心轴中心孔。

(3) 刃磨方法 铣刀刃磨前应先用心轴装夹修磨外圆。刃磨前调整好砂轮与铣刀相对位置。利用中心规将砂轮中心和两顶尖中心调整到同高，并将砂轮架转 2°～3°，避免已磨好的切削刃碰到砂轮边缘。同时将齿托架安装在砂轮架上，然后将砂轮中心调低并使齿托片顶端低于铣刀中心 $H=\frac{D}{2}\sin\alpha_p=\frac{63}{2}\text{mm}\times0.208=6.55\text{mm}$（见图 6-19）。由于铣刀为螺旋齿，故采用圆弧形齿托片（图 6-5d）。

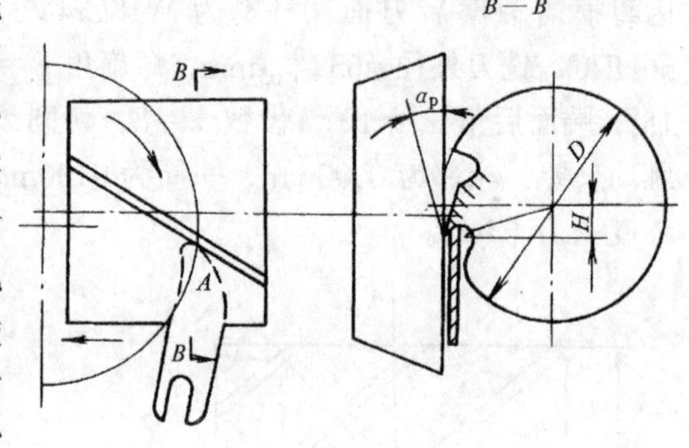

图 6-19 圆柱铣刀齿托片的安装位置

刃磨时，将铣刀的一齿槽引进齿托片，并使前刀面紧贴齿托片顶端，左手摇动手轮，使工作台作纵向进给，右手扶住铣刀心轴，铣刀随工作台作纵向进给的同时也作圆周运动即形成螺旋运动。起动砂轮，缓慢地作横向进给，刃磨刀齿的后刀面。磨好一齿后，退出齿托片，将铣刀转过一齿，继续刃磨，逐齿磨至要求（见图 6-20）。

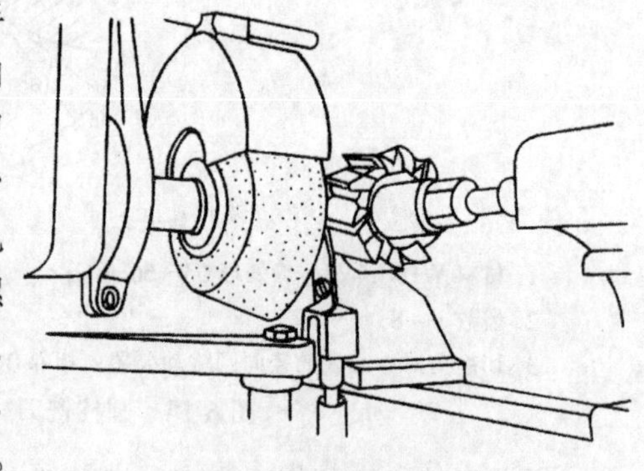

图 6-20 圆柱铣刀的刃磨

(4) 检查方法 圆柱铣刀有端面后角 α_p 和法向后角 α_n，它

们与螺旋角 β 有关，其关系式为

$$\tan\alpha_p = \tan\alpha_n \cdot \cos\beta \tag{6-5}$$

一般刃磨后只检查端面后角 α_p。检查后角可用多刃角尺测量，也可用专用后角量具测量（见图 6-21）。

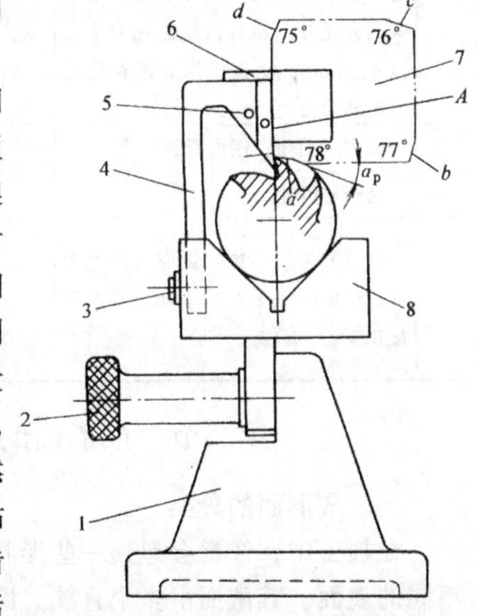

图 6-21 铣刀后角测量

1—底座 2、3—调节螺钉 4—臂架 5—螺钉 6—靠板 7—角度样板 8—V 形块

后角量具由底座 1，调节螺钉 2、3，臂架 4，靠板 6，V 形块 8 等组成。臂架的垂直平面 A 与 V 形块对称中心线重合。螺钉 3 可调节臂架高低位置，以适应测量不同直径的铣刀。测量时，铣刀置于 V 形槽内，使一齿尖与 A 面接触，然后把角度样板 7 左侧平面贴紧 A 面，一个测量面与齿刀背贴紧，以透光度确定后角的角度，图 6-21 所示 $\alpha_p = 90° - 78° = 12°$。

2. 操作步骤 详见表 6-3 圆柱铣刀刃磨工艺。

表 6-3 圆柱铣刀刃磨工艺

序号	内容及要求	机床	装备	切削用量
1	将铣刀装夹在心轴上，磨削铣刀外圆，保证切削刃对铣刀中心径向圆跳动误差。装夹前检查修研中心孔，外圆磨出即可（详见外圆磨削工艺）	M1320A		
2	刃磨操作前检查、准备 （1）修整砂轮，端面修成内凹形 （2）装夹安装好铣刀的心轴于两顶尖间	M6025		$a_p = 0.01 \sim 0.02$mm

（续）

序号	内容及要求	机床	装备	切削用量
2	（3）调整砂轮架及砂轮与铣刀相对位置，砂轮架转动2°～3°，安装调整齿托片，使其顶端比铣刀中心低6.55mm，使齿托片支撑在待磨刀齿前刀面上	M6025		$a_p=0.01\sim0.02$mm
3	刃磨后刀面，逐齿刃磨			$a_p=0.01\sim0.015$mm
4	精修整砂轮		金刚石笔	$a_p=0.002\sim0.01$mm
5	精磨刀齿后刀面，逐齿刃磨至要求，保证后角$\alpha_p=12°$，表面粗糙度$R_a0.63\mu m$以内		多刃角尺（或专用后角量具）、表面粗糙度样块	$a_p=0.005\sim0.01$mm

第二节　成形面的分类及磨削

一、成形面的分类

在加工中，经常会遇到一些形状与平面和圆柱（或圆锥）面不同的表面，其截面由多个直线、圆弧（或曲线）连接而成。凡形状不同于平面和圆柱（或圆锥面）的表面均称为成形面。

成形面可分为以下三类：

1. 旋转体成形面　它是由一条平面曲线（直线加曲线）围绕某一轴线回转而成的形面。其立体形状多为圆柱体（或圆锥体）加球体（或其它曲线回转体）组成（图6-22a）。常见的如手柄、阀杆等。

2. 直素线成形面　它是由一条直线沿某一曲线运动形成的成形面。其立体形状是由多个圆柱面（或圆锥面）与平面相切、相交、相接而组成（图6-22b）。如样板、凸模、凹模拼块等。

3. 立体成形面　它是由多个曲面体组成的空间曲面。常见的如齿轮、凸轮等（图6-22c）。

旋转体成形面和立体成形面磨削的方法都比较复杂，本节只介绍简单的直素线成形面的磨削，这类成形面通常在平面磨床或

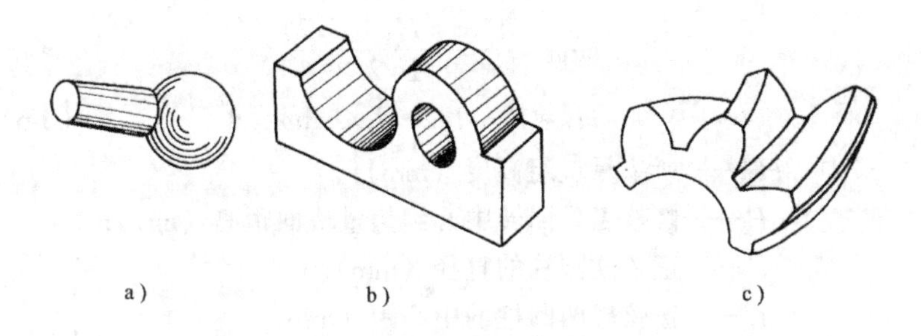

图 6-22 成形面

a）旋转体成形面 b）直素线成形面 c）立体成形面

工具磨床上进行。

二、成形砂轮的修整

在成形面的磨削中，采用成形砂轮磨削法较为普遍，尤其是磨削多件相同形面的工件时，可保证几何形状的一致性。

简单成形砂轮，若形面要求不高，可用绿碳化硅砂轮碎块手工修整。有一定要求的成形砂轮则用金刚石笔或专用修整工具来进行修整。批量生产的工件，可用滚轮挤压修整成形砂轮。

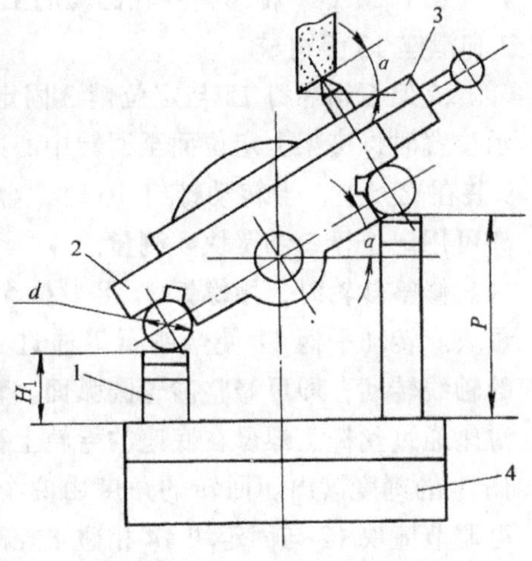

图 6-23 修整角度砂轮工具

1—量块 2—正弦规 3—滑块 4—底座

1. 常用的成形砂轮修整方法

（1）角度砂轮的修整

修整角度砂轮是采用正弦原理控制砂轮角度，然后用此砂轮磨削工件的斜面。图 6-23 所示为一修整角度砂轮工具，它主要由正弦规 2、装有金刚石笔的滑块 3 和底座 4 所组成。

当所需修整砂轮斜角为 α 时

$$\sin\alpha = \frac{P - (H_1 + d/2)}{L/2}$$

$$H_1 = P - d/2 - L/2\sin\alpha \tag{6-6}$$

式中 H_1——所垫量块组高度（mm）；

P——修整工具回转中心到垫量块面距离（mm）；

d——正弦规圆柱的直径（mm）；

L——正弦规两圆柱的中心距（mm）。

根据算出的 H_1 值，垫入量块组 1，另一边垫入相应高度的衬块支撑。正弦规成斜角后，拧紧螺母锁紧。用手拉滑块 3 右端的把手移动金刚石笔修整砂轮。此种工具可修整 0°～75°范围内的各种角度砂轮。

（2）圆弧砂轮的修整　修整圆弧砂轮可用修整砂轮圆弧工具，此种工具可修整各种圆弧的成形砂轮，以磨削工件上的圆弧面。

图 6-24 是一种修整砂轮圆弧的工具，它主要由支架 6、转盘 2 和滑座 13 等组成。

支架 6 用螺钉 15 与定位销 3 固定在转盘 2 上，定位销在图示位置时，支架上定位面至回转中心的距离为 25mm。金刚石笔 9 装在支架上，当转动螺钉 10 时，金刚石笔就轴向移动，其距离可用定位棒 5 和量块 4 测量。

修整砂轮时，用螺钉 7、8 紧固金刚石笔，并拿去定位棒和量块。转动手柄 11 使金刚石笔通过支架 6、转盘 2 绕轴承座 1 的轴线转动，即可修整砂轮圆弧面。转动部分放置在滑座 13 上，滑座通过丝杆、螺母在底座的导轨上移动，其移动距离可从手轮 16 上的刻度读出。回转的角度由两个装在回转盘 2 圆周槽中的可调节撞块 12 与固定块 14 相碰来控制，并从固定块读出转盘上的刻度。

调整定位销的位置(即回转中心至支架定位面的距离),并在定位板和支架定位基准面上垫上不同高度的量块组(即控制金刚石笔尖至回转中心的距离),则可获得不同半径的内、外圆弧面。

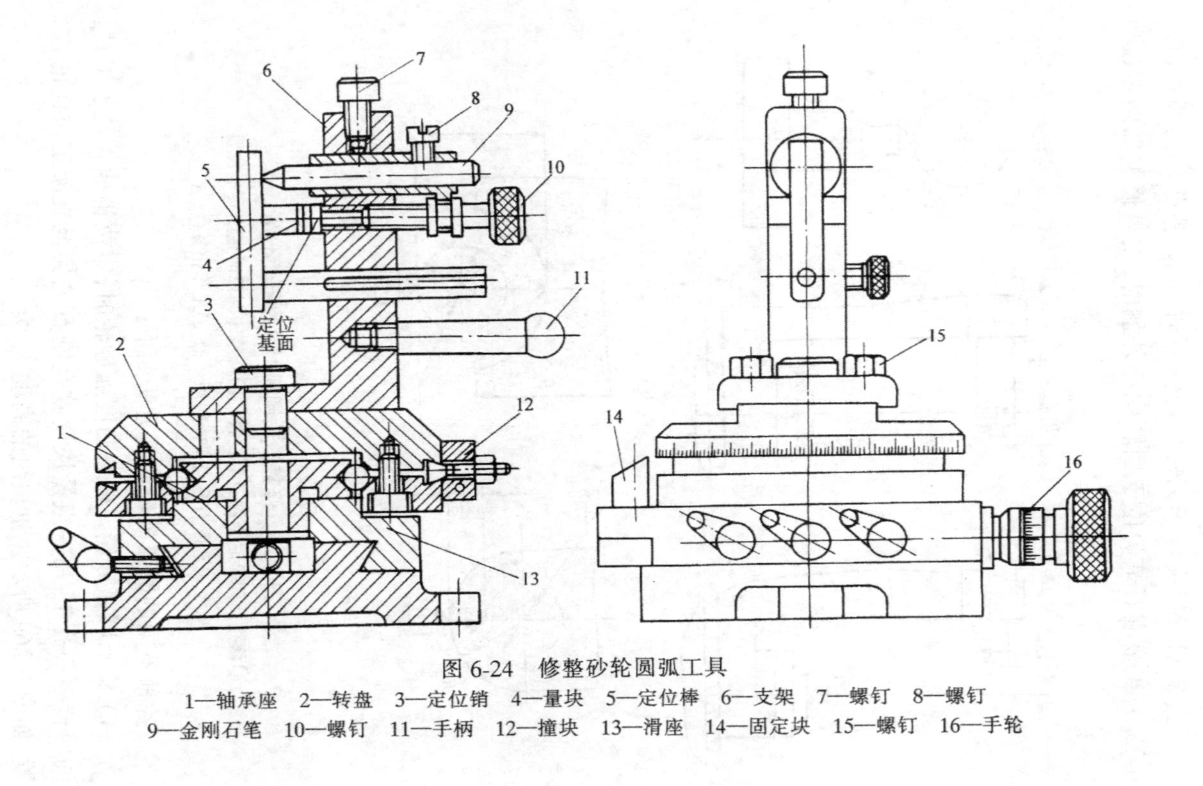

图 6-24 修整砂轮圆弧工具

1—轴承座 2—转盘 3—定位销 4—量块 5—定位棒 6—支架 7—螺钉 8—螺钉
9—金刚石笔 10—螺钉 11—手柄 12—撞块 13—滑座 14—固定块 15—螺钉 16—手轮

当金刚石笔尖位于回转中心内侧时,可修整凸(外)圆弧(图6-25a);当金刚石笔尖位于回转中心外侧时,则可修整凹圆弧(图6-25b)。

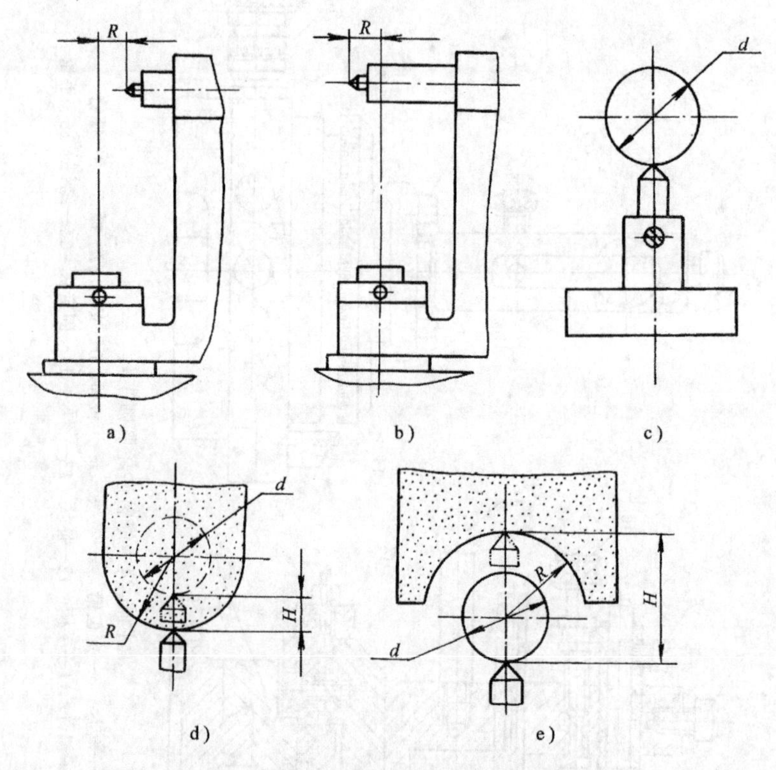

图 6-25 修整砂轮圆弧时金刚石笔位置
a)修整凸圆弧时金刚石笔位置 b)修整凹圆弧时金刚石笔位置
c)金刚石笔与量棒接触 d)、e)工作位置

各种不同的圆弧砂轮修整方法如下:

1) 修凸圆弧砂轮 修整凸圆弧砂轮时,定位销插入位于工具的回转中心孔中,用一组量块调整金刚石笔尖至支架定位面的位置,如图 6-26a 所示。量块组的高度 H 为

$$H = p - R \tag{6-7}$$

式中　H——需垫量块组的高度(mm);

p——定位销位于回转中心时,回转中心至支架定位面的距离(mm);

R——欲修整的砂轮圆弧半径(mm)。

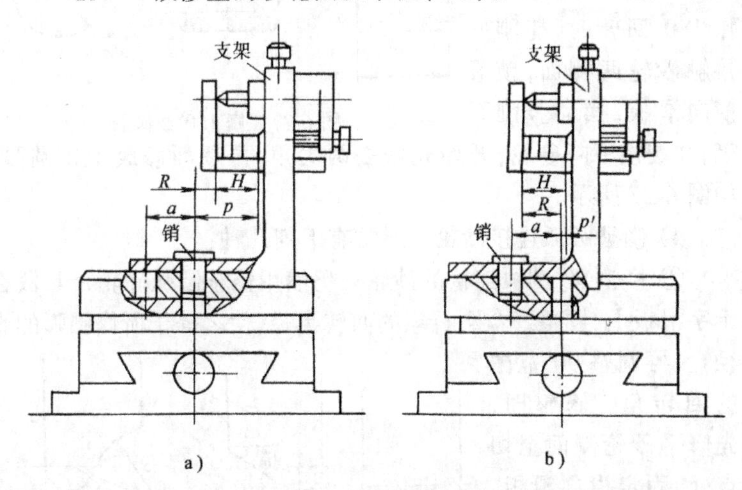

图 6-26　圆弧砂轮的修整

a)修凸圆弧　b)修凹圆弧

2) 修凹圆弧砂轮　修整凹圆弧砂轮时,定位销插入另一孔中(图 6-26b),量块组的高度 H 为

$$H = p' + R$$

$$p' = p - a \tag{6-8}$$

式中　H——需垫量块组的高度(mm);

p'——定位销位于非回转中心时,回转中心至支架定位面的距离(mm);

R——欲修整的砂轮圆弧半径(mm);

p——定位销位于工具回转中心时,回转中心至支架定位面的距离(mm);

a——转盘上两个定位孔的中心距(mm)。

3) 修 180°凸圆弧砂轮　先将砂轮的两侧面修至宽度 $B = 2R$

$-(0.02\sim0.03)$(mm),然后将修整圆弧砂轮工具安装到有纵向和横向运动的十字滑板上。横向移动滑板,使金刚石笔尖绕工具中心作180°回转时,能刚好接触砂轮两侧面,锁紧横向滑板,摆动金刚石笔,并缓慢下降砂轮,开始先修去两尖角,再逐渐修成180°圆弧,如图6-27所示。

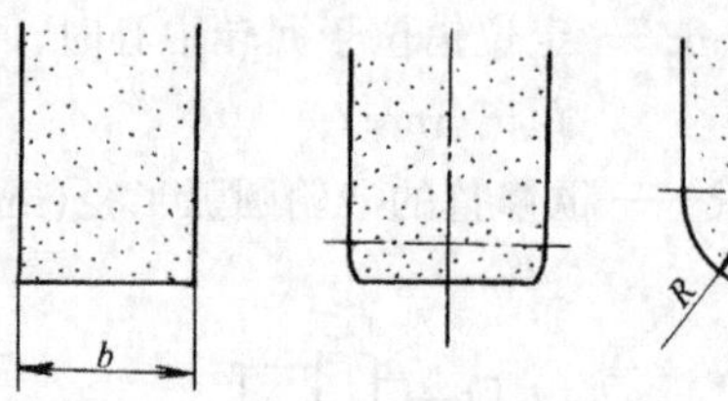

图6-27 修180°凸圆弧

4) 修整圆弧连接砂轮 通常有下列几种:

① 修整90°圆弧连接的砂轮 仍然用修整圆弧砂轮工具放在十字滑板上,调整好金刚石笔的回转半径(使之等于所修圆弧的半径)。再调整90°范围的回转角。修整时,先修平砂轮侧面至切点处,固定横向滑板,摆动金刚石笔,同时缓慢下降砂轮。待修整至圆弧的另一切点处,将砂轮下降位置固定,横向移动滑板,修光砂轮外圆周表面,如图6-28所示。

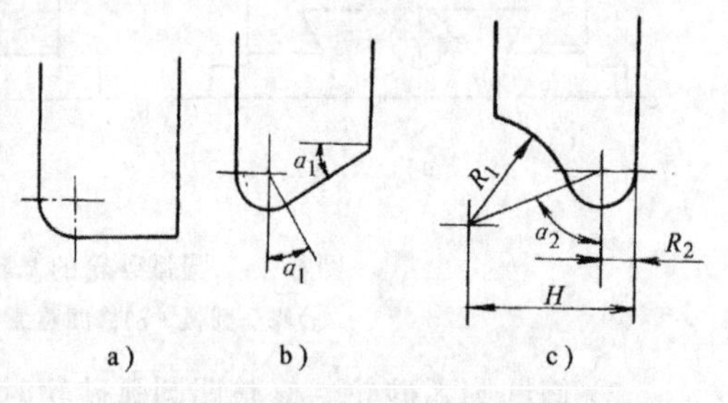

图6-28 修圆弧连接的砂轮表面

a)90°圆弧 b)弧与斜面相切 c)弧与弧面相切

② 修整圆弧与斜面相切砂轮表面 先用正弦修整角度工具修整砂轮斜面,再用修整圆弧砂轮工具安装于十字滑板上修整圆弧面。修整时,需调整好回转半径及转角的范围$(90^\circ+\alpha_1)$。先从侧面的切点修起,固定横向滑板,摆动金刚石笔,缓慢下降砂轮,修至斜面的切点终止。到达终点前,砂轮下降的速度要特别缓慢,且金刚石笔尖不得切入斜面以内,以使圆弧和斜面圆滑相切,如图6-28b所示。

③ 修凸、凹圆弧相切的砂轮表面 如图6-28c所示,砂轮表面

为凸、凹弧面相切,有两个圆心,即金刚石笔需有两个不同半径的回转中心。修整时,仍用修整圆弧砂轮工具,安装在十字滑板上,先修整凹弧,再修整凸弧。凹弧的圆心距离凸弧侧面为 $H=(R_1+R_2)\sin\alpha_2+R_2$(mm)。按此距离调整好金刚石笔的回转中心,再将金刚石笔转至水平位置,笔尖触及凸弧侧面,并将其修平;然后提升砂轮,移动横向滑板,使金刚石笔至凹弧的回转中心后,锁紧滑板,缓慢下降砂轮,修整凹弧。再提升砂轮,调整金刚石笔尖接触凸弧侧面切点处,并调整金刚石笔的回转半径和工具回转角$(90°+\alpha_2)$。再缓慢下降砂轮,回转工具,修整凸圆弧至凸、凹圆弧切点处。圆心距的控制可用垫量块的方法来保证,修整凸圆弧至凸、凹圆弧切点前,砂轮下降要特别缓慢,金刚石笔不得切入凹圆弧面以内,以使两圆弧圆滑相切。

在平面磨床上修磨砂轮圆弧,需用卧式砂轮圆弧修整工具(见图 6-29),其结构由金刚石笔 1、摆动架 2、手轮 3、支架 4 等组成。

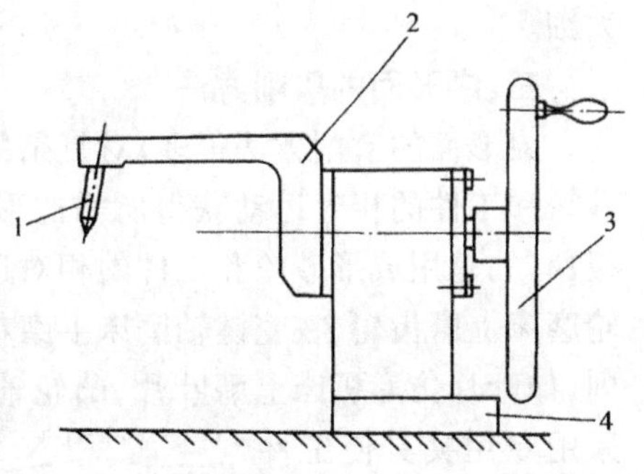

图 6-29 卧式砂轮圆弧修整工具

1—金刚石笔 2—摆动架 3—手轮 4—支架

当修整凸圆弧时,金刚石笔尖应低于回转中心 R 的距离,此 R 即为欲修整砂轮圆弧半径。

当修整凹圆弧时,金刚石笔尖应高出回转中心 R 的距离,此 R 也即欲修整砂轮圆弧半径。

金刚石笔尖与回转中心的距离可用垫量块来进行控制。

除采用修整砂轮圆弧工具外,还可采用滚轮挤压修整成形砂轮,即用与工件形状相同的淬火工具钢或金刚石滚轮(周边开有不等距的辐射状排屑槽),使其向砂轮挤压,即可修整出成形砂轮。此法常用于批量生产中。

2. 修整砂轮的注意事项

1）可先用绿碳化硅砂轮的碎块粗修整出成形砂轮轮廓形状，以减少金刚石的磨损。

2）用金刚石笔和砂轮修整工具修整成形砂轮时，金刚石笔尖必须通过砂轮中心的径向平面内运动，而且修整工具的基准面还要与成形磨削时纵向运动方向平行，即修整工具的回转中心必须垂直于砂轮主轴轴线。

3）修整凹圆弧砂轮的半径 R_0 应比工件圆弧半径 R_w 大0.01～0.02mm；修整凸圆弧砂轮的半径 R_0 应比工件圆弧半径 R_w 小0.01～0.02mm。

4）由于成形磨削热量大，且散热条件差，所以砂轮不能修得太细。

三、成形面的磨削方法

成形面的磨削方法很多，对复杂的成形面来说，有的是用机床砂轮和工件的相对运动获得所需的形面，如曲线磨床上磨曲面样板；有的是用成形砂轮和工件的相对运动获得所需的形面，如在齿轮磨床上磨齿轮，在花键轴磨床上磨花键轴；有的是用仿形原理磨削，如叶片仿形机床上磨叶片，凸轮轴磨床上磨凸轮；还有的则是采用专用夹具使工件相对于砂轮作轨迹运动而获得所需的成形面等。而对简单的直素线成形面，则有下面几种磨削方法。

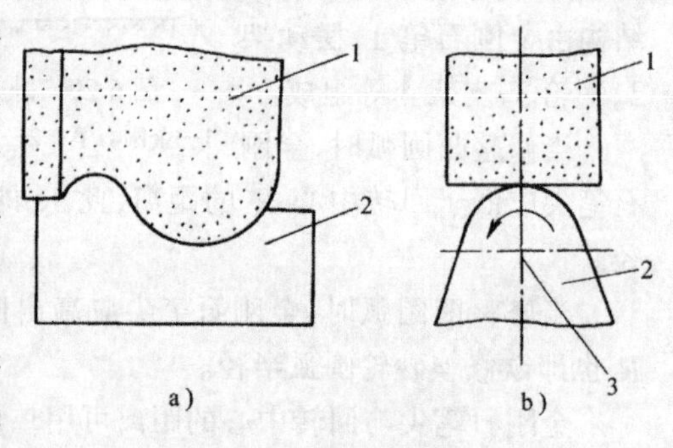

图 6-30　成形面磨削法

a)成形砂轮磨削法　b)轨迹运动磨削法

1—砂轮　2—工件　3—夹具回转中心

（1）成形砂轮磨削法　是将砂轮修整成与工件形面完全吻合的反形面，然后用此砂轮切入磨削，以获得所需要的形状（图 6-30a）。

成形砂轮磨削法生产效率高，磨削精度稳定。但磨削时砂轮接触面较大,因此冷却要充分,选择砂轮要合理,以使砂轮磨损均匀。

(2) 工件作轨迹运动的磨削法　将工件安装在专用夹具上,使工件作回转等轨迹运动,以获得所需形面(图 6-30b)。它又分靠模法和万能夹具磨削法两种。

1) 靠模法　将工件安装在带有靠模装置的夹具上,使工件根据靠模的工作成形面作轨迹运动而得到所需的成形面。

2) 万能夹具磨削法

万能夹具是一种成形磨削专用夹具(见图 6-31),主要由坐标部分 3、回转部分 1 和分度部分 2 等组成。坐标部分由相互垂直的十字滑板组成,用来调整被磨削零件的回转中心,使其与夹具的主轴中心相重合;回转部分通过蜗轮、蜗杆的传动使主轴及在主轴上固定的坐标部分绕夹具的轴线旋转;分度部分则由正弦分度盘、正弦垫板、刻度游标所组成,用来控制零件欲回转的角度。正弦分度盘上的刻度和角度游标控制精度为 3′。用正弦圆柱垫量块的方法控制角度精度为 10″～30″。

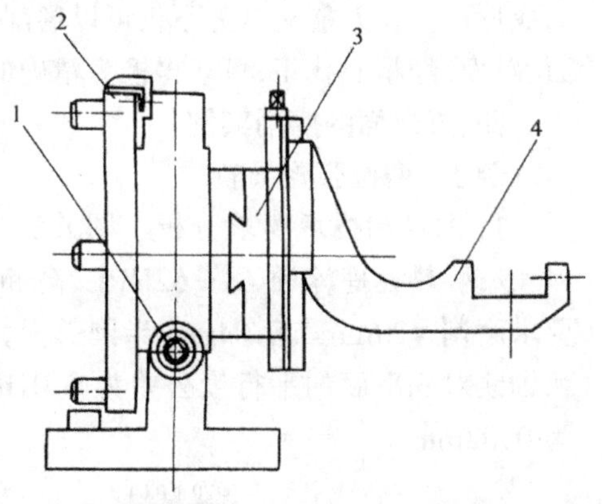

图 6-31　万能夹具简图

1—回转部分　2—分度部分

3—十字滑板部分　4—装夹工件部分

装夹工件时,可用螺钉和垫柱(或用心轴)连接在滑板的孔槽上,工件上须有工艺螺孔,以便于连接。或者直接在装夹工件部分装夹。

工件装夹后,须调整十字滑板的坐标位置,以使工件回转中心与夹具主轴中心重合。这时可辅以测量调整器垫量块组用百分表比较测量的方法来找正。找正时,将测量调整器斜面上的滑块固定于某一适当位置,在滑块基准面上垫一组量块,使其至底面的距离恰好等于万能夹具的中心高,然后再用百分表和量块组比较测量工件回转中心至某一面上的距离,使工件与夹具的回转中心一致(见图 6-31)。

磨削时,摇动回转部分手柄,工件作回转运动,即可获得所需的成形面。在万能夹具上不仅可以磨削内、外圆弧,还可以磨削平面、斜面,经精心找正,可获得极为精确的形状和尺寸。

四、成形面的磨削实例

例 1 磨圆弧形导轨

1. 图样和技术要求分析　图 6-32 所示为一圆弧形导轨,材料 45 钢,热处理淬硬 48～52HRC,高和宽四面均已磨削加工,现要求磨削 $\phi 20\text{mm} \pm 0.04\text{mm}$ 半圆弧面,表面粗糙度 $R_a 0.4\mu\text{m}$,圆弧轴线对底平面的平行度公差为 0.01mm,对侧面的平行度公差为 0.02mm。

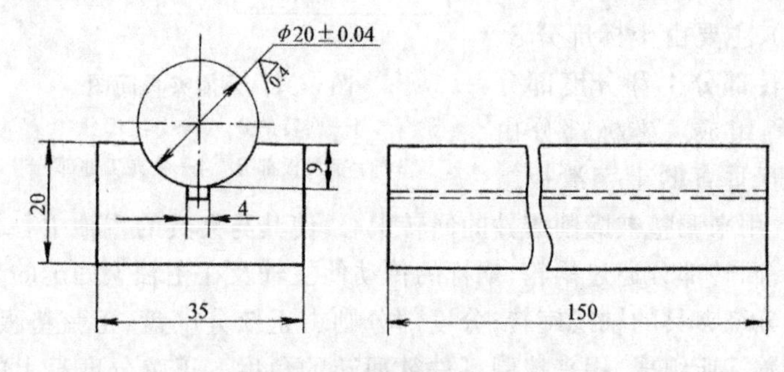

技术要求

1. 材料 45,热处理淬硬 48～52HRC;
2. 圆弧 $\phi 20\text{mm} \pm 0.04\text{mm}$ 轴线对底平面的平行度公差为 0.01mm,对侧面的平行度公差为 0.02mm。

图 6-32　圆弧形导轨

根据工件材料和加工要求,进行如下选择和分析。

(1) 砂轮的选择　所选砂轮特性为 WA60K5V,修整砂轮用金刚石笔。

(2) 装夹方法　工件用电磁吸盘装夹,并用百分表找正工件侧面与工作台纵向的平行度误差在0.01mm以内,装夹前应清理工件和工作台。

(3) 磨削方法　用修整圆弧砂轮工具将砂轮修成$R10_{-0.03}^{-0.01}$mm的凸圆弧,调整金刚石笔位置垫量块组控制,以便获得精确的圆弧尺寸。用切入磨削法粗、精磨半圆弧,磨前注意对刀。粗磨后要精修整砂轮圆弧,以保证磨削精度和表面粗糙度。

(4) 切削液的选择　选用乳化液切削液,并注意充分的冷却。

2.操作步骤　在M7120A型卧轴矩台平面磨床上进行磨削操作。

(1) 操作前检查、准备

1) 清理电磁吸盘工作台面,清理工件表面,去除毛刺,将工件装夹在电磁吸盘上。

2) 找正工件侧面与工作台纵向运动方向平行,误差不大于0.01mm。

3) 修整砂轮,用修整圆弧砂轮工具将砂轮修成$R10_{-0.10}^{-0.05}$mm凸圆弧。

4) 检查磨削余量。

5) 调整工作台,找正砂轮与工件圆弧相对位置,并调整工作台行程挡铁位置。

(2) 粗磨圆弧　用切入磨削法粗磨圆弧,注意接刀光滑,留0.03~0.06mm精磨余量。

(3) 精修整砂轮　修成$R10_{-0.03}^{-0.01}$mm凸圆弧。

(4) 精磨圆弧　用切入磨削法精磨圆弧,保证ϕ20mm±0.04mm尺寸,圆弧轴线对底平面的平行度误差不大于0.01mm,对侧面的平行度误差不大于0.02mm,表面粗糙度$R_a0.4\mu m$。

本例的操作要领是要正确修整好砂轮的形状尺寸,找正工件与砂轮的相对位置。

例2　磨冲头

1.图样和技术要求分析　图6-33所示为一冲头工件,材料

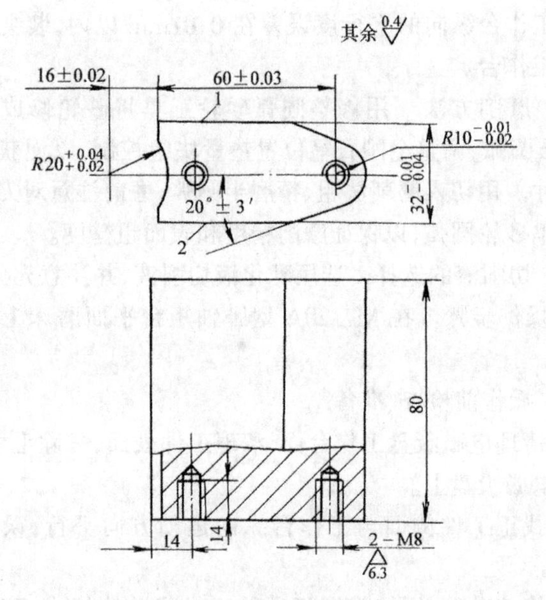

技术要求

材料 Cr12，热处理淬硬 58～62HRC。

图 6-33　冲头

Cr12，热处理淬硬 58～62HRC，高 80mm 已经平磨加工，要求在万能工具磨床 M6025 上磨削四周成形面。宽 $32_{-0.04}^{-0.01}$mm，凸圆弧面为 $R10_{-0.02}^{-0.01}$mm，两侧斜角为 20°±3′，凹圆弧面为 $R20_{+0.02}^{+0.04}$mm，中心至左侧面 16mm±0.02mm，左侧面至 $R10$mm 的中心距 60mm±0.03mm，所有加工表面的表面粗糙度均为 $R_a0.4\mu m$。

根据工件材料和加工要求，进行如下选择和分析。

(1) 砂轮的选择　所选砂轮特性为 WA80K5V 碟形砂轮。修整砂轮用金刚石笔。

(2) 装夹方法　用螺钉安装在万能夹具的十字滑板上，并调整十字滑板的位置，使冲头的侧平面 1 处于水平位置，同时测得高度读数(可用游标深度尺或百分表测量)；再将工件转过 180°测得侧平面 2 的读数，调整冲头位置，直至使两个高度读数相等，即可视为冲头已经安装至对称万能夹具的回转中心(图 6-34a)。冲头平面的上下移动可通过转盘上的垂直滑板来控制。

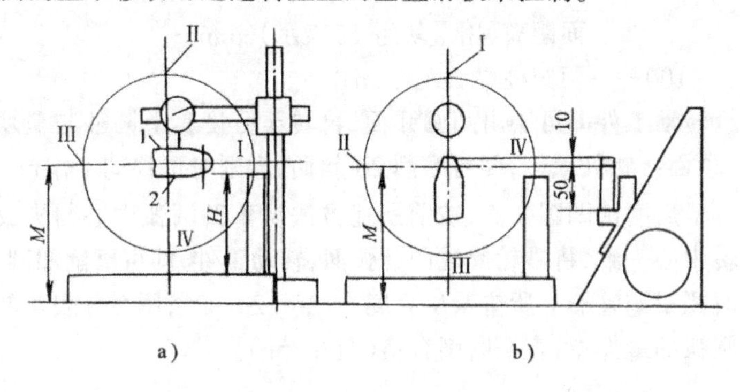

图 6-34　找正冲头位置

a)找正侧平面　b)找正

将冲头转过 90°,使凸圆弧向上,并把凸圆弧的最高点调到“$M+10\text{mm}+$磨削余量”的高度(M 为夹具中心高),亦即将测量调整器的量块组高度调到所需数值,再用百分表进行比较测量,并调整垂直滑板的位置,直到百分表的读数不变为止。此时,表明冲头已安装至正确位置(见图 6-34b)。

(3) 磨削方法　先磨平面 1,将平面调至水平位置,仍用测量调整器垫量块组并用百分表比较测量磨后的平面尺寸。量块高度为“$N+15.98$”(N 是测量调整器上测量块基准面至夹具回转中心距离),用百分表对量块组零位,当磨至用百分表测量平面 1 的读数也为零时,即表示平面 1 已经磨削合格,转动 180°再磨削侧平面 2,测量方法同侧平面 1。同理,转动 90°,在测量调整器上垫“$N+60$”高度的量块组,用百分表比较测量磨左侧顶面。

磨好直平面后,即可磨削凸圆弧和两个斜面。此时,应将分度盘后面的两圆柱用量块组加以限位(图 6-35a)。量块组高度 H_1 的计算式为

$$H_1 = H - 100\text{mm} \times \sin 20^\circ$$
$$= H - 34.202(\text{mm})$$

式中　H_1——磨削斜面时需垫量块组高度(mm);

H——两圆柱处于同一水平面时，圆柱最低点至底盘定位面距离（用量块组 H 表示）(mm)；

100——两圆柱中心距(mm)。

转动工件即可磨出凸圆弧面，再转至分度盘上圆柱与量块组 H_1 顶面接触处限位，即可磨削 20°斜面，磨削时可移动工作台。

最后磨削凹圆弧面，按前所述方法调整凹圆弧中心与夹具的回转中心一致，将砂轮修成凸圆弧面，转动工件，即可磨削凹圆弧。此时测量调整器上所垫量块高度为"$N-20.02$"，用百分表比较测量圆弧的最低点，直至磨削合格（图 6-35b）。

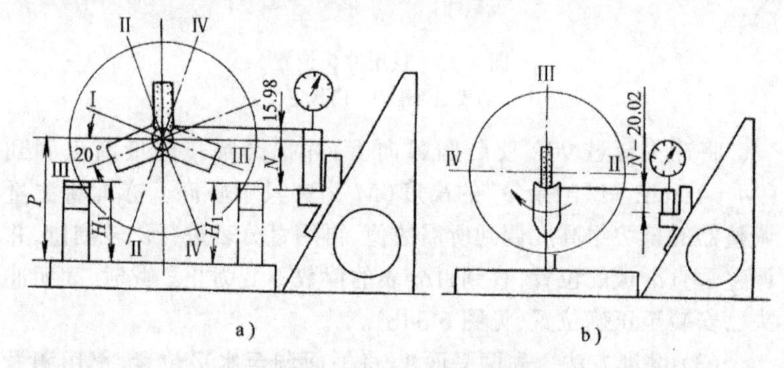

图 6-35　磨削冲头圆弧面及斜面

a)磨削凸圆弧及斜面　b)磨削凹圆弧

必须注意，用螺钉装夹工件时，螺钉要足够长，使工件与转盘空出一段距离，以免砂轮碰撞转盘，用测量调整器垫量块组时，必须考虑工件的尺寸公差，以便百分表零位测量校正。由于工件呈悬臂状，故磨削用量不宜大，且需划分粗、精加工。

2. 操作步骤　在 M6025 型万能工具磨床上进行操作。

1) 操作前检查、准备。

① 清理工件表面，检查加工余量。

② 装夹在万能夹具转盘上，找正 $R10$mm 中心，与转盘回转中心重合。

③ 修整砂轮。

2）将工件平面1调至水平位置，磨削平面1。工件转180°磨平面2，再转90°，磨左侧顶面，每面均留0.03～0.05mm余量。

3）精修整砂轮。

4）精磨平面1、2及左侧顶面，保证尺寸$32_{-0.04}^{-0.01}$mm与60mm±0.03mm，表面粗糙度均为$R_a0.4\mu m$。

5）修整砂轮。

6）在万能夹具分度盘两正弦圆柱下垫两组（计算高度后的）量块组，加以限位，使工件形成20°斜角。转动工件，磨凸圆弧R10mm，留0.03～0.05mm余量，移动工作台，磨两侧20°斜面，与凸圆弧相切。

7）精修整砂轮。

8）精磨凸圆弧，保证尺寸$R10_{-0.02}^{-0.01}$mm，磨两侧20°斜面和圆弧光滑相切，保证角度为20°±3′。凸圆弧和斜面表面粗糙度均为$R_a0.4\mu m$。

9）调整工件凹圆弧R20mm中心与夹具转盘回转中心一致。

10）修整砂轮成凸圆弧面，半径为$R20_{-0.08}^{-0.06}$mm。

11）转动工件磨凹圆弧R20mm，留精磨余量0.03～0.05mm。

12）精修整砂轮，凸圆弧为$R20_{-0.03}^{-0.01}$mm。

13）精磨凹圆弧至尺寸$R20_{+0.02}^{+0.04}$mm，中心至左侧面16mm±0.02mm，表面粗糙度$R_a0.4\mu m$。

磨削时，工件须缓慢均匀地转动，最后作无进刀光磨。

复习思考题

1.M6025型万能工具磨床的磨削范围有哪些？

2.M6025型万能工具磨床有哪些机床附件？各有什么作用？

3.刃磨砂轮选择的目的是什么？主要根据哪些因素来选用？

4.刃磨的基本方法和步骤主要有哪些内容？

5.刃磨中有哪些注意事项？

6.简述铰刀刃磨的方法步骤。

7. 铰刀的前角、后角如何测量?

8. 简述圆柱铣刀的刃磨操作步骤。

9. 刃磨铣刀时,如何调整砂轮与铣刀的相对位置?如何正确使用齿托片?

10. 成形面有哪几种?各是如何形成的?

11. 简单成形面的磨削方法有哪几种?各有什么特点?

12. 简单成形砂轮如何修整?修整时应注意哪些事项?

13. 如何修整角度砂轮、凸圆弧砂轮和凹圆弧砂轮?

14. 试述使用修整砂轮圆弧工具修整圆弧砂轮的方法。

15 简述万能夹具的结构原理和使用方法。

16. 简述直素线成形面工件的磨削方法步骤。

第七章　无心外圆磨削

培训要求　了解无心外圆磨削的特点和方法，机床的调整和磨削缺陷的分析，掌握磨削实例中的要领。

第一节　无心外圆磨削的特点和方法

一、机床结构和磨削特点

无心外圆磨削是在无心外圆磨床上进行的一种外圆磨削。工件安装在机床两个砂轮之间，其中一个砂轮起磨削作用，称为磨削轮；另一个砂轮起传动作用，称为导轮。工件下部由托板支承(图 7-1)。导轮由橡胶结合剂制成，其轴线在垂直方向上与磨削轮成一个 θ 角，带动工件旋转和纵向进给运动。

无心磨削时，磨削轮以大于导轮 75 倍左右的圆周速度旋转，对工件进行磨削；导轮靠较大的摩擦力带动工件成相反方向旋转。普通无心外圆磨床的加工精度可达公差等级 IT7 ~ IT6 级，表面粗糙度达 $R_a0.8\sim0.2\mu m$。高精度无心外圆磨床磨削的圆度误差仅为 0.001mm，表面粗糙度达到 $R_a0.08\mu m$。本章只介绍最常用的 M1080 型无心外圆磨床。

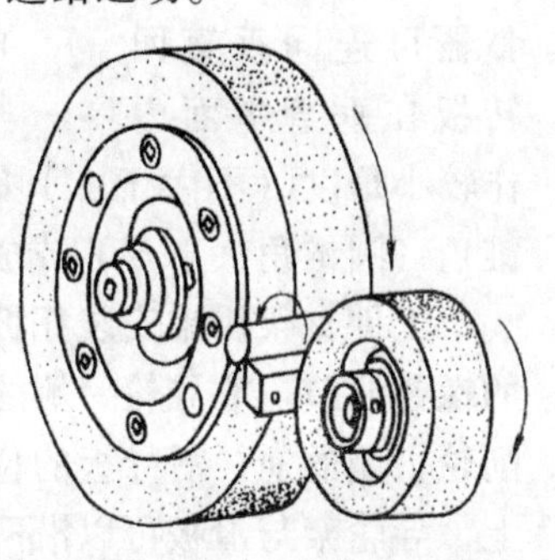

图 7-1　无心外圆磨削

1. 机床的结构　图 7-2 所示为 M1080 型无心外圆磨床，主要由床身、导轮架、磨削轮架、工件支架、导轮修整器、磨削轮修整器、导轮进给手轮和导轮快速手柄等组成。

磨削轮架装在床身的左边固定不动。磨削轮修整器可按刻度倾斜小于 3°的角度，把磨削轮修成锥面。当磨削轮需要修成较大的锥角（圆锥角大于6°）或成形面时，可采用靠模装置。

导轮架座安装在滑板上，并可沿滑板的燕尾导轨作横向进给运动。导轮架的转动体可在垂直平面内回转2°～5°角，使导轮轴线在垂直平面内成一倾角θ。

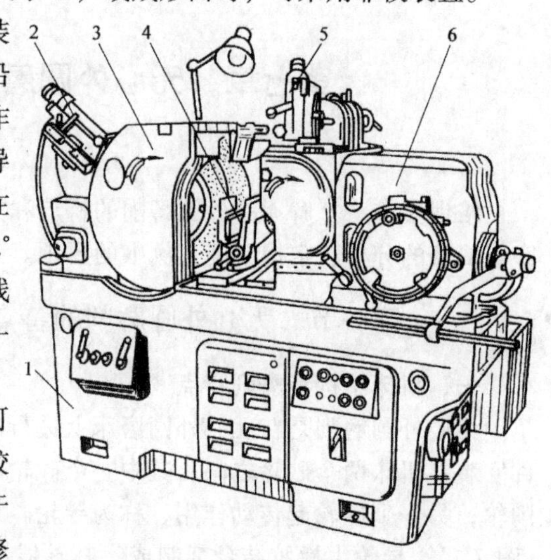

图7-2 M1080型无心外圆磨床

1—床身 2—磨削轮修整器 3—磨削轮架
4—工件支架 5—导轮修整器 6—导轮架

导轮修整器可在水平面内回转较小的角度（不大于5°），以便把导轮修成双曲面。导轮修整器可连同垂直回转板在垂直平面内作较小角度（不大于3°）的转动。当需要将导轮修整成较大的锥角（圆锥角大于6°）或成形面时，可使用靠模。

工件支架用来安装托板、导板等元件。托板的位置可由下端的螺钉调节。靠导轮一侧的前、后导板的位置用螺钉调节，靠磨削轮一侧的前、后导板的位置可直接调节。工件支架固定在滑板上，导轮架与滑板可以沿回转座移动，以改变工件支架与磨削轮之间的距离，松开及紧固有关手柄时，导轮架可沿滑板移动，由此控制导轮和磨削轮之间的距离，而工件支架的位置不变。

导轮可以作慢速或快速的横向移动，当需要作慢速移动时，可转动导轮进给手柄，扳转导轮快速手柄，导轮可作快速进给。

磨削轮经带轮、V带传动，转速为1340r/min；导轮经链轮、齿轮、蜗杆传动，工作转速为13～94r/min，修整时为300r/min。

2. 磨削特点　无心外圆磨削与普通外圆磨削相比较有下列特点：

1）磨削的生产率较高。工件的两端不需钻中心孔，磨削时机动时间与装夹工件的时间重合，且容易实现生产的自动化。适宜于大批量磨削轴承套圈、圆柱销、滚针等形状简单的外圆零件。

2）磨削时工件支承的刚性较好，工件不易发生弯曲变形，适宜磨细长的光轴。

3）被磨工件外圆表面不能有纵向的直槽。因为，磨削时工件的圆周面须紧靠导轮，工件依靠它与导轮间的摩擦力传动，若表面有贯穿的直槽，就会使磨削中止。

4）磨削套类工件时，不能修正原有的内外圆同轴度误差。因为，在无心外圆磨削时，工件是以自身的外圆为定位基准，只能磨小外圆尺寸，并不能减小内外表面间原有的同轴度误差。

5）无心磨床的调整时间较长，调整的技术要求也较高。

二、工件成圆原理

无心外圆磨削工件的成圆是一个复杂的过程，工件的圆度误差首先受其本身原始形状影响，原始形状误差越大，则成圆时圆度误差也大。在无心外圆磨床上磨削时，工件的中心与磨削轮和导轮中心连线的等高度，对工件成圆起着至关重要的影响。

如果工件中心与磨削轮和导轮中心连线处于同一高度，而且托板为水平面支承（见图 7-3a)，则当工件上有一凸点与导轮相接触时，其凸点对面就被磨成一个凹面，其凹面的深度等于凸点的高度；工件回转 180°后，凹面与导轮接触，工件被磨削轮推向导轮，凸点无法被磨去。虽然磨出的工件直径在各个方向上都相等，但工件并不是一个圆形，而是一个等直径的棱圆，例如等直径的三角形棱圆等（图 7-3b)。

由此可知，工件不能成圆的原因是由于工件的中心线与磨削轮和导轮中心的连心线等高所致，此时，工件的凹凸点在同一直径上，无法被磨圆。

要消除上述现象，须使工件的中心高于磨削轮和导轮中心的连心线，并采用顶端为斜面的托板（图 7-3c）。此时，工件的凹凸点不在同一直径上，当磨削时，凸点就会被磨去，继续磨削时，凸点不断被磨平，而凹面也逐渐变浅，工件逐渐被磨圆（图 7-3d），这就是无心外圆磨削工件成圆的原理。

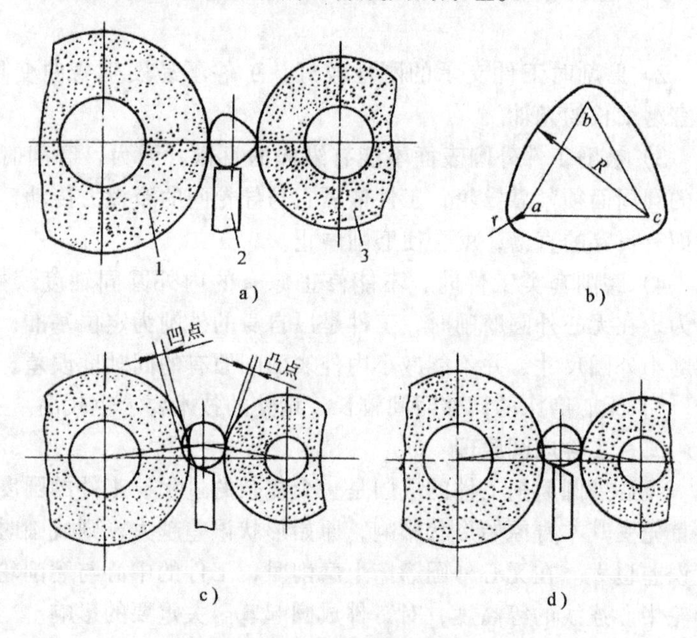

图 7-3　工件成圆的原理

a）工件中心与导轮、磨削轮中心连线等高　b）等直径三角形棱圆

c）工件中心高于导轮、磨削轮中心连线　d）工件逐渐被磨圆

1—磨削轮　2—托板　3—导轮

三、无心外圆磨削的方法

在无心外圆磨床上磨削工件的方法主要有通磨法、切入磨削法和强迫贯穿磨削法三种。

1. 通磨法　通磨法又称贯穿磨削法，磨削时工件一面旋转一面作纵向运动，穿过磨削区域而落入工件盒中，工件的加工余量需在几次贯穿中切除。此种方法用于无台阶的光轴（图 7-4）。

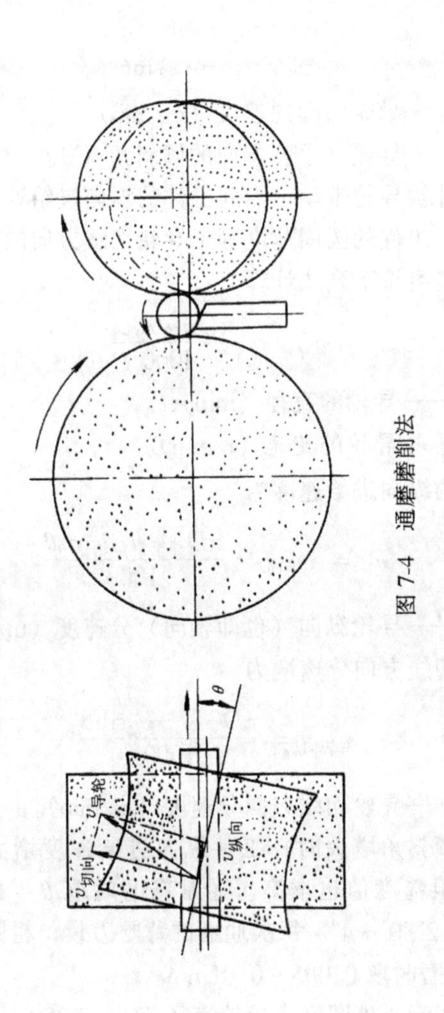

图 7-4 通磨磨削法

导轮在垂直方向转一个角度 θ 后，导轮的圆周速度分解为切线方向分速度 $v_{切向}$ 和纵向分速度 $v_{纵向}$，计算式为

$$v_{切向} = v_{导轮}\cos\theta \tag{7-1}$$

$$v_{纵向} = v_{导轮}\sin\theta \tag{7-2}$$

式中　$v_{导轮}$——导轮的圆周速度（m/min）;

θ——导轮在垂直方向的倾斜角（°）。

由于工件被导轮带动，因此工件的纵向进给速度等于导轮的纵向分速度；工件的圆周速度等于导轮切线方向的分速度，而导轮的圆周速度可按下列式计算

$$v_{导轮} = \frac{\pi D_{导轮} n_{导轮}}{1000} \tag{7-3}$$

式中　$D_{导轮}$——导轮的直径（mm）;

$n_{导轮}$——导轮的转速（r/min）。

则工件的纵向进给速度为

$$v_{w} = v_{纵向} = \frac{\pi D_{导轮} n_{导轮}\cos\theta}{1000} \tag{7-4}$$

式中　$v_{纵向}$——导轮纵向（也即轴向）分速度（m/min）。

导轮的切线方向分速度为

$$v_{切向} = \frac{\pi D_{导轮} n_{导轮}\sin\theta}{1000} \tag{7-5}$$

式中　$v_{切向}$——导轮切线方向分速度（m/min）。

导轮的倾斜角增大时，工件纵向进给速度增大，生产率提高，但表面粗糙度值也增高。通常精磨时取 $\theta = 1°30' \sim 2°30'$；粗磨时取 $\theta = 2°30' \sim 4°$。每次通磨的背吃刀量，粗磨时取 0.02～0.06mm；精磨时取 0.005～0.01mm。

例　已知无心外圆磨床导轮直径 $D_{导轮} = 250\text{mm}$，转速 $n_{导轮} = 45\text{r/min}$，粗磨取 $\theta = 4°$，试计算纵向分速度 $v_{纵向}$ 和切向分速度 $v_{切向}$?

解　据式（7-4）

$$v_{纵向} = \frac{\pi D_{导轮} n_{导轮} \cos\theta}{1000}$$

$$= \frac{3.1416 \times 250 \times 45 \times \cos 4^{\circ}}{1000} \text{m/min}$$

$$\approx 35 \text{m/min}$$

据式（7-5）

$$v_{切向} = \frac{\pi D_{导轮} n_{导轮} \sin\theta}{1000}$$

$$= \frac{3.1416 \times 250 \times 45 \times \sin 4^{\circ}}{1000} \text{m/min}$$

$$\approx 2.5 \text{m/min}$$

2. 切入磨削法　切入磨削法磨削时，工件不作贯穿运动，一般将导轮架回转一个较小的斜角（$\theta = 30'$），使工件在磨削过程中有一个微小的轴向力，使工件紧靠挡销（见图 7-5），以获得理想的加工质量。

切入磨削法适用于加工带台阶的圆柱形零件或锥销、锥形滚柱等成形旋转体零件。采用切入磨削法时需精细修整磨削轮，砂轮表面要平整。当工件表面粗糙度值增加时，应及时修整磨削轮。磨削时，导轮横向切入要慢而且均匀。

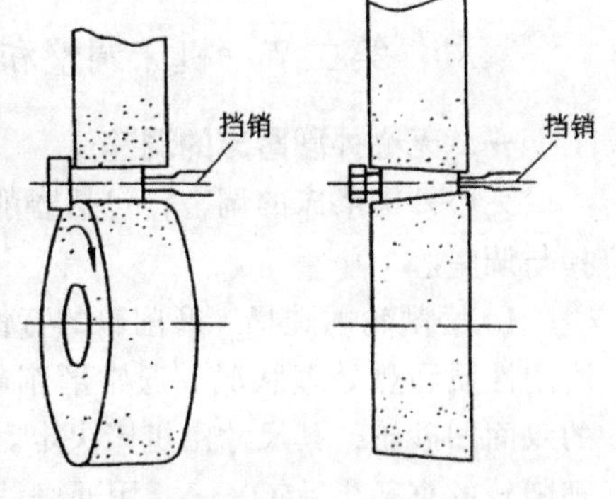

图 7-5　切入磨削法

3. 强迫贯穿磨削法　强迫贯穿磨削法使用带有成形螺旋槽的导轮，其导轮的形面使磨削轮的工作素线与工件的素线相平行，并借助导轮螺旋线的作用，使工件强迫贯穿磨削（图 7-6）。这种方法具有很高的生产率。但由于导轮形面制造和机床调整很复杂，故此法仅适用于大批量贯穿磨削成形表面的零件。

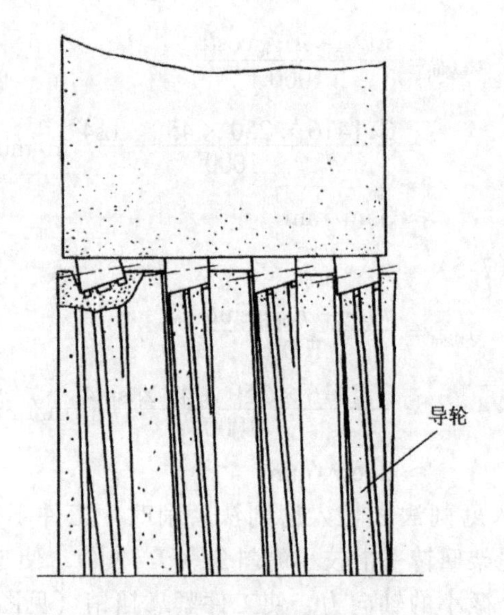

图 7-6　强迫贯穿磨削法

第二节　机床调整和产生缺陷分析

一、无心外圆磨床的调整

无心外圆磨床的调整，包括磨削轮、导轮、托板和导板的选择与调整。

1. 磨削轮的选择　磨削轮的特性选择主要决定于工件材料、磨削性质和热处理状况。通常磨削轮的特性为 A60～100J～PV 的双面凹砂轮，其尺寸由机床决定。如 M1080 型无心外圆磨床，磨削轮的直径为 ϕ500mm，用通磨法磨削时，砂轮宽度为 150～200mm；用切入磨削法磨削时，砂轮宽度应随工件长度相应变化。一般地说，砂轮宽度应比工件磨削长度大 5～10mm。

2. 导轮的选择与调整　导轮的直径由机床决定，用通磨法磨削时，导轮的宽度与磨削轮相同。用切入磨削法磨削时，导轮的宽度与磨削轮一般情况下是相同的，而磨削一些成形面（如球面）时，导轮宽度要窄一些，但不得小于 25mm（图 7-7）。导轮的特性选择与磨削轮基本相同，但结合剂采用的是 R 或 B。

用通磨法磨削时，导轮轴线在垂直平面内必须倾斜 θ 角，这样一来，如果导轮是圆柱形的，则工件与导轮只能接触于一点，并不能进行正常的磨削。为了使磨削过程的平稳和正常，必须使工件与导轮沿母线的全长接触，因此导轮不能修成圆柱形，现作如下分析：

设想有两块等直径且平行的薄圆盘，沿其圆周面布满了许多拉紧的细线，于是形成了一个圆柱面（图 7-8a）。如果用它代表导轮，处于水平位置的直线 AB 代表工件圆柱面的素线，由图可见，该素线 AB 并不能与导轮成线接触，只能与导轮接触于一点。

图 7-7 导轮的选择

如果把两块薄圆盘按箭头方向扭转（图 7-8b），直至导轮的素线 MN 处于水平位置，此时工件的素线 AB 与导轮素线 MN 便全部接触。这种状况下，导轮表面是为旋转双曲面。也就是说，当导轮表面呈双曲面形时，才能与工件表面线接触而进行正常的磨削。

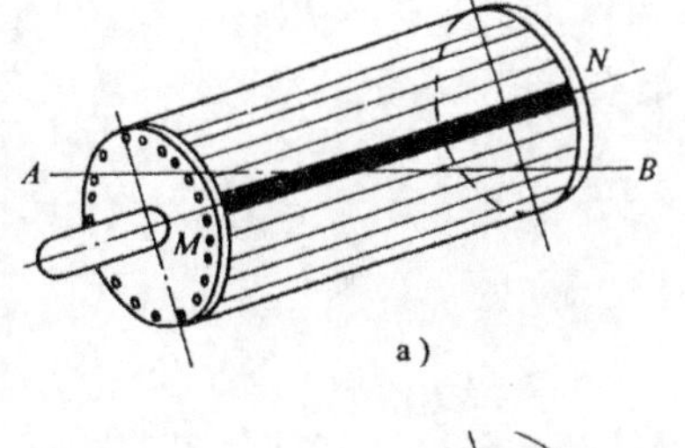

a)

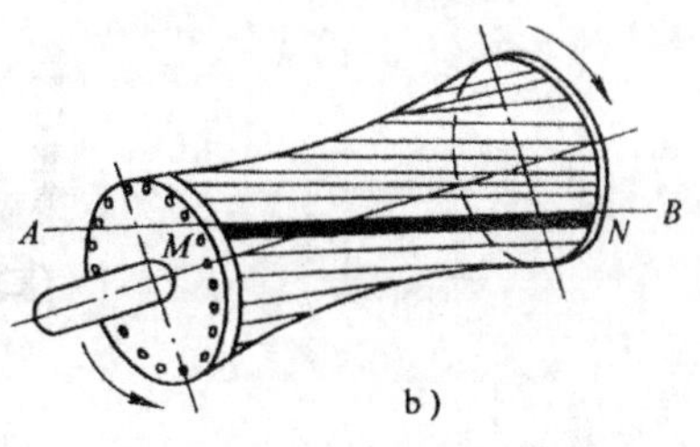

b)

图 7-8 旋转双曲面的形成

为使导轮表面呈双曲面形，可用导轮修整器进行修整。

因为导轮轴线在垂直面内倾斜一个角度 θ，故导轮修整器滑座应相应回转一个角度 α，此角度等于或稍小于 θ 角（图 7-9a）。又由于工件中心比磨削轮和导轮中心连线高出一段 h，金刚石接触导轮表面的位置也必须相应偏移一段 h_1 的距离（图 7-9b）。

金刚石滑座的回转角 α 的计算式为

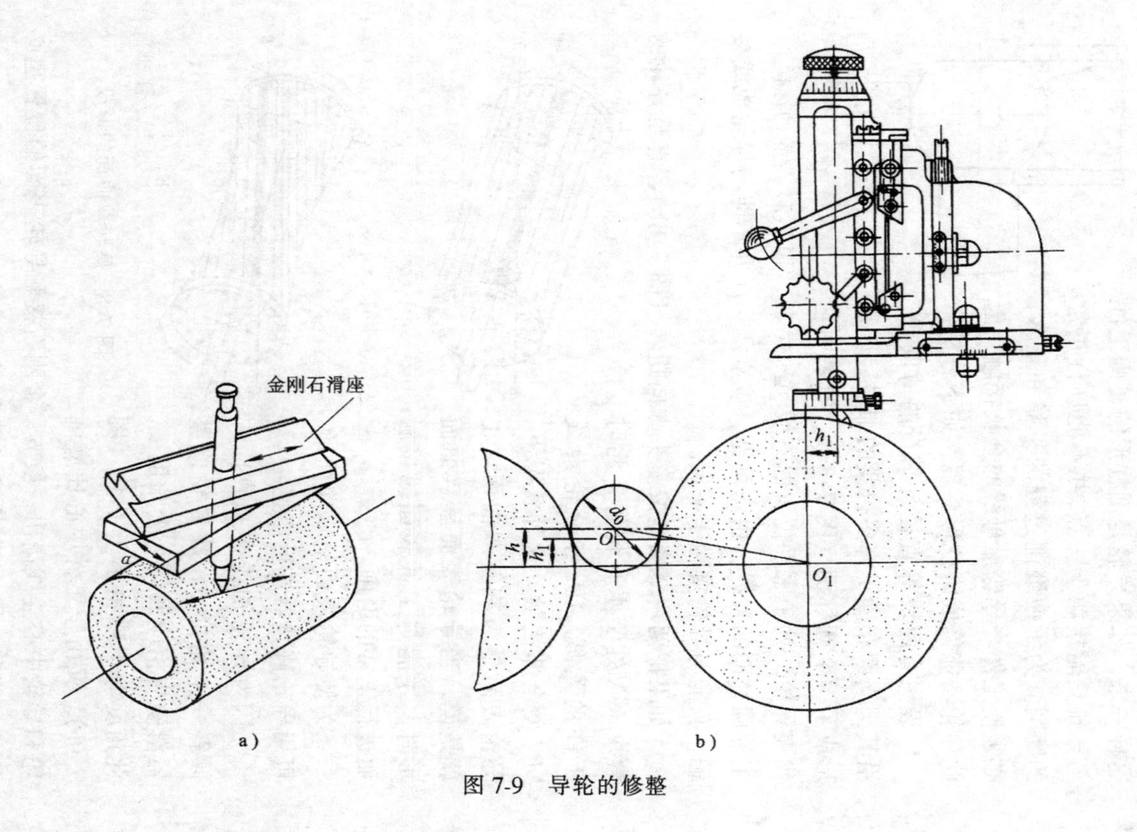

图 7-9 导轮的修整

$$\alpha \approx \frac{\theta}{\sqrt{\frac{d_w}{D_{导轮}}+1}} \tag{7-6}$$

式中　α——金刚石滑座的回转角度（°）；

θ——导轮在垂直平面倾斜角（°）；

d_w——工件直径（mm）；

$D_{导轮}$——导轮直径（mm）。

也可按表 7-1 选取。

表 7-1　修整导轮时金刚石滑座的回转角度

导轮转角/（°）	导轮直径与工件直径比值（$D_{导轮}/d_w$）									
	3	3.5	4	5	6	7	12	18	24	48
	金刚石滑座的回转角度									
1	50′	50′	55′	55′	55′	55′	55′	1°	1°	1°
2	1°45′	1°45′	1°50′	1°50′	1°50′	1°55′	1°55′	2°	2°	2°
3	2°35′	2°40′	2°40′	2°45′	2°50′	2°50′	2°55′	2°55′	3°	3°
4	3°30′	3°30′	3°35′	3°40′	3°45′	3°45′	3°50′	3°55′	4°	4°
5	4°20′	4°25′	4°30′	4°35′	4°40′	4°40′	4°50′	4°55′	5°	5°
6	5°15′	5°15′	5°25′	5°30′	5°35′	5°40′	5°45′	5°55′	5°55′	5°55′
7	6°10′	6°10′	6°20′	6°25′	6°30′	6°35′	6°45′	6°50′	6°55′	6°55′

金刚石的偏移量 h_1 的计算式为

$$h_1 = \frac{D_{导轮}}{D_{导轮}+d_w}h \tag{7-7}$$

式中　h_1——金刚石偏移量（mm）；

h——工件安装高度（mm）；

$D_{导轮}$——导轮直径（mm）；

d_w——工件直径（mm）。

例　已知无心外圆磨削中，导轮直径为 $D_{导轮}=250$mm，粗磨时工件直径 $d_w=20$mm，导轮在垂直平面倾角 $\theta=4°$，工件安装高度为 $h=8$mm，求金刚石滑座回转角 α 和金刚石偏移量 h_1，各是多少？

解　据式（7-6）

$$\alpha=\frac{\theta}{\sqrt{\frac{d_{\mathrm{w}}}{D_{导轮}}+1}}=\frac{4}{\sqrt{\frac{20}{250}+1}}\approx 3.84^{\circ}$$

即 $\alpha=3^{\circ}50'$，按表 7-1 查得相符。

据式（7-7）

$$h_1=\frac{D_{导轮}}{D_{导轮}+d_{\mathrm{w}}}h=\frac{250}{250+20}\times 8\mathrm{mm}=7.4\mathrm{mm}$$

3. 托板的选择和调整　托板的形状如图 7-10 所示，其材料可用优质工具钢或高速钢制成，也可在托板的斜面上镶嵌硬质合金，以磨硬度很高的工件。磨软金属时，托板可用铸铁制成。

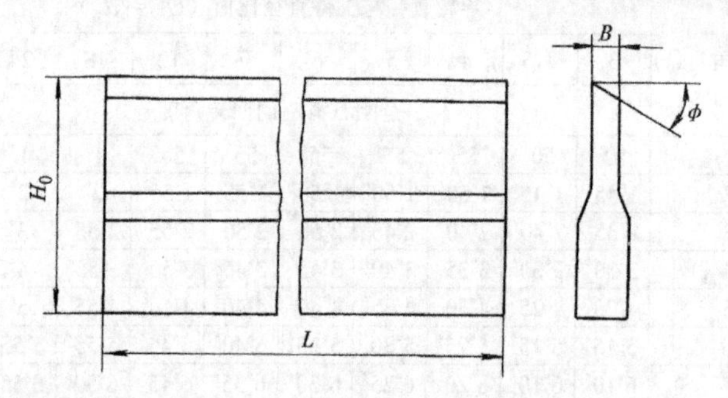

图 7-10　托板

托板的支承面倾斜角 $\phi=20^{\circ}\sim30^{\circ}$ 左右，工件直径大于 40mm 时，ϕ 角取小值；工件直径小于 40mm 时，ϕ 角取大值。ϕ 角的作用是加速工件成圆和减小工件对托架的压力。

托板的厚度 B 影响托板的刚性和磨削过程的平稳性，托板厚度应比工件直径小 1.5～2mm。

用通磨法磨削时，托板的长度 L（见图 7-11）可列式计算

$$L=B+L_1+L_2 \tag{7-8}$$

式中　L——托板长度（mm）；

L_1——磨削区前延伸长度，约为工件长度的 1～2 倍(mm)；

L_2——磨削区后延伸长度，约为工件长度的 0.75～1 倍(mm)；

B——砂轮宽度（mm）。

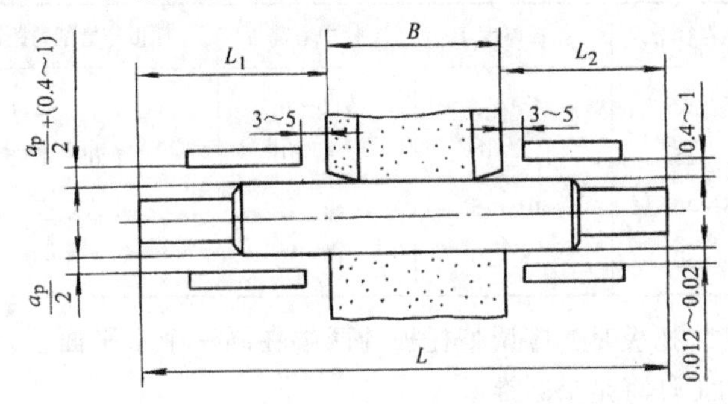

图 7-11　托板的长度

用切入磨削法磨削时，托板比工件长 5～10mm 左右。托板的安装高度（图 7-12）可按下式粗略计算

$$H_1 = A - B - d_w/2 + h \quad (7\text{-}9)$$

式中　H_1——托板安装高度（mm），（由斜面中点至槽底）；

A——砂轮中心至底板距离(mm)，M1080 型无心外圆磨床 $A=200$mm；

B——托架槽底至底板距离（mm）；

h——工件中心高出砂轮中心的值（mm）；

d_w——工件直径（mm）。

一般情况下，都是工件中心高于砂轮中心一个 h 值，但 h 不能太大，否则，工件会产生周期性跳动。h 值、托板厚度 B 及托板与磨削轮距离 C 的大小可按表 7-2 选取。当加工细长工件时，为了防止磨削过程中工件上下跳动，可使工件中心低于砂轮中心。

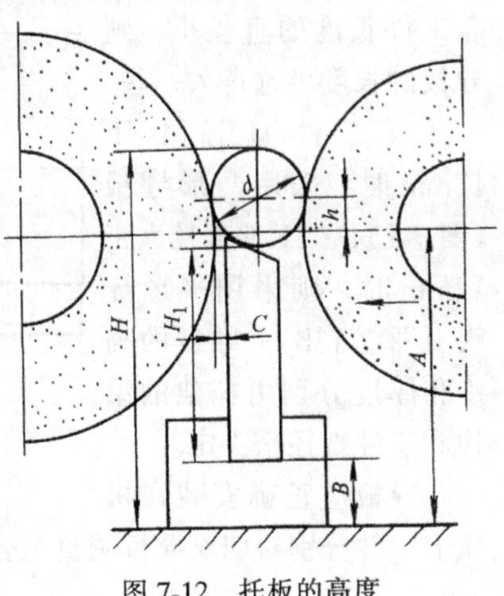

图 7-12　托板的高度

表 7-2　无心外圆磨削时 h、B、C 的值　　　(mm)

工件直径 d	托板厚度 B	工件中心高 h	托板与磨削轮距离 C
5～12	4～4.5	2.5～6	1～2.4
12～15	4.5～10	6～10	1.65～4.75
25～40	10～15	10～15	3.75～7.5
40～80	15～20	15～20	7.5～10

安装托板时，应调整托板的两端在同一个水平面上，否则，磨出的工件将是个圆锥形。

托板左侧面与磨削轮圆周切线距离 C 影响到冷却和排屑，也必须调整适当。

4. 导板的选择与调整　导板（见图 7-13）的作用是把工件正确引进和退出磨削区域。导板不宜过长，其长度可按工件长度选择：工件长度 L_1 > 100mm，则导板长度 $L=(0.75\sim1.5)\ L_1$；工件长度 L_1 < 100mm，则导板长度 $L=(1.5\sim2.5)\ L_1$。若工件长度的直径小，则导板的长度可选得大一些。

当工件直径小于 12mm 时，采用凸形导板（图 7-13a）；工件直径大于 12mm 时，则采用平形导板（图 7-13b）。导板的高度和厚度分别由托架的结构和工件直径来决定。

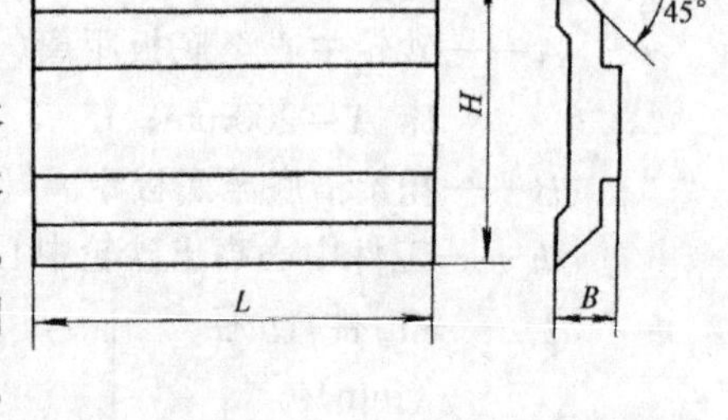

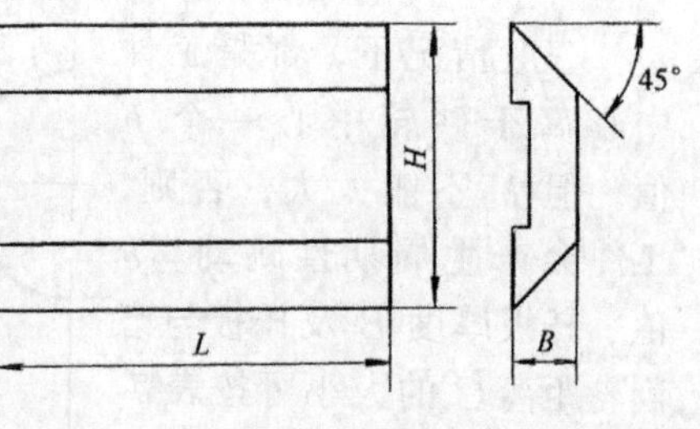

图 7-13　导板

导板应正确安装在机床上，并分别对四块导板调整至合适的位置。靠导轮一侧的前导板应相对导轮工作面退后一个距离，其值为工件一次磨削余量的1/2左右，一般为0.01～0.025mm。靠导轮一侧的后导板则与导轮的工作面平齐。靠磨削轮一侧的前、后导板，因不受工件的压力，故均可比磨削轮的工作面退后0.4～0.8mm。要特别注意的是，导板绝对不允许凸出于导轮的工作面外侧，以免产生干涉现象。如果工件入口与出口处导板都偏向于磨削轮，那么工件就会被磨成细腰形；如果工件入口与出口处导板都偏向于导轮，则工件将被磨成腰鼓形（见图7-14）。

二、磨削产生的缺陷分析

无心外圆磨削中常发生一些缺陷，如圆度误差、圆柱度误差、表面粗糙度误差以及表面外观缺陷等。产生缺陷的主要原因是由于机床调整不当，诸如砂轮的选择、工件安装的中心高，托板和导板的调整等不太合理；再就是工艺方法不当，如磨削余量分配不均匀，工件贯穿速度太快等；还有则是工件本身的缺陷所引起的，如几何形状误差太大、材质不均匀等。对于产生的缺陷要认真分析其原因，并采取切实有效的防止和解决办法，以利于提高磨削质量。无心外圆磨削中常见缺陷产生原因及防止和解决办法见表7-3。

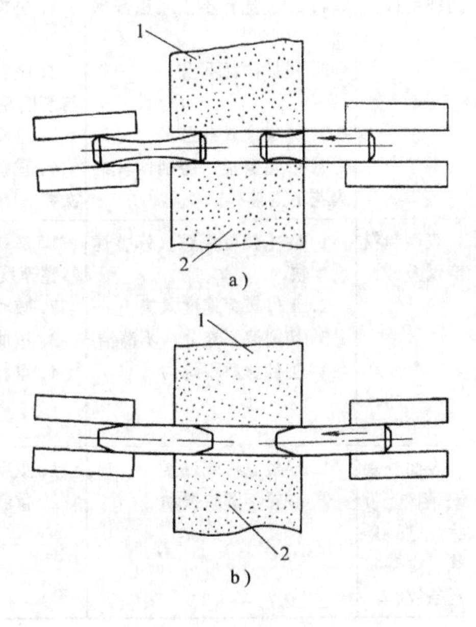

图7-14　导板的偏斜
a）偏向磨削轮　b）偏向导轮
1—导轮　2—磨削轮

表 7-3　无心外圆磨削中常见缺陷产生原因及防止和解决办法

工件缺陷	产生原因	防止和解决办法
圆度误差	1. 工件中心高度不适当，产生棱圆	1. 产生奇数棱圆时增加工件中心高，产生偶数棱圆时降低工件中心高
	2. 砂轮太硬	2. 选择硬度较软的砂轮，以增加砂轮的自锐性，减小磨削力
	3. 导轮修整不好	3. 重新修整导轮，修整时需适当减小金刚石笔的偏移量和回转角度
	4. 磨削轮不平衡	4. 重新平衡和修整磨削轮
	5. 工件毛坯余量太大	5. 增加磨削次数
	6. 切削液不充分，工件发生热变形	6. 使切削液充分，以减小磨削区域的磨削热
圆柱度误差	1. 托板选择不当或顶部磨损	1. 更换托板
	2. 托板位置不当	2. 重新调整托板的位置，使工件轴线与磨削轮、导轮轴线平行
	3. 导板位置不当	3. 重新调整导板位置
	4. 砂轮磨损，磨削区域内火花不正常	4. 重新修整导轮，增加磨削轮的修整次数
表面粗糙度误差	1. 砂轮粒度太粗，修整速度太快	1. 选择较细粒度砂轮，适当降低砂轮修整速度
	2. 工件贯穿速度太快	2. 减小导轮倾角
	3. 切削液不充分、不清洁	3. 过滤或更换切削液，充分冷却
	4. 工件材质不均匀	4. 重新热处理
表面外观缺陷（带状、直条状、螺旋状直条纹）	1. 导板过松或过紧	1. 重新调整导板
	2. 砂轮不圆或振动	2. 重新调整砂轮

第三节　无心外圆磨削实例

一、通磨法磨削实例

例 1　磨削圆柱销

1. 图样和技术要求分析　图 7-15 所示为一圆柱销工件，材料为 45 钢，热处理淬硬 48～52HRC，磨削余量为 0.2～0.25mm。要求用通磨法磨削至尺寸 $\phi30_{-0.013}^{\ 0}$mm，表面粗糙度达到 $R_a0.4\mu m$，外圆圆柱度公差为 0.003mm。

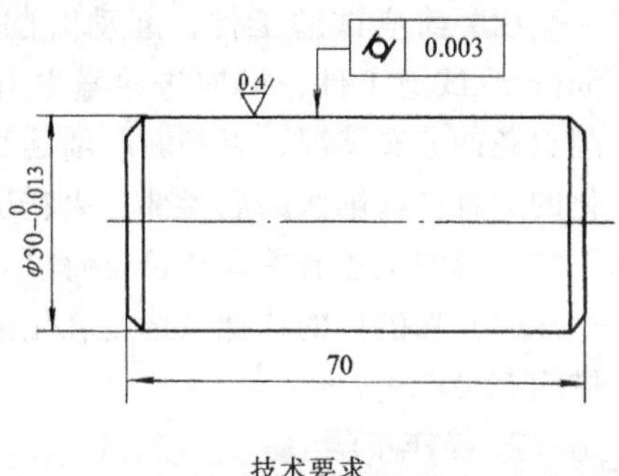

图 7-15 圆柱销

根据工件的材料和加工技术要求，进行如下选择和分析。

（1）砂轮的选择和调整　工件采用 M1080 型无心外圆磨床磨削所选磨削轮的特性为 A60～80J～PV 双面凹砂轮，导轮的特性为 A80～120PR 砂轮。修整砂轮用金刚石笔，因工件技术要求较高，砂轮需多次修整。

磨削前，应调整和修整导轮。先调整导轮在垂直平面内的倾角 $\theta=4°$，再调整导轮修整器滑座在水平面的角度 $\alpha=3°50'$；根据导轮和工件直径及查表 7-2 中工件安装中心高度 $h=10$mm 计算出金刚石笔偏移量 $h_1=9$mm，将导轮调整至修整速度，修整导轮，并用磨削轮修整器粗修整磨削轮。

（2）装夹方法　工件不需要特别的装夹，但需要调整好托板和导板的位置，其方法如下：

调整托板时，将工件放在托板和导轮之间，查表 7-2 取 $h=10$mm，计算出托板安装高度 $H_1=219$mm，用钢直尺测量。

调整导轮一侧前、后导板时，可取一个待磨工件放在托板上，将工件靠着前导板推向导轮，检查导板的位置是否正确，前导板应比导轮表面退后 0.02mm 左右，调整后导板与导轮圆周面平齐。

调整磨削轮一侧的前、后导板比磨削轮圆周面退后 0.4～0.8mm。

调整好托板和导板后即可安放工件。

（3）磨削方法　采用通磨法磨削，分配好粗、精磨余量，工件的磨削余量为0.20～0.25mm，分三次粗磨，每次磨削余量为0.05mm，留精磨余量0.05mm左右。

粗磨前应试磨工件，起动磨削轮和导轮，待砂轮运转3～5min后试磨工件，横向进给量取0.02～0.05mm。仔细观察磨削火花的分布情况，以判断磨削是否正常，若磨削火花是均匀变化的，且在磨削区的后半部，火花逐渐减少至消失，则表明磨削正常。说明上述有关调整符合要求。

（4）切削液的选择　选用乳化液切削液，切削液须清洁，且供应充足。

2．操作步骤

（1）操作前检查、准备

1）调整导轮倾角，$\theta=4°$。

2）修整导轮。导轮修整器滑座在水平面角度$\alpha=3°50'$，金刚石偏移量$h_1=9$mm。

3）粗修整磨削轮。

4）调整托板。工件安装中心高$h=10$mm，托板安装高度$H_1=219$mm。

5）调整导板。前导板比导板表面退后0.02mm，后导板与导轮圆周面齐平。

（2）试磨　观察火花状况，若正常，可开始粗磨；若磨削火花不均匀，则重新修整磨削轮和导轮。

（3）粗磨　分三次粗磨，每次磨削余量为0.05mm，留精磨余量0.05mm左右。检查圆柱度误差不大于0.003mm，表面粗糙度$R_a0.8$～0.4μm。

（4）精修整磨削轮　必要时调整修整导轮，并调整托板和导板。

（5）精磨外圆至尺寸要求　外圆$\phi30_{-0.013}^{\ 0}$mm，圆柱度误差不大于0.003mm，表面粗糙度$R_a0.4\mu$m。

为保证表面粗糙度，最后可作一次光磨。

例 2 磨滚针

1. 图样和技术要求分析 图 7-16 为滚针零件，材料为 GCr6，热处理淬硬 58～62HRC，外圆尺寸 $\phi5_{-0.005}^{\ 0}$mm，素线直线度公差 0.002mm，圆度公差 0.002mm，表面粗糙度 $R_a0.1\mu$m，零件为大批量生产。

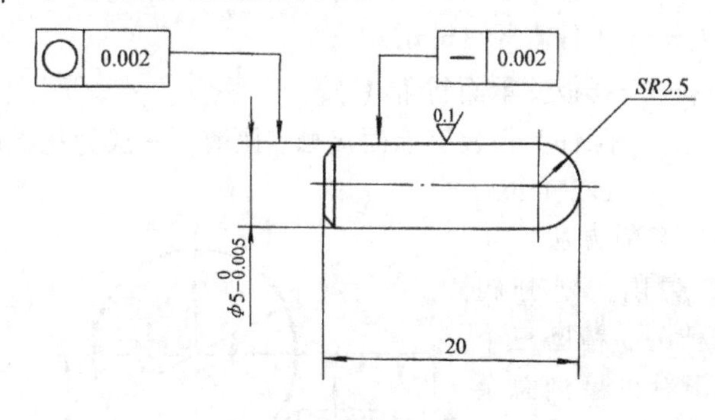

技术要求

材料 GCr6，热处理淬硬 58～62HRC。

图 7-16 滚针

根据工件材料、加工技术要求和生产批量进行如下选择和分析。

(1) 机床的选择 粗磨选用 M1020 型无心外圆磨床，精磨则选用 MGT1050 型高精度通磨无心磨床。

(2) 砂轮的选择和调整 粗磨时，磨削轮特性为 A60HV，导轮特性为 A80PR；精磨时，磨削轮特性为 A100JV，导轮特性为 A120PR。修整砂轮用金刚石笔。

磨削前，调整并修整导轮。导轮倾斜角为：粗磨时 $\theta=2.5°$～$3.5°$；精磨时 $\theta=1°$～$1.5°$。导轮修整器金刚石滑座回转角为：粗磨 $\alpha=2.5°$～$3.5°$；精磨 $\alpha=1°$～$1.5°$。工件安装中心高 h 查表 7-2 取 $h=3$mm，则金刚石偏移量 $h_1=2.8$mm。

(3) 装夹方法 工件放在托板和导轮之间即可。此前，需正确调整托板和前、后导板的位置。由于滚针的圆度和圆柱素线的直线度允差极小，因此需精确计算精密磨削时托板的高度值。粗

磨时，托板高度 H_1，据式（7-9）算出；而精密磨削时，托板高度可由下式计算（见图 7-17）

$$N = h - K + a = h - d_w/2\cos\varphi + g\sin\varphi \quad (7\text{-}10)$$

式中 N——托板顶端至砂轮中心高度距离（mm）；

h——工件安装高度（mm）；

d_w——工件直径（mm）；

φ——托板支承面斜角（°）；

g——工件与托板支承面接触点距离，一般为托板厚度的 1/2（mm）。

（4）磨削方法　用通磨法磨削，划分粗磨、半精磨、精磨三个阶段。滚针的磨削总余量为 0.25～0.20mm，粗磨两次，共磨去 0.2～0.15mm，半精磨余量为 0.01～0.045mm，精磨余量为 0.005～0.01mm。粗磨前须用较小的横向进给量进行试磨。

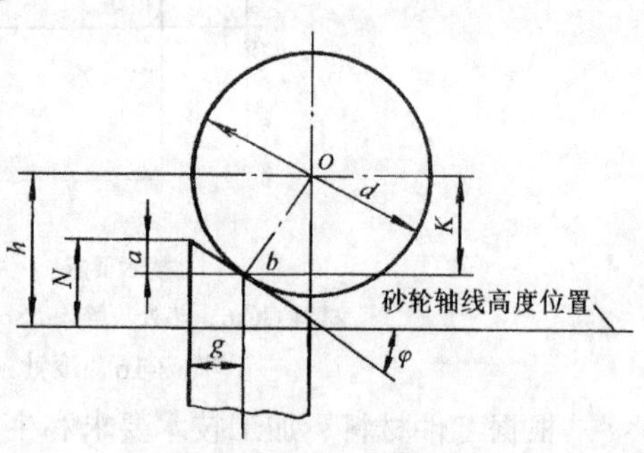

图 7-17　托板高度的精确计算

（5）切削液的选择　选用乳化液切削液，切削液要清洁且流量充足，以利于排屑、散热。

2. 操作步骤

（1）粗磨工艺　选用 M1020 型无心外圆磨床，磨削轮特性为 A60HV，导轮特性为 A80PR。

磨削步骤如下：

1）调整并修整导轮。倾斜角 $\theta = 3°$，金刚石滑座倾斜角 $\alpha = 3°$，工件安装高度 $h = 3$mm，金刚石偏移量取 $h_1 = 2.8$mm。

2）调整托板和前、后导板位置。托板高度根据机床砂轮中心高度等参数计算出，宽度取 $B = 4$mm。

3）修整磨削轮。

4）试磨。观察火花状况，正常后正式磨削。

5）粗磨外圆。粗磨2～3次，每次磨削余量为0.05mm左右，磨至$\phi5^{+0.05}_{-0.005}$mm。磨削中应检查圆度误差和圆柱素线直线度误差，必要时重新调整导轮与托架及前、后导板，修整导轮和磨削轮。

（2）半精磨、精磨工艺　选用MGT1050型高精度通磨无心磨床。磨削轮特性为A100JV，导轮特性为A120PR。

磨削步骤如下：

1）调整并修整导轮。倾斜角$\theta=1°15'$，金刚石滑座回转角取$\alpha=1°15'$，工件安装高度h取3mm，金刚石偏移量取$h_1=$ 2.8mm。

2）调整托板和前、后导板位置。托板高度必须经过精确计算。注意导板正确位置，绝对不能凸出导轮工作面外侧，以免影响工件形状误差。

3）修整磨削轮。

4）试磨。待火花正常后即可正式磨削。

5）半精磨外圆，留精磨余量0.005～0.01mm。磨时，每一组零件作首、末件检查，保证圆度误差不大于0.002mm，圆柱素线直线度误差不大于0.002mm，表面粗糙度$R_a0.2\sim0.1\mu m$。必要时需重新调整导轮和托板及导板位置。

6）精修整导轮和磨削轮。

7）精磨至要求。外径$\phi5^{\ 0}_{-0.005}$mm，圆度误差不大于0.002mm，圆柱素线直线度误差不大于0.002mm，表面粗糙度$R_a0.1\mu m$。磨时注意切削液要清洁且充足。最后可作无进刀光磨。

二、切入磨削法磨削实例

例　磨固定销

1. 图样和技术要求分析　图7-18所示为固定销，材料为45钢，热处理淬硬48～52HRC，需磨削外圆$\phi8mm\pm0.005mm$，表面粗糙度为$R_a0.4\mu m$，其磨削余量为0.25～0.3mm，工件为批量生产。

根据工件材料和加工技术要求，进行如下选择和分析。

(1) 砂轮的选择和调整　工件采用 M1020 型无心外圆磨床加工。磨削轮特性为 A60～80J～PV 双面凹砂轮，导轮的特性为 A80～120PR 砂轮。修整砂轮用金刚石笔。

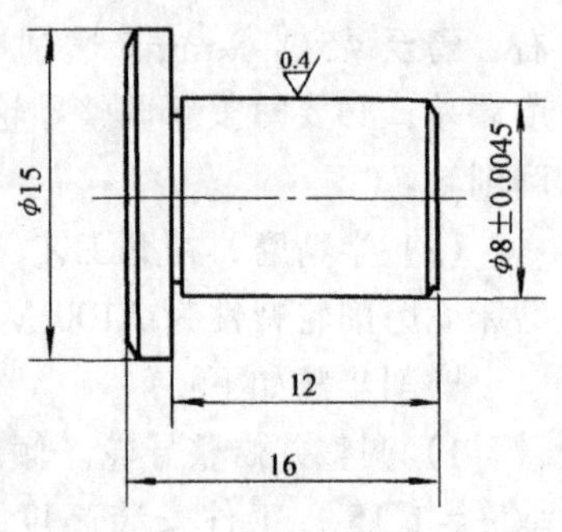

技术要求

材料 45，热处理淬硬 48～52HRC。

图 7-18　固定销

调整导轮时，导轮在垂直平面内倾角 $\theta=30'$，导轮修整滑座在水平面内回转角 $\alpha=30'$，按表 7-2 取工件安装中心高 $h=4$mm，金刚石偏移量取 $h_1=3.8$mm，将导轮转速调整至修整状态，修整导轮，并用磨削轮修整器修整磨削轮。

(2) 装夹方法　工件置于托板和导轮之间，须认真调整托板和前、后导板至正确位置。据式 (7-9) 计算出托板高度，按本章第二节中有关方法和要求调整两块前导板。

由于工件带有轴肩，故需在工件端面加上挡销或其它定位装置。该工件为批量生产，为此采用了专用的定位工具（见图 7-19）。

该定位工具由圆柱 1、定位凸台 2 组成。将工具安放在后导板上，并调整至适当高度，使定位凸台支承在工件端面上（见图 7-20)，此工具结构简单，使用方便，磨削时工件有一微小的轴向力，使端面顶在凸台上，经安装调整后，可用于批量生产。

(3) 磨削方法　采用切入磨削法磨削，划分粗、精加工，粗磨 3 次，切去 0.20～0.25mm 余量，留精磨余量 0.05～0.06mm。粗磨前应作试磨，观察火花正常后方可继续磨削。

(4) 切削液的选择　选用乳化液切削液，切削液应保持清洁和充分冷却。

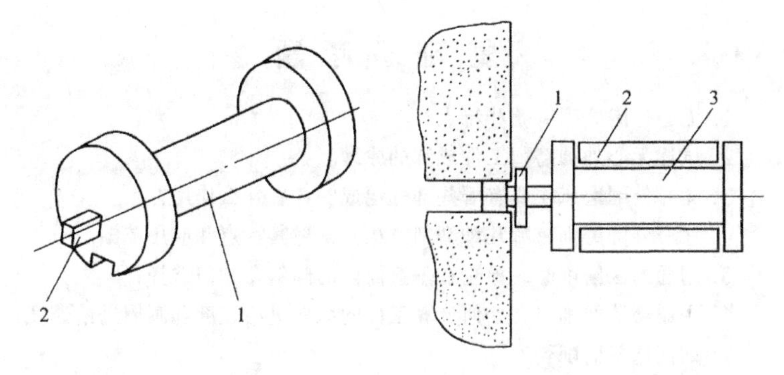

图 7-19　定位工具
1—圆柱　2—凸台

图 7-20　定位工具的安装
1—工件　2—导板　3—定位工具

2. 操作步骤

1）操作前检查、准备。选用 M1020 型无心外圆磨床，并进行调整。

① 调整导轮倾斜角，取 $\theta = 30'$，调整导轮修整器转角为 $\alpha = 30'$，金刚石偏移量取 $h_1 = 3.8\text{mm}$，修整导轮。

② 修整磨削轮。

③ 安装托板，并调整至正确位置。

④ 调整导板呈正确位置。

⑤ 安装定位工具，调整至适当高度。

2）试磨。用切入磨削法试磨外圆，横向进给量 0.02～0.04mm，观察磨削火花情况，正常后即可开始加工。

3）粗磨。分三次进行，每次磨削余量为 0.05mm 左右，横向切入量要缓慢均匀。每组零件的首、末件要进行检查，发现问题应及时调整磨床，以保证磨削正常进行。粗磨后留 0.05mm 余量。

4）精修整导轮和磨削轮。

5）精磨外圆 8mm ± 0.0045mm 至尺寸要求，表面粗糙度 $R_a0.4\mu\text{m}$。

磨削时须注意，导轮横向切入要慢而均匀，导轮应调整至工作状态转速，磨削轮表面要平整，当工件表面粗糙度增高时，应及时修整磨削轮。

复习思考题

1. 无心外圆磨削有哪些特点？

2. 试述无心外圆磨削工件成圆的原理。

3. 无心外圆磨床主要有哪些部件组成？各有什么作用？

4. 无心外圆磨削有哪几种磨削方法？试述其特点和应用范围。

5. 用通磨法磨削时，导轮在垂直面内的倾斜角如何选择？

6. 用通磨法磨削时，如何计算工件的纵向进给速度和圆周进给速度？

7. 如何选择磨削轮？

8. 如何选择导轮？为什么导轮应修成双曲面？

9. 用导轮修整器修整导轮时，如何计算金刚石滑座的回转角度和金刚石的偏移量？

10. 如何选择和调整托板？如何粗略计算和精确计算托板的高度？

11. 如何选择和调整导板？

12. 简述用通磨法磨削工件的操作步骤。

13. 简述用切入磨削法磨削工件的操作步骤。磨削时应注意哪些事项？

14. 无心外圆磨削中常见的缺陷有哪些？

15. 无心外圆磨削中产生圆度误差的原因有哪些？如何防止和解决？

16. 如何减少无心外圆磨削中的圆柱度误差？

17. 如何在无心外圆磨削中降低工件的表面粗糙度值？

第八章　螺 纹 磨 削

培训要求　了解螺纹磨削的基本知识，包括螺纹磨削的特点、方法及测量方法，了解普通螺纹件磨削的操作步骤。

第一节　螺纹磨削的特点和方法

一、螺纹磨削的特点

1. 螺纹的基本常识　在机器或零部件中常用到螺纹，螺纹是在圆柱或圆锥表面上沿螺旋线形成的具有相同剖面形状（如等边三角形、正方形、锯齿形、梯形等）的连续凸起。螺纹可在车床、铣床和磨床等机床上加工。加工在零件外表面上的螺纹称外螺纹，加工在零件内表面上的螺纹称内螺纹。由于螺纹已实行标准化，所以机械制图国家标准对螺纹的结构要素作了统一的规定。

(1) 圆柱螺旋线及螺纹的形成

1）圆柱螺旋线　动点 A 沿圆柱面上的一条直母线作等速移动，而该母线又绕圆柱面的轴线作等角速度旋转运动时，动点在此圆柱面上的运动轨迹，称为圆柱螺旋线，如图 8-1a 所示。圆柱螺旋线一般有三个决定要素，即：

① 圆柱的直径 d。

② 螺旋线导程 P_h。动点 A 旋转一周，沿圆柱轴线方向移动的距离。

③ 旋向。当圆柱轴线处于铅垂方向时，螺旋线的可见部分自左向右上升的称右旋螺旋线，反之则称为左旋螺旋线。

将圆柱面展开，则螺旋线随之成为一直线，如图 8-1b 所示。该直线为直角三角形的斜边，三角形的直角边分别为圆柱底面的圆周长及螺旋线的导程，斜边与底边的夹角 φ 称为螺旋线升角

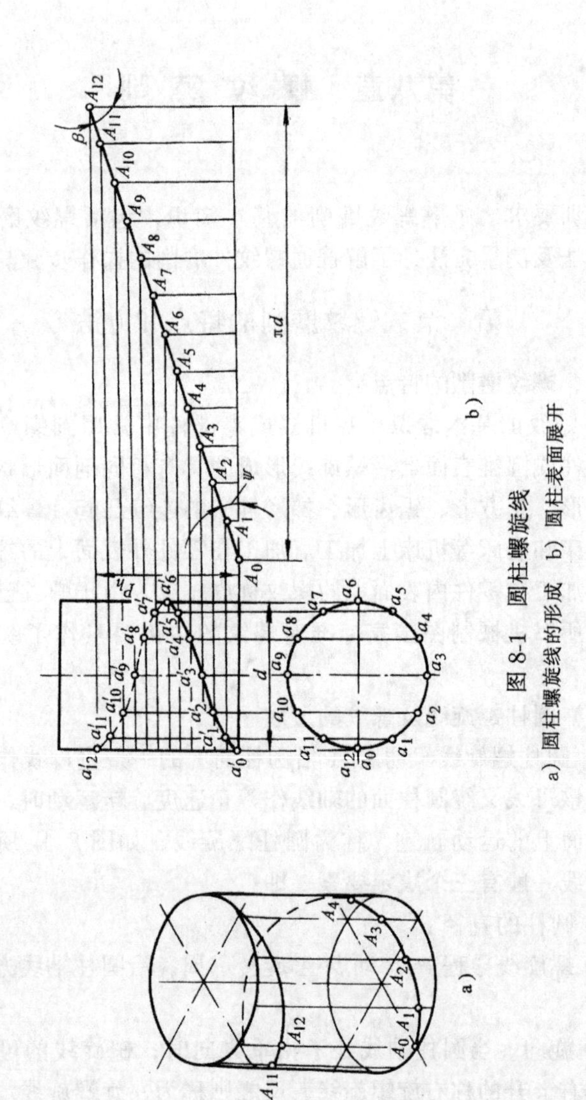

图 8-1 圆柱螺旋线

a）圆柱螺旋线的形成 b）圆柱表面展开

(又称导程角)，显然

$$\tan\psi = \frac{P_h}{\pi d} \tag{8-1}$$

式中 ψ——螺旋线升角（°）；

P_h——螺旋线导程（mm）；

d——圆柱直径（mm）。

图 8-1b 中，β 角称螺旋角，$\beta = 90° - \psi$，则

$$\tan\beta = \frac{\pi d}{P_h} \tag{8-2}$$

2）螺纹的形成　各种螺纹都是根据螺旋线形成原理加工而成。加工时，圆柱体（工件）作等速旋转，刀具沿轴线方向等速移动。

(2) 螺纹各部分名称及要素

1）螺纹牙型　通过螺纹轴线的剖面上，螺纹的轮廓形状称为螺纹牙型，有牙顶（凸起）、牙底（沟槽）、牙侧等部分，如图 8-2 所示。螺纹的牙型通常有三角形、梯形、锯齿形等。

2）螺纹的直径　螺纹的直径见图 8-2。

① 大径 d 或 D　与外螺纹牙顶或内螺纹牙底相重合的假想圆柱体的直径，是螺纹的最大直径。外螺纹大径（顶径）为 d，内螺纹大径（底径）为 D。

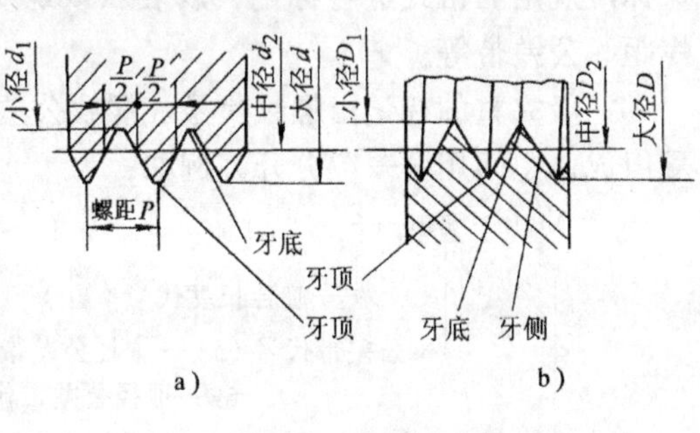

图 8-2　螺纹的牙型和直径
a）外螺纹　b）内螺纹

② 小径 d_1 或 D_1　与外螺纹牙底或内螺纹牙顶相重合的假想圆柱体的直径，是螺纹的最小直径。外螺纹小径（底径）为 d_1，内螺纹小径（顶径）为 D_1。

③ 中径 d_2 或 D_2　一个假想圆柱的直径，是圆柱素线通过牙型上沟槽和凸起宽度相等的地方。外螺纹中径为 d_2，内螺纹中径为 D_2。

④ 公称直径　代表螺纹尺寸的直径，指螺纹大径的基本尺寸。

3）线数 n　螺纹有单线及多线之分，沿一条螺旋线形成的螺纹称单线螺纹，沿两条或两条以上在轴向等距离分布的螺旋线形成的螺纹称多线螺纹。

4）导程与螺距　同一线的螺纹上相邻两牙，在中径线上对应两点间的轴向距离，称为导程。相邻两牙在中径线上对应两点间的轴向距离，称为螺距。单线螺纹的导程等于螺距，多线螺纹的导程＝螺距×线数。

5）旋向　根据右螺旋线加工，顺时针旋转时旋入的螺纹称右旋螺纹，根据左螺旋线加工、逆时针旋转时旋入的螺纹称左旋螺纹。

(3) 螺纹的标记　为区别螺纹的种类及参数，在图样上按国家标准规定的格式进行标记，以表示该螺纹的牙型、公称直径、螺距、公差带等。

一般完整的标记由螺纹代号、螺纹公差带代号和旋合长度代号组成，中间用“—”分开，例如：

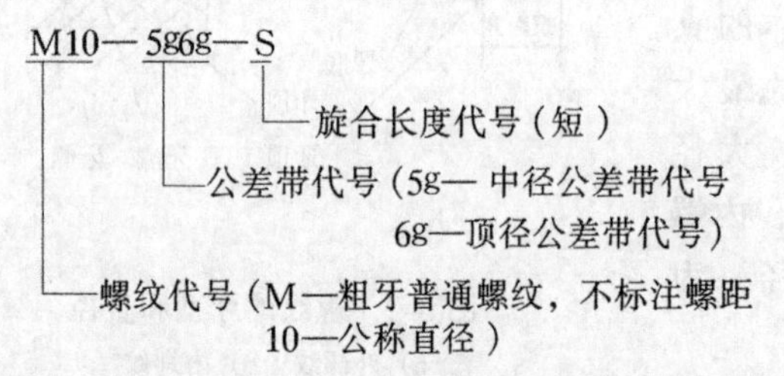

普通螺纹旋合长度代号用字母 S（短）、N（中）、L（长）或数值表示。一般情况下，按中等旋合长度考虑时，不加标注。

单线螺纹和右旋螺纹的线数和右旋均省略不注，左旋螺纹应予标注，如：

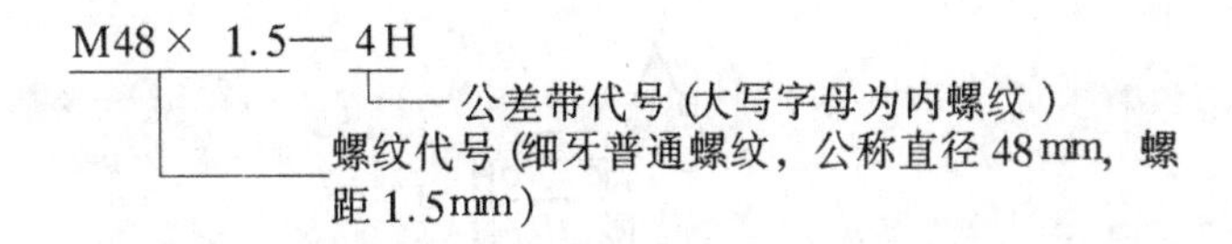

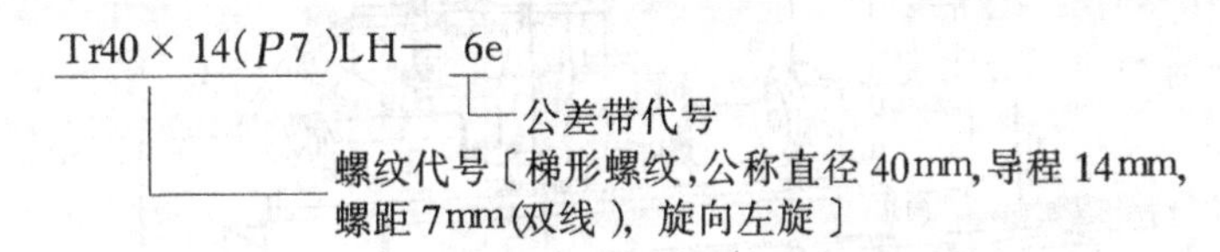

2. 螺纹磨削的特点　磨削螺纹是精密螺纹加工的主要方法，用于加工高硬度和高精度工件，如丝杆、蜗杆、螺纹量规和螺纹刀具等。

螺纹磨削有以下特点：

(1) 磨削精度高　用单线砂轮磨削精度可达到：螺距在25mm以内，误差0.003mm，圆度误差0.003mm，半角误差±5′,表面粗糙度 R_a0.8～0.2μm。磨出的高精度螺纹工件可用作精密配合和传动。

(2) 加工范围大　螺纹磨削不仅可以加工高精度的工件，还可以加工普通淬硬工件的螺纹；不仅可以加工外螺纹，还可以加工内螺纹（如螺纹环规、板牙）；不仅可以加工标准米制螺纹，还可以加工各种截形（如矩形、梯形、锯齿形）的螺纹及非米制螺纹。图 8-3 所示为 S7332 型螺纹磨床，可磨削内螺纹、外螺纹以及精密丝杠等零件，磨削螺纹的直径为6～320mm；螺距为：米制1～40mm，英制1～14牙/in；磨削外螺纹的最大长度为1000、1500、1850mm。

(3) 测量要求高　一般螺纹磨削后，可用标准螺纹量规检测。精度较高的螺纹则需进行精确的测量计算，磨削螺纹的测量方法将在本节第四部分介绍。

(4) 工序成本高　磨削螺纹需专用精密磨床，磨床的调整比较复杂，且需严格的设备保养，工人技术水平要求较高，因此工序成本较高。

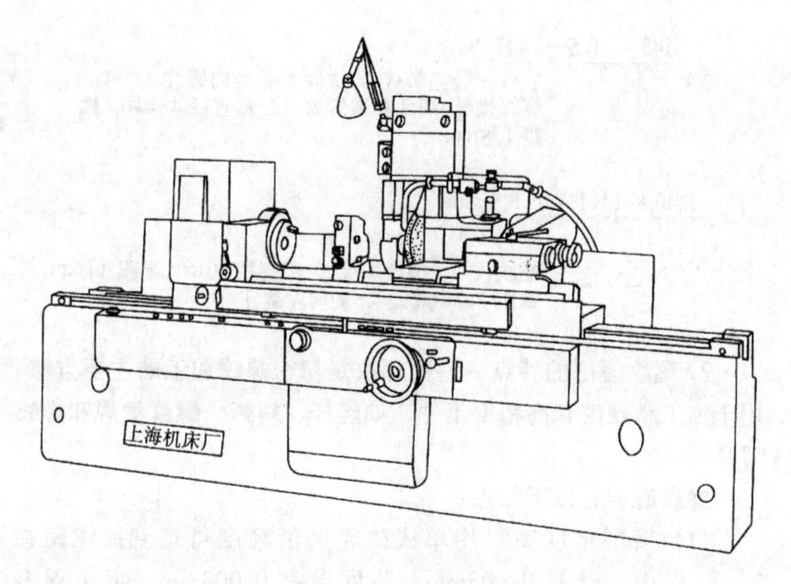

图 8-3　S7332 型螺纹磨床

二、螺纹磨削的形式

螺纹磨削的基本形式有三种。

1. 展成式　将砂轮修成反牙型,相对工件轴线倾斜一个角度即螺纹升角 ψ,并高速旋转。机床由传动系统带动主轴及工件旋转,并使工作台移动形成展成运动,即工件每转一周,工作台相应移动一个导程(单线螺纹等于螺距),从而磨出一定螺距的螺纹来(图 8-4a)。

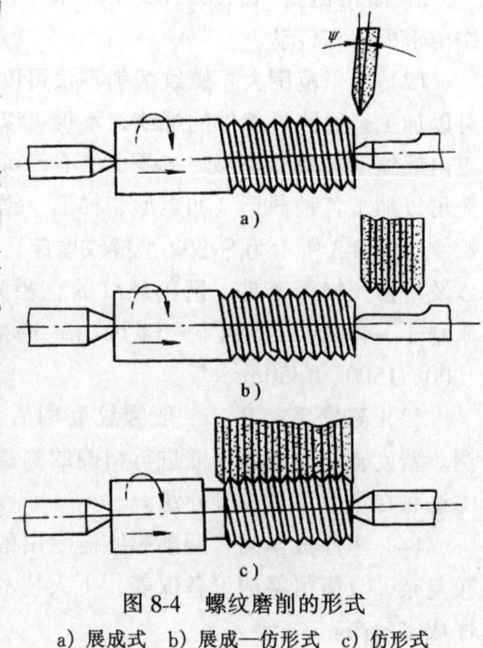

图 8-4　螺纹磨削的形式

a) 展成式　b) 展成—仿形式　c) 仿形式

螺纹升角 ψ 由下式计算

$$\tan\psi=\frac{P_h}{\pi d_2} \tag{8-3}$$

式中 ψ——螺纹升角（°）；

P_h——工件的导程（或螺距）(mm)；

d_2——螺纹中径（mm）。

例1 已知丝杆的导程 $P_h=8\text{mm}$，螺纹中径 $d_2=46\text{mm}$，求它的螺纹升角。

解 据式（8-3）

$$\tan\psi=\frac{P_h}{\pi d_2}=\frac{8}{3.1416\times46}=0.05536$$

查表得 $\psi=3°10'$

需磨不同导程（螺距）的螺纹时，可由机床的展成运动系统通过交换齿轮的配置而获得。图 8-5 所示即为 S7332 型螺纹磨床的交换齿轮系统。

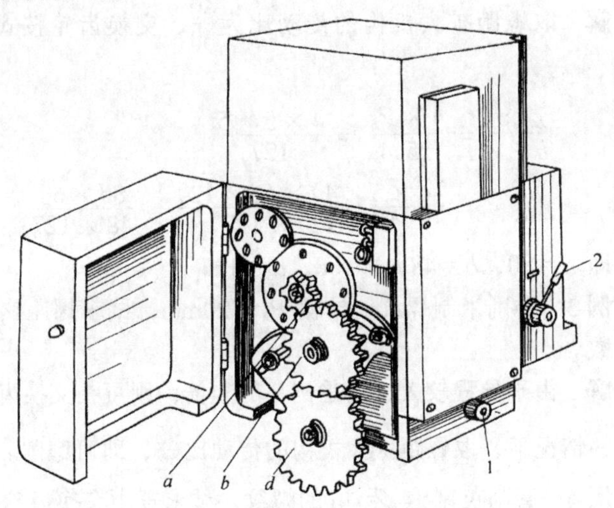

图 8-5 螺纹磨床交换齿轮系统

1—消除间隙捏手 2—加大螺距手柄

工作台由丝杠副传动，与头架主轴传动链连接，其交换齿轮计算公式为

$$i=\frac{a\times c}{b\times d}=\frac{P_h}{25.4/4}\left(\text{螺距扩大机构传动比为}\frac{60}{60}\right) \quad (8\text{-}4)$$

$$i=\frac{a\times c}{b\times d}=\frac{P_h}{25.4}\left(\text{螺距扩大机构传动比为}\frac{96}{24}\right) \quad (8\text{-}5)$$

式中 i——传动比；

a、b、c、d——交换齿轮；

P_h——工件导程（mm）；

25.4/4——S7332 型螺纹磨床丝杠螺距（1/4in）。

计算时，25.4 之值可用 127/5 代替。

磨削较小螺距的螺纹时，用式（8-4）计算；式（8-5）的传动比加大四倍，用于磨削较大螺距的螺纹。

例 2 磨削米制螺纹，导程 $P_h=5\text{mm}$，试求螺距交换齿轮的齿数。

解 取螺距扩大机构的传动比为$\frac{60}{60}$，交换齿轮按式（8-4）计算

$$\frac{a\times c}{b\times d}=\frac{4\times P_h}{25.4}=\frac{4\times 5\times 5}{127}$$

$$=\frac{(4\times 5\times 4)\times(5\times 12)}{(4\times 12)\times 127}=\frac{80\times 60}{48\times 127}$$

即 $a=80$，$b=48$，$c=60$，$d=127$

例 3 磨削米制螺纹，导程 $P_h=20\text{mm}$，试求螺距交换齿轮的齿数。

解 由于导程较大，且是例 2 的 4 倍，则可在交换齿轮齿数不变的情况下，取螺距扩大机构的传动比$\frac{96}{24}$，即可磨削。

例 4 磨削英制 14 牙/in 的螺纹，试求螺距交换齿轮齿数。

解 先将英制螺距化成米制，得 $P_h=\frac{25.4}{14}\text{mm}$，则交换齿轮齿数按式（8-4）计算

$$\frac{a \times b}{c \times d} = \frac{4P_h}{25.4} = \frac{4}{14} = \frac{1 \times 4}{7 \times 2}$$

$$= \frac{(1 \times 75) \times (4 \times 12)}{(7 \times 15) \times (2 \times 60)} = \frac{75 \times 48}{105 \times 120}$$

即　$a = 75$，$b = 48$，$c = 105$，$d = 120$。

2. 仿形式　将砂轮修整成与工件牙型完全吻合的反形的多线环形槽（砂轮宽度大于螺纹长度），然后将此砂轮切入工件，即可磨出全部牙型（图 8-4c)。这种磨削方式实质上是多曲面的成形磨削，所磨螺纹的截面形状和螺距，取决于砂轮修整后的型面正确与否，。

3. 展成—仿形式　同仿形式一样，也采用修整成反形环形槽的多线砂轮磨削，所不同的是与展成式一样，工件的旋转运动和工作台的移动保持一定的展成关系，但砂轮轴线不倾斜一个螺纹升角（图 8-4b)。这种磨削形式可同时磨出几个牙型，对砂轮修整的要求较高。通常多线砂轮的截形有三种，如表 8-1 所示。

表 8-1　多线砂轮的截形

砂轮形式	简　图	特　点
带主偏角砂轮	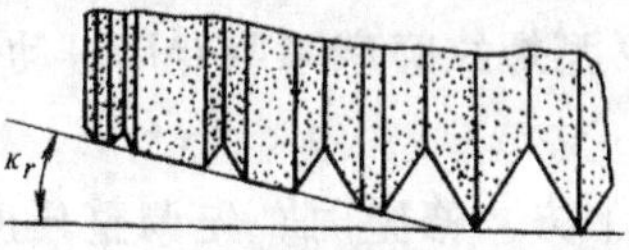 κ_r a)	分层磨削，磨削量逐渐减少，修正齿多。主偏角修成 7°30′，当螺距 $P \geqslant 1.75$mm，发生烧伤时，主偏角修成 5°15′
间隔去齿砂轮	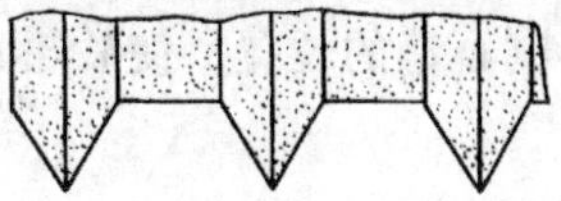 b)	磨削效率高，切削液容易进入磨削区，散热快，磨屑冲出及时
三线砂轮	 c)	磨削量主要分布在第一粗切齿上，最后一个是修正齿。砂轮可倾斜一个螺纹升角，避免干涉

为使磨削时的展成运动得到所需的导程（或螺距），应精确计算配置交换齿轮，以免使螺纹相邻齿（或相隔齿）受到干涉而损坏。

三、螺纹磨削的方法

磨削螺纹根据磨削形式和进给方式而不同，常用的磨削方法有三种：

1. 单线砂轮纵向进给法　此法采用的磨削形式为展成式，即磨削前将砂轮修整成与牙型相符的形状，并使砂轮轴线相对工件倾斜一个螺纹升角 ψ，工件的旋转运动和工作台的移动保持一定的展成关系，从而磨出一定螺距的螺纹（见图 8-4a）。

（1）螺距交换齿轮的选择　为形成展成运动，必须配置相应的螺距交换齿轮，其计算方法见式（8-4）、式（8-5）及本节例 2～例 4。

（2）砂轮轴线倾斜角的调整　砂轮轴线的倾斜角可按工件螺纹的螺纹升角 ψ 将砂轮架倾斜相应的角度来得到。砂轮架的倾斜方向必须与工件螺纹升角的方向相同，螺纹升角的计算见式（8-3）。

（3）砂轮的选择　为了保证砂轮的截形准确，选择砂轮特性为 WA80～210KV 平形砂轮。

（4）砂轮的修整　S7332 型螺纹磨床采用专用自动修整器修整砂轮两侧，如图 8-6 所示。

修整器固定在砂轮架的上方。修整时，先调整角度捏手 4，使修整器内的样板倾斜一螺纹的牙型半角 $\alpha/2$，然后将捏手 5 紧固。调整捏手 6 可控制两侧金刚石笔的位置，使砂轮的宽度小于螺纹牙底的宽度，其计算式为

$$B < \frac{P_h}{2} - (d_2 - d_1)\tan\alpha/2 \tag{8-6}$$

式中　B——砂轮宽度（mm）；

P_h——螺纹导程（mm）；

d_2——螺纹中径（mm）；

d_1——螺纹小径（mm）；

α——螺纹牙型角（°）。

本节例 1 中，丝杆的导程 $P_h = 8\text{mm}$，螺纹中径 $d_2 = 46\text{mm}$，若螺纹小径 $d_1 = 41\text{mm}$，牙型角 $\alpha = 30°$，则砂轮宽度为

$$B < 8\text{mm}/2 - (46\text{mm} - 41\text{mm}) \times \tan 30°/2$$

$$B < 2.66\text{mm}$$

修整砂轮的外圆则由转轴 7 上的金刚石进行。

单线砂轮纵向进给磨削法因机床调整较复杂，生产率不高，主要用于单件小批量生产，经精心调整和操作，可得到较高的加工精度。

2. 多线砂轮纵向进给法

这种磨削方法的磨削形式为展成—仿形式（图 8-4b），即用多线成形砂轮并有展成运动磨出所需的螺纹牙型。

该法的关键是如何修整出成形砂轮。修整成形砂轮通常有两种方法：一种是用专用的精密修整砂轮工具，修整出砂轮截形；另一种则是用滚压法使砂轮成形，这里只介绍后一种方法。

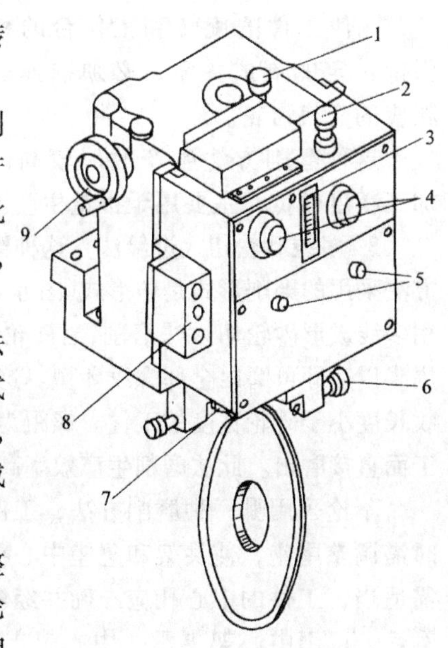

图 8-6　砂轮自动修整器
1—进给量调节捏手　2—修整行程捏手
3—修整行程刻线　4—调整角度捏手
5—紧固捏手　6—调整砂轮宽度捏手
7—转轴　8—调整修整速度捏手
9—手动进给手轮

多线砂轮的滚压可在螺纹磨床上进行，拆卸自动修整器体壳，安装滚压器。如图 8-7 所示，滚压时砂轮以 93r/min 低速旋转，带动滚压轮旋转，从而实现砂轮的滚压成形。

为了保证滚压砂轮的精度，需备置粗、精两种滚压器。滚压时必须用切削液充分冷却润滑，且切削液需经过净化处理。

滚压轮常用高速钢、硬质合金或金刚石制成，其螺距应与工件螺纹的螺距相同。砂轮滚压后会破坏原有的平衡，为此，砂轮必须再作一次静平衡。

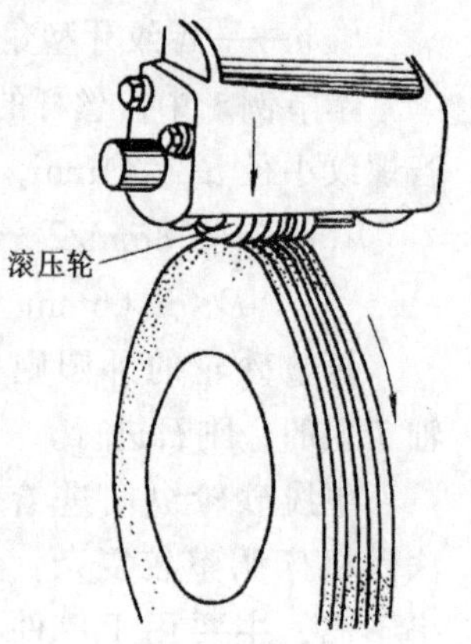

图 8-7 滚压砂轮

滚压时，滚压轮的进给量不宜过大，当滚压好全齿深以后，可停止进给，让砂轮精滚压数圈后再退出滚压轮。

为使工件的旋转和工作台的移动保持一定的展成关系，必须选择配置相应的交换齿轮。

这种磨削方法生产效率较高，但加工精度较低，主要用于批量生产。

3. 多线砂轮切入进给法　这种磨削方法采用的磨削形式是仿形式(图 8-4c)。用多线成形砂轮切入法磨削，当砂轮完全切入牙深后，工件回转一周半以后即可磨出全部螺纹牙型。这种方法适宜加工螺距小，且螺纹长度小于砂轮宽度的工件。螺距为 3mm 以下的螺纹可不必预加工而直接磨出。此法磨削生产效率高，主要用于大批量生产。

不论采用哪一种磨削方法，工件都是采用两顶尖装夹。装夹时需调整尾座，使头架和尾座中心在同一轴线上。尾座的顶紧力需适当，工件的中心孔应准确并经修研。较长的工件为了提高其刚性，可用中心架支承，中心架支承的外圆应有较小的圆度误差，一般控制在 0.005mm 以内。

由于螺纹精度较高，磨削时，对切削液也有较严格的要求，一般螺纹磨床采用硫化切削液；磨削非金属材料切削液用轻柴油；磨削丝锥等螺纹刀具用硫化鲸鱼油切削液。切削液应清洁并供应充足。

磨削螺纹时，为了使砂轮正确地、均匀地磨削螺纹两侧面，必须进行对刀。对刀时，转动砂轮横向进给手轮，使砂轮逐渐进入工件螺旋槽。如砂轮偏离螺旋槽，则可旋转对线手轮，使砂轮与螺旋槽对正，然后再退出砂轮，工作台回程切入砂轮，复查砂

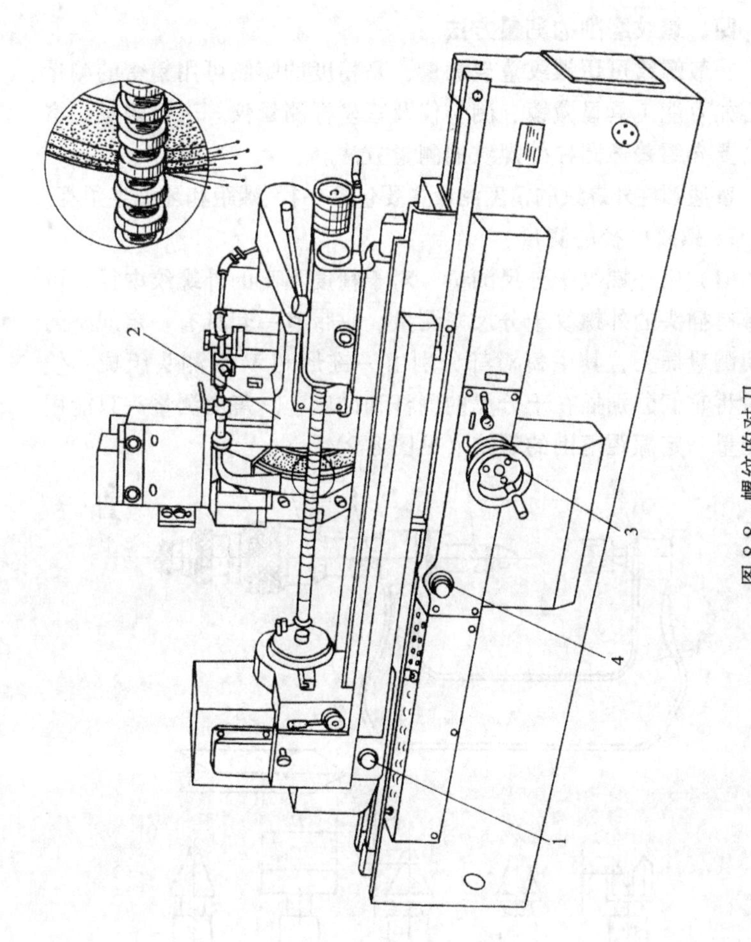

图 8-8 螺纹的对刀

1—消除间隙捏手 2—砂轮架 3—砂轮横向进给手轮 4—对线手轮

轮的位置是否正确。由于机床丝杠传动存在间隙，因此回程退刀时需调整消除间隙捏手（图 8-8）。正确地对刀可防止砂轮单边磨削余量过大而影响磨削质量。

四、螺纹磨削的测量方法

一般螺纹可用螺纹量规测量，高精度的螺纹可用精密的测量仪器如万能工具显微镜、测长仪及三坐标测量仪等进行测量。本节主要介绍普通圆柱外螺纹的测量方法。

普通圆柱外螺纹的精度测量主要包括中径、螺距和牙型半角等。

1. 螺纹中径的测量

（1）用外螺纹千分尺测量　对于精度不高的外螺纹中径，可用带有插头的外螺纹千分尺来测量。它带有一套具有一定规格的可换测量插头，其中每对都分别由一锥形和 V 形测头组成，使用时将它们分别插在千分尺的测杆和砧座上。每对测量头只能用来测量一定螺距范围的螺纹（见图 8-9）。

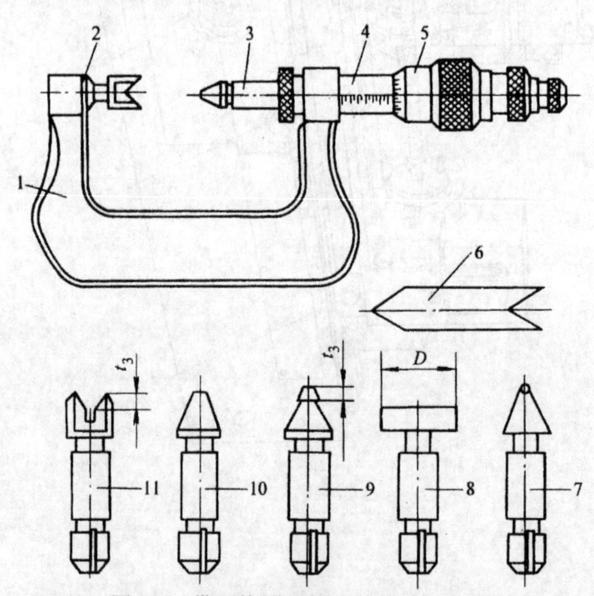

图 8-9　带可换测量插头外螺纹千分尺

1—弓形把　2—砧座　3—测杆　4—刻度套　5—微分筒　6—校正杆
7—球头测头　8—平测头　9—短测头　10—锥形测头　11—V 形测头

用外螺纹千分尺测量螺纹中径方法简便，类似于普通外径千分尺，测量时，把 V 形测头端插放在螺纹的牙型上，把锥形测头端插放在螺纹的牙槽间，转动微分筒，使两个测头与螺纹接触，即可读出测量数值。外螺纹千分尺精度不高，用绝对测量法测量时，测量误差为 0.10～0.15mm，用比较法测量时，测量误差为 0.04～0.05mm，因此它只用于普通精度螺纹的测量，或在粗磨螺纹前作检查磨削余量之用。

(2) 用三针测量法测量　用三针测量法测量螺纹中径，是生产实践中应用最广泛、测量精度比较高的方法之一。测量时，把三根直径相等的量针放置在螺纹的牙槽中间，用接触式仪器或专用外径千分尺测量出量针顶点之间的距离，通过计算来求出中径 d_2。三针测量法是一种间接测量法（见图 8-10）。

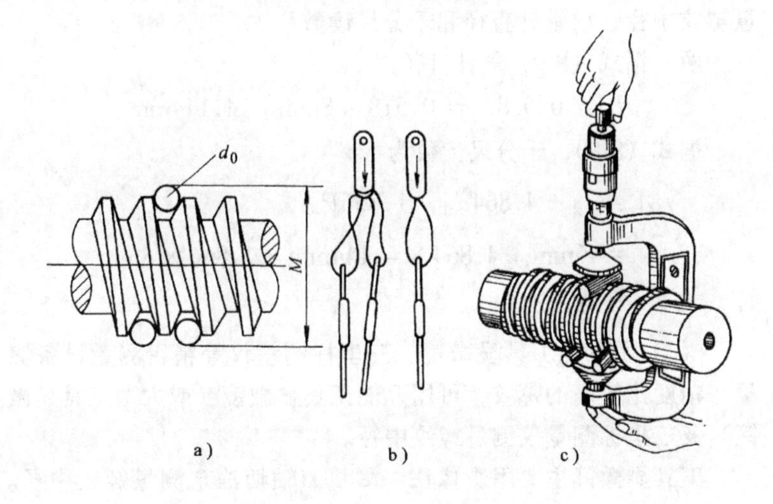

图 8-10　用三针测量螺纹中径

a) 三针位置　b) 量针　c) 测量量针顶点距离

量针顶点之间的距离可按下式计算

$$M = d_2 + d_0\left(1 + \frac{1}{\sin\alpha/2}\right) - P/2\cot\alpha/2 \qquad (8\text{-}7)$$

式中　M——外径千分尺读数（mm）；

d_2——螺纹中径（mm）；

d_0——量针直径（mm）；

α——螺纹牙型角（°）；

P——工件螺距（mm）。

30°牙型角梯形螺纹的测量读数为

$$M = d_2 + 4.864 d_0 - 1.866 P \tag{8-8}$$

其量针直径可按下式计算

$$d_0 = 0.518 P \tag{8-9}$$

例　一梯形螺纹丝杆，大径 $d = \phi 50\text{mm}$，中径 $d_2 = \phi 46_{-0.532}^{-0.132}\text{mm}$，螺距 $P = 8\text{mm}$，牙型角 $\alpha = 30°$，用三针测量法测量螺纹中径，求量针直径和千分尺读数。

解　据式（8-9）量针直径为

$$d_0 = 0.518P = 0.518 \times 8\text{mm} = 4.144\text{mm}$$

据式（8-8），千分尺读数为

$$\begin{aligned} M &= d_2 + 4.864 d_0 - 1.866 P \\ &= 46\text{mm} + 4.864 \times 4.144\text{mm} - 1.866 \times 8\text{mm} \\ &= 51.228\text{mm} \end{aligned}$$

（3）用万能工具显微镜、三坐标测量仪等精密测量设备测量　精度比较高的螺纹，可用万能工具显微镜（或大型工具显微镜）及三坐标测量仪测量螺纹中径。

工具显微镜主要用影像法、测量刀轴切法来测量螺纹中径。三坐标测量仪采用接触测量为主，由三个相互垂直的坐标值来确定工件被测点的空间位置，由电子计算机进行数据处理，数字打印输出，可得到极其精确的测量数据。

2. 螺距和牙型半角的测量　测量外螺纹的螺距和牙型半角，一般在万能工具显微镜或大型工具显微镜上测量，精度较高的螺纹则可用三坐标测量仪精密测量。

第二节　螺纹磨削实例

一、丝杆磨削实例

例　磨削梯形螺纹丝杆

1. 图样和技术要求分析　图 8-11 所示为一梯形螺纹丝杆，

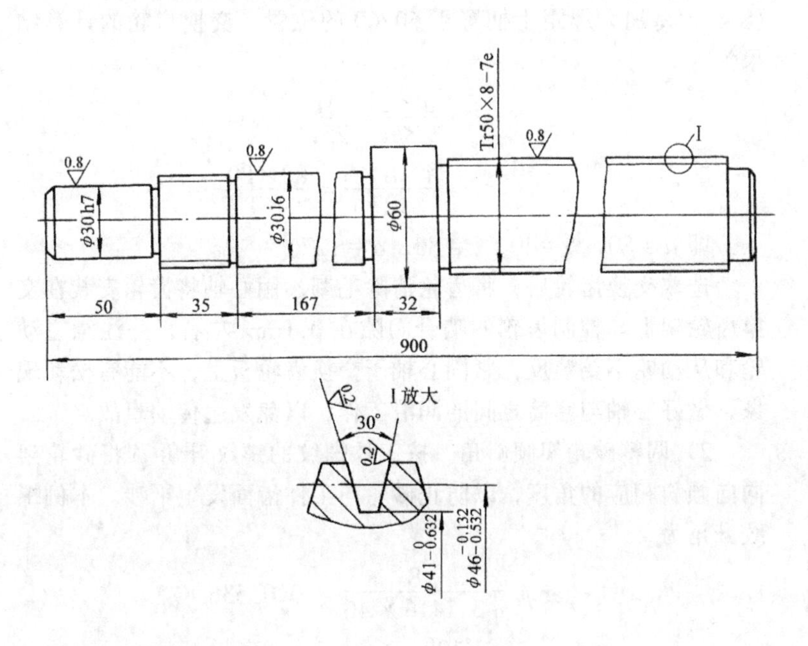

技术要求

1. 材料 45；
2. 单个螺距误差为 ±0.002mm；
3. 每 100mm 长度内，螺距误差为 ±0.003mm，全长螺距误差为 0.008mm。

图 8-11　丝杆

材料为 45 钢，大径尺寸 $d=\phi 50$mm，中径尺寸为 $d_2=\phi 46^{-0.132}_{-0.532}$ mm，螺距 $P=8$mm，螺纹的牙型角 $\alpha=30°$，螺纹中径的公差等级为 7e 级，单个螺距误差为 ±0.002mm，每 100mm 长度内螺距误差为 ±0.003mm，全长螺距误差为 0.008mm，螺纹牙型两侧

的表面粗糙度为 $R_a0.2\mu m$。

根据工件材料和加工技术要求，进行如下选择和分析。

（1）机床的选择　所选机床为S7332型螺纹磨床。根据工件螺纹的有关参数，须选择螺距交换齿轮和调整砂轮架倾斜角。

1）螺距交换齿轮的选择　本例螺纹的螺距 $P=8mm$，据式(8-4)，将加大螺距手柄置于60/60的位置，交换齿轮的计算结果为

$$i=\frac{a\times c}{b\times d}=\frac{4P}{25.4}$$

$$=\frac{4\times 8\times 5}{127}=\frac{80\times 80}{40\times 127}$$

即 $a=80$，$b=40$，$c=80$，$d=127$。

选取交换齿轮后，将齿轮清除毛刺，用心轴将齿轮安装在交换齿轮架上。控制齿轮的啮合间隙在0.1mm左右，并注意主动轮和从动轮不要装反，紧固心轴于交换齿轮板上，不能有松动现象，做好心轴与套筒之间的润滑工作，以免发生传动事故。

2）调整砂轮架倾斜角　按工件螺纹的螺纹升角 ψ 将砂轮架同向倾斜相应的角度，以防止砂轮与工件齿面发生干涉。本例螺纹升角为

$$\tan\psi=\frac{8}{3.1416\times 46}=0.05536$$

$$\psi=3°10'$$

调整时，松开砂轮架下体壳的偏心压紧轴，转动手轮，使砂轮架倾斜一个螺纹升角的角度。

磨削时，应紧固砂轮架偏心压紧轴，以防止砂轮架振动。

（2）砂轮的选择与修整　所选砂轮特性为WA80～120KV平形砂轮。本例采用单线砂轮磨削，砂轮的宽度应小于螺纹牙底的宽度，据式（8-6），经计算得 $B<2.66mm$。

修整砂轮两侧时，用专用自动修整器进行自动修整前，需先作粗修整。自动修整时，需使砂轮两侧修整量均匀。修整砂轮外圆可用转轴上金刚石进行，通常外圆修整量较大，需认真控制修

整次数，精磨前须精修整砂轮。

（3）装夹方法　工件用两顶尖装夹，装夹前需检查、修研工件中心孔，找正头架与尾座中心在同一轴线上。由于工件较长，可用中心架支承。中心架的支承面与工件外圆的接触要均匀，防止点接触，以免使中心架的支承磨损或产生走动，并将中心架支承外圆的圆度误差控制在0.005mm内。

（4）磨削方法　采用单线砂轮纵向进给法磨削。按工件加工余量划分粗、精磨阶段。粗磨时可双向吃刀，并仔细进行对刀，以使砂轮正确、均匀地磨削螺纹两侧面。精磨时用单向吃刀，并保证两边磨量一致。

（5）切削液的选择　采用硫化切削液，切削液需清洁且充足供应。

2. 操作步骤

1）操作前检查、准备。

① 选择和安装螺距交换齿轮，a、b、c、d 分别为80、40、80、127。

② 调整砂轮架倾斜角，倾斜角度为3°10′。

③ 修整砂轮两侧及外圆，砂轮宽度＜2.66mm。

④ 装夹工件。装夹前修研中心孔，用两顶尖装夹，工件中间用中心架支承，并找正外圆的径向圆跳动，误差不大于0.01mm。

⑤ 检查磨削余量。主要检查中径尺寸，用外螺纹千分尺检测。

2）粗磨螺纹，两齿侧及槽底每面留0.03～0.05mm余量，单个螺距误差不大于±0.002mm，表面粗糙度 $R_a0.4\sim0.2\mu m$。磨时双向吃刀，并进行仔细对刀。

3）精修整砂轮两侧及外圆。

4）精磨螺纹至要求，中径为 $\phi46_{-0.532}^{-0.132}$ mm，小径为 $\phi41_{-0.632}^{0}$mm，牙型角30°，单个螺距误差不大于±0.002mm，每100mm长度螺距误差小于±0.003mm，全长螺距误差小于0.008mm，表面粗糙度 $R_a0.8\mu m$。

二、丝锥磨削实例

例　磨丝锥螺纹

1. 图样和技术要求分析　图 8-12 所示为一丝锥工件，材料 9SiCr，热处理淬硬 58～63HRC，其外圆已磨好，须磨削丝锥螺纹。单个螺距误差为 ±0.003mm，螺距全长累积误差不大于 0.012mm，左、右侧牙型半角为 15°±10′，导向部分中径尺寸为 $\phi 38.2_{-0.04}^{0}$mm，校正部分中径尺寸为 $\phi 38.61_{-0.025}^{0}$mm，牙型左、右侧面表面粗糙度为 $R_a 0.4\mu m$。

根据工件材料和加工技术要求，进行如下选择和分析。

(1) 机床的选择和调整　选择 S7332 型螺纹磨床，根据工件的螺距和有关参数，须选择螺距交换齿轮和调整砂轮架倾斜角。

1) 螺距交换齿轮的选择　据式 (8-4) 本例交换齿轮的计算式为

$$i = \frac{a \times c}{b \times d} = \frac{P}{25.4/4} = \frac{5 \times 3 \times 4}{127}$$

$$= \frac{60 \times 80}{80 \times 127}(\text{螺距扩大机构传动比为}\frac{60}{60})$$

即　$a = 60$，$b = 80$，$c = 80$，$d = 127$。

2) 调整砂轮架倾斜角　磨削前，按工件的螺纹升角 ψ 将砂轮架倾斜相应的角度。本例螺纹升角 ψ 按式 (8-3) 计算，得

导向部分螺纹升角为

$$\tan\psi_{导} = \frac{P}{\pi d_{2导}} = \frac{3}{3.1416 \times 38.2} = 0.024998$$

$$\psi_{导} = 1°25'55''$$

校正部分螺纹升角为

$$\tan\psi_{校} = \frac{P}{\pi d_{2校}} = \frac{3}{3.1416 \times 38.61} = 0.02473$$

$$\psi_{校} = 1°25'$$

即在磨削导向部分螺纹时，砂轮架倾斜角为 1°25′55″，而磨削校正部分螺纹时，砂轮架倾斜角则为 1°25′。

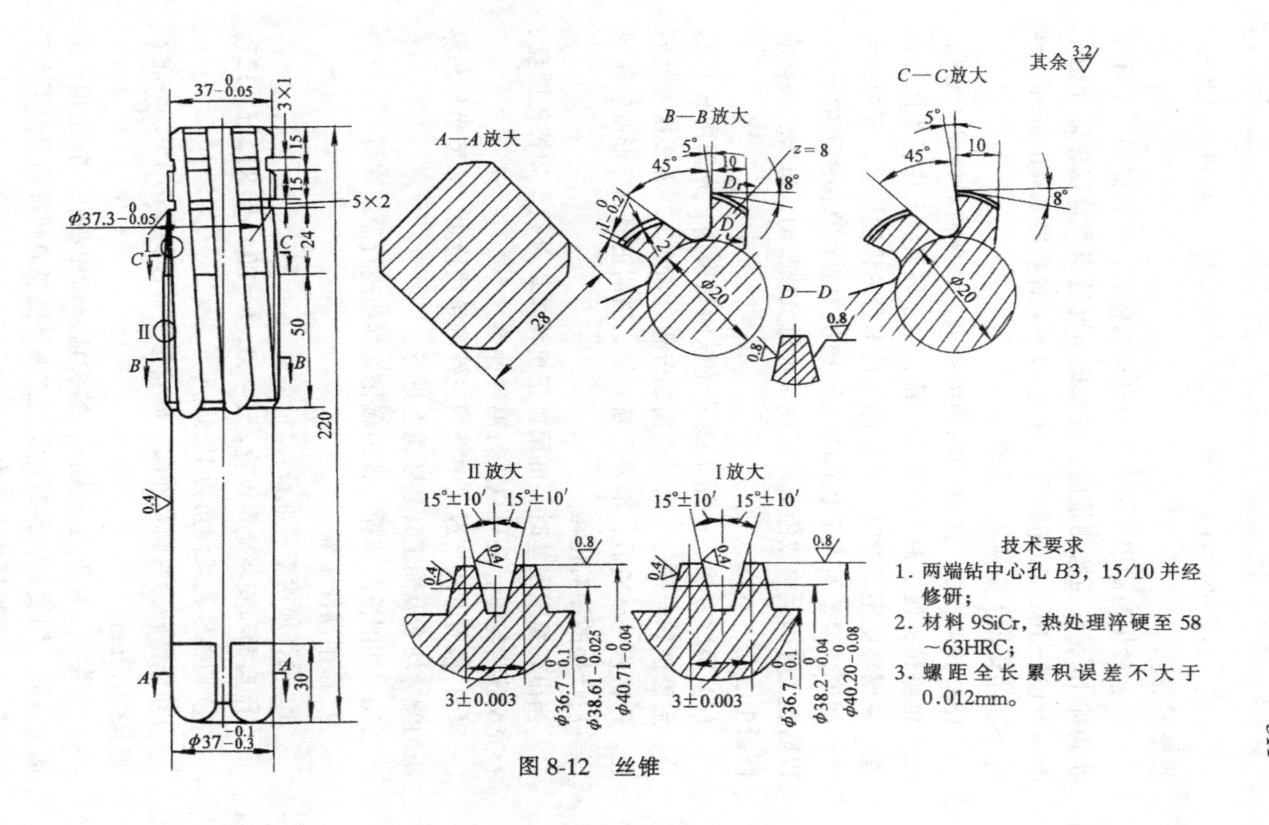

其余 3.2
C—C放大
B—B放大
A—A放大
D—D
II放大
I放大
z=8
φ20
28
37−0.05
3×1
5×2
φ37.3−0.05
15
15
24
50
220
30
φ37−0.1−0.3
15°±10′
3±0.003
φ36.7−0.1
φ38.61−0.025
φ40.71−0.04
φ38.2−0.04
φ40.20−0.08
技术要求
1. 两端钻中心孔 B3，15/10并经修研；
2. 材料 9SiCr，热处理淬硬至 58～63HRC；
3. 螺距全长累积误差不大于 0.012mm。

图 8-12 丝锥

（2）砂轮的选择和修整　所选砂轮特性为 WA80～120KV 平形砂轮。

修整砂轮两侧用机床上专用自动修整器，样板倾斜一个牙型半角即 15°，在粗磨测量后，再根据情况适当调整以保证牙型半角 $\alpha=15^\circ\pm10'$。砂轮的宽度据式（8-6）计算得 $B<0.8$mm。砂轮外圆用转轴上金刚石笔修整。

（3）装夹方法　工件用两顶尖装夹，装夹前需修研中心孔，找正尾座和头架主轴中心距离一致，由于侧素线对中径螺距有误差，在调整尾座位置时，应扣除工件本身的锥度误差，仔细找正工件圆度，误差不大于 0.003mm。磨削中要认真调整顶尖压力，以防止工件因受热或停机冷却使顶尖过紧或松动，每次装夹都应修研中心孔。

（4）磨削方法　采用单线砂轮纵向法磨削，先磨削校正部分，后磨削导向部分。磨时均需划分粗、精加工，并多次修整砂轮。每次修整砂轮后，都要重新对线，以纠正因热变形或砂轮退程等所产生的相对位移。

当出现螺距误差时，可用校正机构加以补偿，如校正圆盘、补充交换齿轮等，还可以进行温度补偿。

（5）检验方法　螺纹中径用三针测量法检测，牙型半角和螺距的测量均在万能工具显微镜上进行。

（6）切削液的选择　选用硫化切削油进行冷却润滑。

2. 磨削操作步骤

1）操作前检查、准备。

① 选择和安装交换齿轮，$a=60$，$b=80$，$c=80$，$d=127$。

② 调整砂轮架倾角为 1°25′。

③ 修整砂轮两侧及外圆，砂轮修整器倾斜角为 15°，砂轮宽度 $B<0.8$mm。

④ 装夹工件于两顶尖间，装夹前修研中心孔，找正前、后顶尖在同一轴线上。装夹后找正工件外圆径向圆跳动误差不大于 0.005mm，调整好顶尖压力。

2）粗磨校正部分螺纹，牙型两侧及小径每面留 0.03～0.05mm，表面粗糙度 $R_a0.4\mu m$，保证螺距误差不大于 0.003mm，牙型半角误差不大于±10′。

3）精修整砂轮。

4）修研中心孔，重新装夹、对线并调整好顶尖压力。

5）精磨校正部分螺纹至尺寸要求，中径 $\phi38.61_{-0.025}^{0}$mm，螺距误差小于±0.003mm，牙型半角 15°±10′，表面粗糙度 $R_a0.4\mu m$。

6）修研中心孔，重新装夹工件，调整顶尖压力。

7）调整砂轮架倾角为 1°25′55″。

8）修整砂轮两侧与外圆。

9）按校正部分螺纹对线。

10）粗磨导向部分螺纹，牙型两侧与小径每面留 0.03～0.05mm，控制螺距误差不大于 0.003mm，牙型半角误差不大于±10′，表面粗糙度 $R_a0.4\mu m$。

11）精修整砂轮。

12）修研中心孔，重新装夹、对线并调整顶尖压力。

13）精磨导向部分螺纹至尺寸要求，中径 $\phi38.2_{-0.04}^{0}$mm，单个螺距误差小于±0.003mm，螺距全长累积误差小于 0.012mm，牙型半角误差小于±10′，表面粗糙度 $R_a0.4\mu m$。

复习思考题

1. 试述螺纹形成的原理。
2. 什么叫螺纹的导程和螺距？如何计算螺旋升角？
3. 螺纹磨削有哪些特点？
4. 螺纹磨削的形式有哪些？
5. 螺纹磨削有哪几种方法？
6. 普通外螺纹须测量哪些主要参数？如何测量？
7. 磨削外螺纹工件时，如何选择和计算螺距交换齿轮？
8. 磨削外螺纹时，如何调整砂轮倾斜角？
9. 磨削外螺纹时，如何修整单线砂轮？

10. 磨削外螺纹时，如何修整多线砂轮？

11. 磨削外螺纹时，为什么要多次修研中心孔并调整顶尖的压力？

12. 试述磨外螺纹时对刀的方法。

13. 简述磨削丝杆螺纹的方法步骤。

14. 简述磨削丝锥螺纹的方法步骤。

本工种需学习下列课程

初级：机械识图、机械基础（初级工适用）、钳工常识、电工常识、初级磨工技术

中级：机械制图、机械基础（中级工适用）、中级磨工技术

高级：机械基础（高级工适用）、高级磨工技术

我社已出版本工种的有关图书目录

机械工人职业技能培训教材目录

机械识图
机械制图
电工识图
电工常识
钳工常识
金属材料及热处理
机械基础（初级工适用）
机械基础（中级工适用）
机械基础（高级工适用）
电工基础（初级工适用）
电工基础（中级工适用）
电工基础（高级工适用）
初级车工技术
中级车工技术
高级车工技术
初级钳工技术
中级钳工技术
高级钳工技术
初级工具钳工技术
中级工具钳工技术
高级工具钳工技术
初级机修钳工技术
中级机修钳工技术
高级机修钳工技术
初级磨工技术
中级磨工技术
高级磨工技术
初级铣工技术
中级铣工技术
高级铣工技术
初级镗工技术
中级镗工技术
高级镗工技术
初级刨、插工技术
中级刨、插工技术
高级刨、插工技术
初级电工技术
中级电工技术
高级电工技术
初级维修电工技术
中级维修电工技术
高级维修电工技术
初级冷作工技术
中级冷作工技术
高级冷作工技术
初级铸造工技术
中级铸造工技术
高级铸造工技术
初级电焊工技术
中级电焊工技术
高级电焊工技术
初级气焊工技术
中级气焊工技术
高级气焊工技术
初级热处理工技术
中级热处理工技术
高级热处理工技术
初级锻造工技术
中级锻造工技术
高级锻造工技术
初级涂装工技术
中级涂装工技术
高级涂装工技术
初级模样工技术
中级模样工技术
高级模样工技术

技能鉴定考核试题库目录

机械识图与制图技能鉴定考核试题库
电工识图与电工基础技能鉴定考核试题库
机械基础技能鉴定考核试题库
车工技能鉴定考核试题库
钳工技能鉴定考核试题库
工具钳工技能鉴定考核试题库
机修钳工技能鉴定考核试题库
铣工技能鉴定考核试题库
镗工技能鉴定考核试题库
刨、插工技能鉴定考核试题库
磨工技能鉴定考核试题库
铸造工技能鉴定考核试题库
锻造工技能鉴定考核试题库
电焊工技能鉴定考核试题库
气焊工技能鉴定考核试题库
热处理工技能鉴定考核试题库
冷作工技能鉴定考核试题库
电工技能鉴定考核试题库
维修电工技能鉴定考核试题库
涂装工技能鉴定考核试题库
模样工技能鉴定考核试题库